自然科学概要

(第二版)(微课版)

白思胜　主　编
周春玲　杨廷奇　副主编

清华大学出版社
北京

内容简介

本教材概括和总结了近代和现代中外科学技术发展的主要成就。内容上按照物理学、化学、天文学、生物学、地球科学五大学科体系，以及近代、现代两个发展阶段进行编写，共分 16 章。每章计划 2 学时，课前有学习标准，课后有思考与练习题。编写本教材的目的在于通过学习科学家的创新过程，培养学生的科学精神和科学方法，启迪创新思维，提高科学文化素养。

本教材适用于高等院校本科自然科学类通识课程，也适用于专科、专升本学生科学文化素养教育的公共课程。

本书配套的电子课件、课后习题及答案、课堂测试习题及答案可以到http://www.tupwk.com.cn/downpage 网址下载，也可以扫描前言中的二维码获取。扫描前言中的视频二维码可以直接观看教学视频。

本书封面贴有清华大学出版社防伪标签，无标签者不得销售。

版权所有，侵权必究。举报：010-62782989，beiqinquan@tup.tsinghua.edu.cn

图书在版编目(CIP)数据

自然科学概要：微课版 / 白思胜主编. -- 2 版.
北京：清华大学出版社, 2025.7. -- ISBN 978-7-302-69595-0

Ⅰ. N43

中国国家版本馆 CIP 数据核字第 20256C7G04 号

责任编辑：	胡辰浩
封面设计：	高娟妮
版式设计：	妙思品位
责任校对：	成凤进
责任印制：	丛怀宇

出版发行：清华大学出版社
网　　址：https://www.tup.com.cn，https://www.wqxuetang.com
地　　址：北京清华大学学研大厦 A 座　　邮　　编：100084
社 总 机：010-83470000　　邮　　购：010-62786544
投稿与读者服务：010-62776969，c-service@tup.tsinghua.edu.cn
质 量 反 馈：010-62772015，zhiliang@tup.tsinghua.edu.cn

印 装 者：三河市人民印务有限公司
经　　销：全国新华书店
开　　本：185mm×260mm　　印　　张：16.5　　字　　数：422 千字
版　　次：2021 年 8 月第 1 版　　2025 年 7 月第 2 版　　印　　次：2025 年 7 月第 1 次印刷
定　　价：69.80 元

产品编号：109837-01

前　言

"科教兴国"战略内在地蕴含着教育对科学的传播和科学对教育的渗透。科教兴国，就是要把科学技术和教育摆在经济、社会发展的重要位置，把经济建设转移到依靠科学进步和提高劳动者素质的轨道上来，加速我国的社会主义现代化进程、实现国家的繁荣昌盛。

要有效地实施科教兴国战略，需要各类教育工作者努力培养造就大批掌握科学知识、熟悉科学方法、具有科学精神的建设人才。为了在接受科学教育和素质教育的过程中打下坚实的知识基础，以利于全面发展，学生很有必要学习了解有关科学技术的历史、现状和发展趋势的知识，掌握科学技术与经济、社会发展的互动关系，并通过这方面的学习，增强科技意识，牢固地树立科学技术是第一生产力的思想。

本教材根据 32 学时的教学计划，按照物理学、化学、天文学、生物学、地球科学五大学科体系，以及近代、现代两个发展阶段，编撰了 16 章内容，每章 2 学时。书中附有大量图表，以提高学生们的学习热情，帮助学生理解重点、难点内容。

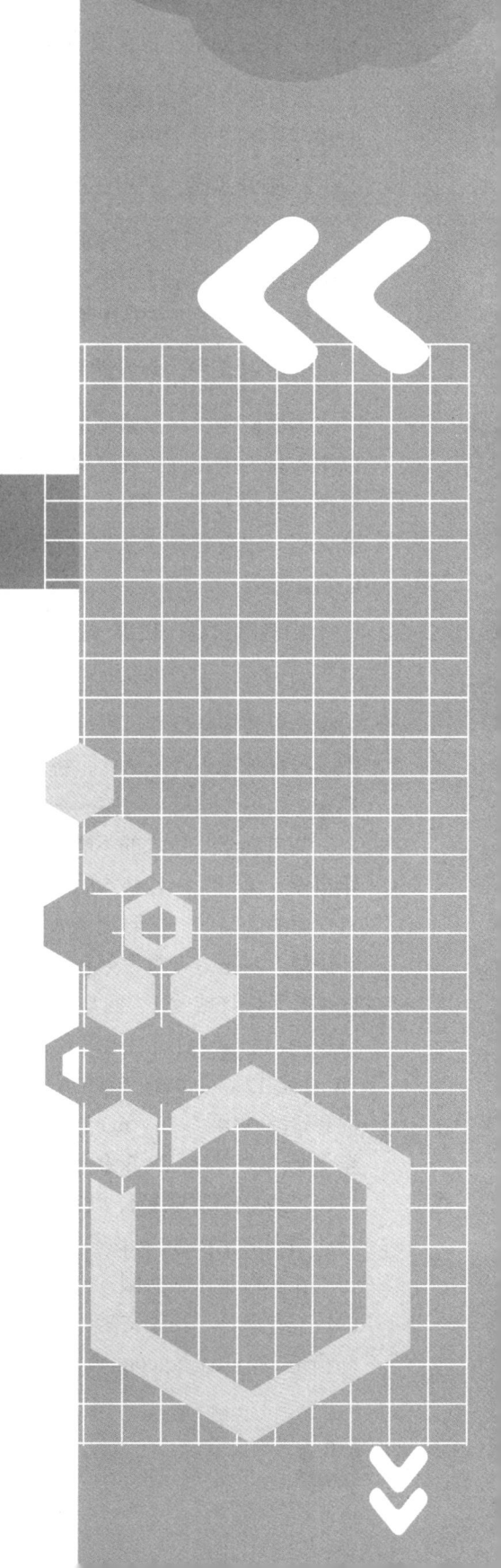

本教材具有以下特色。

1. 独立成章，包含四要素

教材的每一章内容独立，筛选了四个最基本、最重要的知识点作为要素，四个要素互相衔接，互相联系，组成一个整体。

2. 要素编撰，突出三重点

每一节的知识点，力求突出来源、结果和方法。突出知识来源，重在是谁发现的；突出创新结果，重在发现了什么；突出方法总结，重在是如何发现的。通过人物、事件和科学方法的学习，达到提高科学素质、启迪创新思维的目的。

3. 课程资源，建设两系统

为适应全民科学素质教育行动规划，本课程建设分为线下和线上两个系统。线下资源以本教材为主，并制作了系统的多媒体课件辅助教学，可供高校在校学生使用；线上资源以授课视频为主，并制作完成了课堂测试题库和考试题库，可供全民线上学习科学素质教育课程。"自然科学概要"自建课程已在"学堂在线"公开授课，学员只要线上注册，就能自主学习。

4. 教学过程，贯穿一标准

对于一门课程的教学而言，一般都要经历三个过程，即教师循序渐进的讲授过程；课后习题布置和信息反馈过程；教学计划完成后的考核评阅过程。作者把这三个过程称作"三位"，把学习标准称为"一体"，提出了"三位一体"的教学方法，即要在课堂讲授、习题布置和期末考核三个过程中贯穿一套课程标准的教学方法。

随着科学与技术的不断进步，相关教材的内容需要阶段性的更新。本教材是在《自然科学概要》第一版内容结构的基础上修编而成的。修编的内容主要包括五个方面：一是对所有科学家的姓名统一按照翻译人名的规范进行修订；二是补充了近五年以来有关科学和技术的新进展；三是对有重大创新成果的科学家补充了生平简介，对原文陈述不妥或个别错误的内容进行了修订或改正；四是替换了不清晰的图表；五是增加了16章32节教学课件和32段教学视频，可通过扫描二维码查看。参与本教材修编的人员是银川科技学院的白思胜(负责第9、10、11、12、13章的文本修编，系统课件编制，以及第1、2、3、4、10、13章的视频录制)、周春玲(负责第4、5、6、7章的文本修编)、杨廷奇(负责第8、14、15、16章的文本修编)、全英聪(负责第1、2、3章文本和思考与练习及参考答案的修编)、任晓玲(负责第5、6、7、9、11、12章的视频录制)、沈晓玲(负责第8、14、15、16章的视频录制)、吉敏睿(负责第1~9章的图表清绘)、徐子怡(负责第10~16章的图表清绘)，全书由白思胜负责统稿和审定。

由于作者水平有限，书中难免有不足之处，恳请专家和广大读者批评指正。在编写本书的过程中参考了相关文献，在此向这些文献的作者深表感谢。我们的电话是010-62796045，邮箱是992116@qq.com。

本书配套的电子课件、课后习题及答案、课堂测试习题及答案可以到 http://www.tupwk.com.cn/downpage 网站下载，也可以扫描下方左侧的二维码获取。扫描下方右侧的视频二维码可以直接观看教学视频。

扫描下载　　　　　　扫一扫

配套资源　　　　　　看视频

编　者

2025 年 3 月

目 录

第 1 章 科学技术是第一生产力 …………… 1
  1.1 科学与技术的概念 ……………… 2
    1.1.1 科学 ……………………… 3
    1.1.2 技术 ……………………… 4
  1.2 科学与技术的关系 ……………… 5
    1.2.1 科学与技术的区别 ……… 5
    1.2.2 科学与技术之间的联系 … 6
  1.3 科学技术是第一生产力概述 …… 7
    1.3.1 对科学技术认识的三次飞跃 … 7
    1.3.2 科学技术与生产力要素的关系 … 8
  1.4 学习科学与技术的意义 ………… 11
  1.5 思考与练习 ……………………… 12

第 2 章 近代科学革命 ……………………… 13
  2.1 天文学革命 ……………………… 14
    2.1.1 托勒密的"地心说" …… 14
    2.1.2 哥白尼的"日心说" …… 15
  2.2 医学生理学革命 ………………… 18

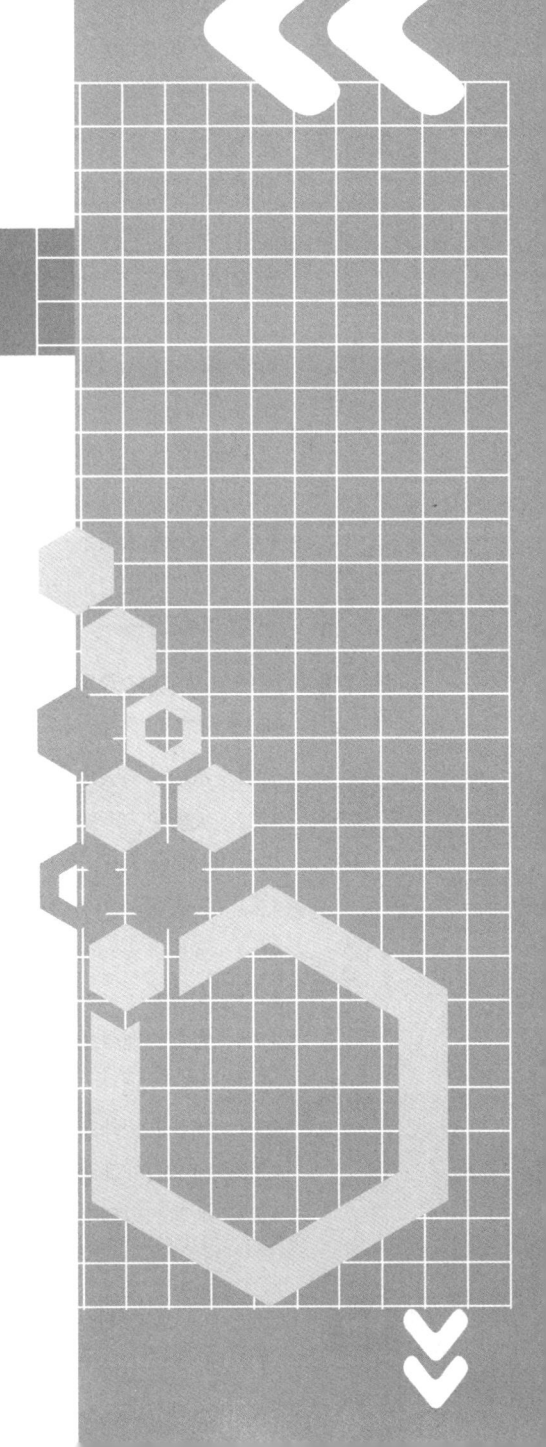

	2.2.1 盖仑的"三灵气说"……………… 18
	2.2.2 哈维的血液循环理论 …… 18
2.3	物理学革命 ……………………………… 20
	2.3.1 亚里士多德的力学理论 …… 20
	2.3.2 伽利略的斜面实验 ………… 20
2.4	创造性思维 ……………………………… 22
	2.4.1 条件 …………………………… 22
	2.4.2 过程 …………………………… 23
	2.4.3 方法 …………………………… 23
2.5	思考与练习 ……………………………… 24

第3章 近代天文学及其发展 …… 25

3.1	开普勒三定律 …………………………… 26
	3.1.1 轨道定律 ………………………… 27
	3.1.2 面积定律 ………………………… 27
	3.1.3 周期定律 ………………………… 28
3.2	提丢斯-波得定则 ……………………… 28
3.3	星云假说 ………………………………… 29
3.4	天体系统 ………………………………… 30
	3.4.1 月球和地月系 …………………… 30
	3.4.2 地球和太阳系 …………………… 32
	3.4.3 太阳和银河系 …………………… 33
3.5	思考与练习 ……………………………… 34

第4章 近代地学及其发展 ………… 35

4.1	地球的演变之争 ………………………… 36
	4.1.1 水成论与火成论之争 …………… 36
	4.1.2 灾变论与渐变论之争 …………… 38
4.2	地球的岩石类型 ………………………… 40
	4.2.1 岩浆岩 …………………………… 40
	4.2.2 沉积岩 …………………………… 41
	4.2.3 变质岩 …………………………… 42
	4.2.4 岩石的地质循环 ………………… 43
4.3	地球的圈层结构 ………………………… 44
	4.3.1 地球的超外圈——磁层 ………… 44
	4.3.2 地球的外部圈层 ………………… 45
	4.3.3 地球的内部圈层 ………………… 46

4.4	地球的表面形态 ………………………… 48
	4.4.1 海洋的表面形态 ………………… 48
	4.4.2 陆地的表面形态 ………………… 49
4.5	思考与练习 ……………………………… 50

第5章 近代化学及其发展 ………… 51

5.1	近代化学新成果 ………………………… 52
	5.1.1 化学科学的确立 ………………… 52
	5.1.2 原子与分子学说的创立 ………… 54
	5.1.3 元素周期律的发现 ……………… 55
	5.1.4 人工合成尿素否定了生命力论 …………………………… 56
5.2	物质的分类和聚集状态 ………………… 57
	5.2.1 物质的分类 ……………………… 57
	5.2.2 物质的量 ………………………… 57
	5.2.3 物质的聚集状态 ………………… 57
5.3	无机化合物 ……………………………… 59
	5.3.1 氧化还原反应 …………………… 59
	5.3.2 溶液的酸碱性 …………………… 60
	5.3.3 盐类的水解 ……………………… 60
5.4	有机化合物 ……………………………… 61
	5.4.1 烃类 ……………………………… 61
	5.4.2 烃的衍生物 ……………………… 63
5.5	思考与练习 ……………………………… 64

第6章 近代生物学及其发展 ……… 65

6.1	细胞学 …………………………………… 66
	6.1.1 细胞学说的创立 ………………… 66
	6.1.2 细胞的特征 ……………………… 66
6.2	生物分类法 ……………………………… 71
	6.2.1 人为分类法 ……………………… 71
	6.2.2 自然分类法 ……………………… 72
6.3	微生物学的创立 ………………………… 75
6.4	达尔文的生物进化论 …………………… 76
	6.4.1 生物进化的证据 ………………… 76
	6.4.2 生物进化的理论 ………………… 78
6.5	思考与练习 ……………………………… 80

目 录

第 7 章　近代物理学及其发展 ……… 81
- 7.1　经典力学 ……… 82
  - 7.1.1　牛顿第一定律 ……… 82
  - 7.1.2　牛顿第二定律 ……… 83
  - 7.1.3　牛顿第三定律 ……… 83
  - 7.1.4　万有引力定律 ……… 84
- 7.2　热力学 ……… 85
  - 7.2.1　能量守恒定律 ……… 85
  - 7.2.2　热力学第一定律 ……… 87
  - 7.2.3　热力学第二定律 ……… 87
- 7.3　经典电磁学 ……… 88
  - 7.3.1　电学 ……… 88
  - 7.3.2　电动力学 ……… 90
  - 7.3.3　电磁波 ……… 91
- 7.4　光学 ……… 92
  - 7.4.1　光的成因理论 ……… 92
  - 7.4.2　反射和折射定律 ……… 92
  - 7.4.3　透镜成像 ……… 94
- 7.5　思考与练习 ……… 96

第 8 章　近代科技与产业革命 ……… 97
- 8.1　英国的技术与产业革命 ……… 98
  - 8.1.1　纺织技术——产业革命的源头 ……… 98
  - 8.1.2　钢铁技术产业革命 ……… 99
  - 8.1.3　蒸汽机的发明和产业革命 ……… 101
- 8.2　法国的崛起 ……… 103
- 8.3　德国的技术与产业革命 ……… 105
  - 8.3.1　化学合成工业的兴起 ……… 105
  - 8.3.2　内燃机的发明和产业革命 ……… 107
  - 8.3.3　电力技术革新和产业革命 ……… 108
- 8.4　美国的崛起 ……… 109
- 8.5　思考与练习 ……… 113

第 9 章　现代物理学 ……… 115
- 9.1　狭义相对论 ……… 116
  - 9.1.1　狭义相对论的主要内容 ……… 117
  - 9.1.2　狭义相对论在时空观上的突破 ……… 120
- 9.2　广义相对论 ……… 120
  - 9.2.1　广义相对论的主要内容 ……… 121
  - 9.2.2　广义相对论在时空观上的突破 ……… 123
- 9.3　量子力学 ……… 124
  - 9.3.1　量子力学的基本内容 ……… 124
  - 9.3.2　量子力学的数学形式 ……… 126
  - 9.3.3　量子力学对经典决定论的冲击 ……… 127
- 9.4　基本粒子 ……… 127
  - 9.4.1　奇妙的基本粒子家族 ……… 127
  - 9.4.2　基本粒子的相互作用 ……… 128
  - 9.4.3　强子的内部结构 ……… 129
- 9.5　思考与练习 ……… 131

第 10 章　现代天文学 ……… 133
- 10.1　宇宙大爆炸理论 ……… 134
  - 10.1.1　大爆炸的依据 ……… 134
  - 10.1.2　大爆炸标准模型 ……… 137
- 10.2　宇宙演化模型 ……… 139
- 10.3　赫罗图 ……… 140
  - 10.3.1　距离单位 ……… 140
  - 10.3.2　亮度和光度 ……… 140
  - 10.3.3　恒星的颜色 ……… 141
  - 10.3.4　赫罗图的发现 ……… 142
- 10.4　恒星的起源和演化 ……… 143
  - 10.4.1　原恒星阶段 ……… 143
  - 10.4.2　主序星阶段 ……… 143
  - 10.4.3　红巨星阶段 ……… 144
  - 10.4.4　恒星的结局 ……… 145
- 10.5　思考与练习 ……… 148

第 11 章　现代化学 ……… 149
- 11.1　原子的结构 ……… 150
  - 11.1.1　四个量子数 ……… 150

11.1.2 多电子原子中的电子分布规律 ·············· 151
11.2 元素周期律的本质 ············ 153
11.3 化学键 ······················ 155
11.4 生命的基本化学组成 ········· 157
　　11.4.1 糖类 ················ 157
　　11.4.2 脂类 ················ 159
　　11.4.3 蛋白质 ·············· 159
　　11.4.4 核酸 ················ 161
11.5 思考与练习 ················· 162

第12章 现代生物学 ················ 163
12.1 孟德尔定律 ················· 164
　　12.1.1 分离定律 ············ 164
　　12.1.2 自由组合定律 ········ 166
12.2 摩尔根定律 ················· 168
　　12.2.1 两对相对性状果蝇的杂交实验 ·············· 168
　　12.2.2 连锁和交换定律 ······ 169
12.3 遗传密码 ··················· 170
12.4 中心法则 ··················· 171
　　12.4.1 转录 ················ 171
　　12.4.2 翻译 ················ 172
　　12.4.3 中心法则 ············ 173
12.5 思考与练习 ················· 174

第13章 现代地学 ·················· 175
13.1 槽台说概述 ················· 176
　　13.1.1 地槽 ················ 176
　　13.1.2 地台 ················ 177
13.2 大陆漂移说 ················· 177
　　13.2.1 基本观点 ············ 178
　　13.2.2 证据 ················ 178
　　13.2.3 动力 ················ 180
　　13.2.4 存在的问题 ·········· 181
13.3 海底扩张说 ················· 181
　　13.3.1 基本观点 ············ 181
　　13.3.2 证据 ················ 182

13.4 板块构造说 ················· 184
　　13.4.1 基本观点 ············ 184
　　13.4.2 对地质作用的解释 ···· 186
13.5 思考与练习 ················· 187

第14章 系统科学 ·················· 189
14.1 系统论 ····················· 190
　　14.1.1 产生与发展 ·········· 190
　　14.1.2 基本概念 ············ 190
　　14.1.3 系统原则和方法 ······ 192
14.2 信息论 ····················· 194
　　14.2.1 产生与发展 ·········· 194
　　14.2.2 基本概念 ············ 194
　　14.2.3 信息系统和方法 ······ 195
14.3 控制论 ····················· 196
　　14.3.1 产生与发展 ·········· 196
　　14.3.2 基本概念 ············ 197
　　14.3.3 控制方法 ············ 198
14.4 耗散结构 ··················· 199
　　14.4.1 耗散结构机制 ········ 199
　　14.4.2 实验证据 ············ 200
　　14.4.3 耗散结构形成的条件 ·· 201
14.5 思考与练习 ················· 202

第15章 材料和能源 ················ 203
15.1 常规材料 ··················· 204
　　15.1.1 金属材料 ············ 204
　　15.1.2 无机非金属材料 ······ 206
　　15.1.3 有机高分子材料 ······ 208
　　15.1.4 复合材料 ············ 211
15.2 新材料 ····················· 212
　　15.2.1 高性能金属与合金 ···· 212
　　15.2.2 新型无机非金属和半导体材料 ············ 213
　　15.2.3 超导材料 ············ 216
　　15.2.4 纳米材料 ············ 217
15.3 常规能源 ··················· 218
　　15.3.1 煤 ·················· 219

   15.3.2 石油·················· 220
   15.3.3 天然气················ 223
   15.3.4 电力·················· 223
  15.4 新能源····················· 224
   15.4.1 太阳能················ 225
   15.4.2 地热能················ 226
   15.4.3 核能·················· 227
   15.4.4 氢能和海洋能·········· 228
  15.5 思考与练习················· 230

第 16 章 海洋和空间技术················· 231
  16.1 海洋资源····················· 232
   16.1.1 海洋生物资源·········· 232
   16.1.2 海洋矿物资源·········· 235
   16.1.3 海洋化学资源·········· 236
   16.1.4 海洋能源·············· 236

  16.2 海洋技术····················· 236
   16.2.1 海洋环境探测技术········ 237
   16.2.2 海洋资源开发技术········ 237
   16.2.3 海洋生物技术·············· 238
   16.2.4 海洋工程技术·············· 239
   16.2.5 海水淡化技术·············· 242
  16.3 空间资源······················· 243
   16.3.1 空间位置资源············ 243
   16.3.2 空间环境资源············ 245
   16.3.3 空间物质资源············ 245
  16.4 空间技术····················· 245
   16.4.1 空间技术的产生和发展··· 245
   16.4.2 现代空间技术··········· 247
  16.5 思考与练习················· 251

参考文献······························· 252

第 1 章

科学技术是第一生产力

学习标准：
1. 识记：科学、事实、规律、技术的概念。
2. 理解：科学与技术的区别、科学与技术的联系；人们对科学技术认识的三次飞跃。
3. 应用：论述为什么科学技术是第一生产力。

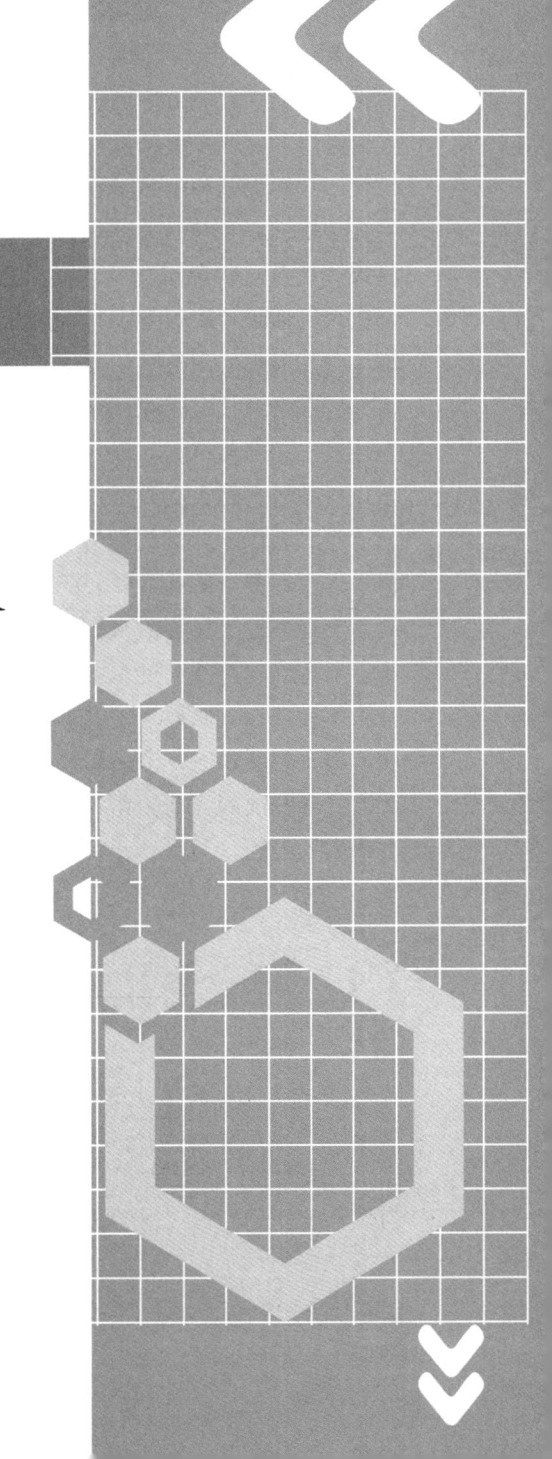

科学技术是经济发展的强大动力，是社会进步的重要标志。高科技产业和智力资源日益成为综合国力的集中体现和国际竞争的焦点。1956年，毛泽东同志等党和国家领导人以及1300多名领导干部，在中南海怀仁堂听取中国科学院4位学部主任关于国内外科技发展的报告，党中央向全党全国发出"向科学进军"的号召。1988年，邓小平同志在一次听取汇报的会议上说："马克思讲过科学技术是生产力，这是非常正确的，现在看来这样说可能不够，恐怕是第一生产力。"1995年，党中央、国务院召开全国科学技术大会，江泽民同志发表重要讲话，号召大力实施科教兴国战略。2006年，党中央、国务院再次召开全国科学技术大会，胡锦涛同志发表重要讲话，部署实施《国家中长期科学和技术发展规划纲要(2006—2020年)》。2018年，习近平同志谈教育发展时指出，"教育兴则国家兴，教育强则国家强"。2020年，中国共产党十九届五中全会提出，坚持创新在我国现代化建设全局中的核心定位，把科技自立自强作为国家发展的战略支撑。2022年，中共中央办公厅、国务院办公厅印发了《关于新时代进一步加强科学技术普及工作的意见》，强调将弘扬科学精神贯穿于教育全过程，要求高等学校设立科技相关通识课程，满足不同专业、不同学习阶段学生的需求。2023年，中国科协和教育部联合印发《"科学家(精神)进校园行动"实施方案》，旨在通过科学家精神宣讲教育等活动，将科学家精神融入高校和中小学教育，引导学生崇尚科学、热爱科学。2025年，中共中央、国务院印发了《教育强国建设规划纲要(2024—2035年)》，强调科教兴国战略，提出培育壮大国家战略科技力量，有力支撑高水平科技自立自强；提出要完善拔尖创新人才发现和培养机制，着力加强创新能力培养，深化新工科、新医科、新农科、新文科建设，强化科技教育和人文教育协同。

科教兴国，就是要把科学技术和教育摆在社会发展的重要位置，把经济建设转移到依靠科学进步和提高劳动者素质的轨道上来，加速我国的社会主义现代化进程。

要有效地实施科教兴国战略，不仅需要广大科技工作者奋发努力，而且需要各类教育工作者努力培养造就大批掌握科学知识、熟悉科学方法、具有科学精神的建设人才。为了在实施科学教育和素质教育的过程中能更好地为学生打下坚实的知识基础，以利于他们的全面发展，很有必要学习、了解有关科学技术的历史、现状和发展趋势的知识，掌握科学技术与经济、社会发展的互动关系。通过这方面的学习，增强科技意识，牢固地树立科学技术是第一生产力的思想。

1.1 科学与技术的概念

一般将科学分为自然科学和社会科学两大类。科学技术中的科学是指研究自然界的本质和运动规律的自然科学。科学技术起源于原始人类的生产活动，之后逐渐从生产活动中分化出来，成为特殊的社会实践活动。科学界以1543年哥白尼《天体运行论》的出版为标志，把自然科学划分为古代科学和近代科学；以1905年爱因斯坦建立"狭义相对论"为标志，把科

学划分为近代科学和现代科学。科学与技术实际上是相互联系，又在本质上相互区别的两种社会实践活动。

1.1.1 科学

什么是科学？中外学者众说纷纭，莫衷一是。在一定的历史时期，人们往往根据科学的时代特征来把握其本质，因而得出种种不同的、或相近的定义。由于科学本身是在变化发展的，人们对它的认识也在不断深化，因此难以给科学做出唯一的、严格不变的定义。我们只能依据科学技术与社会发展的历史，在众多有关科学的解释和定义的基础上对科学的本质做简要的分析，通过这样的分析，加深我们对科学的理解和认识。

1. 科学是人对自然界客观事实和规律的理性认识

在近代早期，英国生物学家达尔文说过："科学就是整理事实，以便从中得出普遍的规律和结论。"

这里的"事实"，是指人们对自然现象的本质认识。透过现象看本质，抓住本质就能够对同一类自然现象进行统一解释，形成事实。

例如，盐酸、硫酸等物质水解都能产生出氢离子，所以酸的本质就是氢离子。水解出的氢离子浓度越大，酸性越强，所以我们把水解能产生氢离子的一类化合物叫作酸。同理，我们把水解能产生氢氧根离子的一类化合物叫作碱。

所谓"规律"，则是指自然界中"运动物质之间的固有的、本质的、必然的、稳定的联系"，规律在一定条件下是可以反复出现的。

例如，酸溶液和碱溶液相遇就必然发生中和反应，形成水，这就是规律。

所谓理性认识，首先是指从自然界本身去寻求自然现象的原因，去探索事实和规律，而不是从神话、迷信等非理性的东西中寻求对自然界的种种解释；其次是指通过实践获得感性认识，然后经过大脑逻辑思维的加工，提高到理性层次的认识。

例如，在一些落后的农村，人们在天不下雨时会祈求神灵降雨，大部分情况是事与愿违，这是非理性认识；天气预报通过云层特征数据的变化，分析水汽凝结的时间和量，预报降雨，越来越准，这就是科学。当致命的传染病毒流行时，祈祷神灵保佑是不能阻止病毒传播的；理性的办法是隔离，不与病毒接触，就能避免生病。

发现前人的某些认识存在错误，通过归纳产生新认识，若能经得起实践的检验，这也是科学。通过理性思维方式所认识的自然界的事实和规律，常常表述为原理、公理、定义、定理、定律等。

2. 科学是知识体系

在古代和近代，除了个别学科的理论，如欧几里得几何学和牛顿力学，可算得上是知识体系之外，人类的科学知识绝大多数都是零散的、缺乏内在逻辑联系的知识单元。20世纪初，现代科学诞生后，自然科学各门学科已趋成熟，科学家已把各学科积累的大量知识单元，即原理、公理、定理、定义、定律等，按照内在逻辑关系加以综合，使之条理化、系统化。这样，各学科都形成了系统的知识，学科又组成学科群，构成了多层次的知识体系。在这样的背景下，人们在给科学下定义时都强调科学是反映自然界客观规律的知识体系。凡是新发现的事实和规律，要能够纳入已有的学科理论体系，才能算是科学。

3. 科学是一项社会实践活动

随着现代科学的发展，人们对科学的本质又有了新的认识。首先，认识到科学研究是一种动态过程，是人类通过思维和实践来认识自然界，从而加工和生产知识的实践活动。知识不是科学的全部，只是科学活动的产物。其次，人们认识到科学活动的方式已由像古代阿基米德、近代前期伽利略等人的个体研究活动，经由如近代后期爱迪生组织的"实验工厂"的集体研究活动，发展到现代如美国研究原子弹的"曼哈顿计划"的国家建制研究活动，以至今天国际合作的跨国建制研究活动。因此，科学实践活动已成为一项社会事业，一项各国政府、科研机构、大学和企业都积极参与的社会系统工程。

总之，科学既是关于自然界客观事实和规律的知识体系，又是一项重要的社会实践活动。这种组织起来的实践活动日益和现代社会的各个方面不可分割地联系在一起。

1.1.2 技术

人们对于技术本质的认识，也有着一个历史的发展过程，概括起来可总结为以下具有承启关系的观点。

1. 技术是经验、技能或技艺

技术，原意是指熟练的技能或技艺。在近代产业革命以前的手工业时代，技术的进步主要是依靠各行业的工匠、技师在生产实践中摸索、创造和传授经验。这就使得人们对技术的理解往往侧重于主观因素，即把技术看成是由经验而获得的某种技巧和能力。

2. 技术是生产的物质手段

近代产业革命后，大机器生产使劳动手段发生了根本的变革，过去需要靠长期积累经验形成的技能、技巧才能做到的事，利用工具和机器就很容易办到了。技能、技艺的作用相对减弱，而机器、工具的作用相应地增强。于是，人们开始倾向把技术活动的客观因素，即机器、设备、工具等物质手段看作技术的主要标志了。

3. 技术是科学理论的应用

19世纪后期电力技术革命之后，在技术原理的形成和整个技术的发展中，科学理论的因素增加了，科学走到了生产技术的前面，成为技术的先导。人们此时认识到，技术已经不仅仅是经验和物质手段，更重要的是它实现了科学理论的应用。因此，就有学者提出了"技术是客观的自然规律在生产实践中有意识的应用"的观点。

4. 技术是实现自然界人工化的社会活动过程

在当代关于技术本质的研究中，我国的学者认为，应当从人类变革自然的活动中，对技术进行合乎历史规律的研究，才能揭示技术的本质。无论是技能、物质手段、科学知识，或它们的简单相加，都不是技术的全部。技术是由这些要素构成的动态过程，是人根据预期的目的综合应用科学理论、技能，以及物质手段所进行的一种社会活动。这种社会活动是为了实现对自然界的变革，使之适应人类社会的需要，即所谓自然界的人工化。

简言之，技术是人有目的地运用科学理论和技能，借助物质手段，实现自然界人工化的社会活动的过程。这个观点从总体上反映了科学、技术与社会的统一，历史上的技术概念与当代技术概念的统一，技术的主观因素与客观因素的统一，比较全面地揭示了技术的本质。

1.2 科学与技术的关系

科学与技术的关系相当复杂。两者在本质上存在区别，而且在古代、近代、现代不同的历史时期，科学与技术之间的联系不尽相同。因此，有必要从整体上分析科学与技术的区别和联系。

1.2.1 科学与技术的区别

科学与技术的区别，可以概括为五个"不同"。

1. 目的和任务不同

科学以认识自然界为目的，它的任务是揭示自然现象的本质与规律，着重回答"是什么""为什么"的问题。科学成果增加人类的理论知识，提高社会的精神文明程度。技术则是以改造世界为目的，它的任务是要利用自然规律，实现自然人工化并协调人与自然界的关系。技术着重回答"做什么""怎么做"的问题。技术成果增加人类的物质财富，提高社会的物质文明程度。

2. 研究内容不同

科学研究是对未知领域的探索，它的研究课题一般来自观测到的事实与原有理论的矛盾，或者在科学研究过程中发现的新问题、产生的新矛盾等。而技术一般都有明确的实用目的，其研究的课题基本上是工程建设和生产过程中需要解决的各种实际问题，或现有技术的提高和改进问题。技术比科学更加联系生产实际，更加面向社会。

3. 研究成果的形式和评价标准不同

科学的研究成果一般表现为新事实、新规律的发现，新理论的提出。科学成果的评价标准是真与伪、正确与错误。技术成果一般表现为新工具、新设备、新工艺、新方法的发明。

技术成果的评价标准是质量的好与坏、效率的高与低，以及发明的实用性、经济性、安全性、可靠性等。

4. 发现进程不同

科学发展的高潮与技术发展的高潮在时间上不尽一致。例如，16—17世纪发生了近代科学革命，而近代第一次技术革命——蒸汽技术革命发生在18—19世纪初。20世纪发生了现代科学革命，而现代技术革命直到第二次世界大战才发生。可见，科学革命与技术革命并非同步，而是此起彼伏、互相联系又互相分离的。科学革命往往是技术革命的先导，技术革命又为新的科学革命奠定基础。

5. 生产力属性不同

科学技术是第一生产力。但是，科学是潜在的知识形态的生产力。它不是生产力中独立的因素，而是渗透在生产工具、劳动对象和劳动者三要素中，推动生产力发展的。换句话说，科学理论要通过技术才能转化为直接劳动力。技术水平的高低直接表现为劳动者素质和能力的高低，表现为生产设备先进程度和效率的高低，表现为劳动对象范围的大小和质量的高低。因此，技术是直接的生产力。

1.2.2 科学与技术之间的联系

科学与技术之间的联系，在各个时代有不同的特点。

1. 古代社会中科学与技术的联系

科学技术起源于原始人类的生产和生产实践。最初的关于自然的知识，是和人类的生产技能、生活经验完全融合在一起的。进入文明社会后，科学与技术开始分化。祭司、僧侣、学者等脑力劳动者的出现，使知识的传授和科学研究活动成为他们的专业；而生产技术主要是通过农业、手工业劳动者的经验积累取得进步的。由此形成了所谓科学的"学者传统"和技术的"工匠传统"。技术在一定程度上推进了古代实用科学的发展，而科学对技术的影响甚微。在古代几乎没有以科学理论的应用为特征的技术。

2. 近代社会中科学与技术的联系

16世纪近代自然科学产生以后，直至19世纪上半叶，科学与技术的联系才逐步发生变化。一方面，尽管技术主要还在依靠工匠、技师们的经验积累和技艺创新而发展，已有一部分科学家开始关心技术，从技术上的困难和矛盾中寻求科学研究的课题。近代科学中一些重大的成就，如微积分的创立、热力学第一定律的提出，都和科学家对生产技术问题的研究有一定关系。另一方面，随着生产的发展，技术也越来越需要科学理论，工匠传统开始向学者传统靠拢。工匠瓦特改进蒸汽机，就自觉地运用了科学家布莱克的热学理论。正如马克思指出的，只有在资本主义生产方式下，才第一次产生了只有用科学方法才能解决的实际问题，才第一次使科学的应用成为可能和必要。

3. 现代社会中科学与技术的联系

19世纪中叶以后，特别是在现代条件下，科学与技术的关系发生了根本性变化，对于新兴的科技领域来说，这种变化尤为明显。变化的突出特点如下。首先，科学明显地走在技术前面并引导技术进步，现代技术往往在相当大的程度上取决于自然科学发展和应用水平。19世纪中叶以来一系列重大技术进展，无论是电力技术、无线电技术、计算机技术，还是原子能技术、激光技术、生物技术，几乎都是先在科学上取得突破，然后转变为技术成果的。其次，现代自然科学对技术的依赖也有了新的变化。技术为科学研究提供越来越先进的实验仪器、设备和条件，许多技术中提出的求解问题往往成为科学发展新的突破点。

科学与技术之间存在一个相互促进的循环关系。科学的进步推动技术的创新，而技术的发展又为科学研究提供了新的工具和方法，进一步推动科学的进步。这种循环关系使得科技发展呈现出加速的趋势，推动了社会的快速进步。从光学显微镜到电子显微镜，技术的进步使科学家能够观察到更微观的结构，从而推动了细胞生物学、材料科学等学科的发展。计算机技术的发展不仅推动了信息技术的革命，也为科学研究提供了强大的计算工具，如超级计算机在气候模拟、基因测序等领域的应用。

现代科技的发展使得科学与技术的界限越来越模糊，二者相互渗透、相互融合，形成了许多交叉学科和新兴技术领域。这种融合趋势极大地提高了科技创新的效率，加速了科技成果向实际应用的转化。比如，生物技术结合了生物学、化学、物理学和工程学等多个学科，推动了基因编辑、生物制药等领域的快速发展；人工智能融合了计算机科学、数学、神经科学等多个领域的知识，广泛应用于医疗、交通、金融等多个行业。

总之，现代科学和技术之间是互相制约、互相促进的关系。两者的联系越来越密切，形成了所谓科学技术一体化的趋势。

1.3 科学技术是第一生产力概述

在科学技术发展史上，特别是近代、现代，人们对科学技术的认识有过三次大的飞跃。每次飞跃，都反映出科学技术的飞速发展。而这种认识的飞跃，又对科学技术的发展和社会的进步产生巨大的推动作用。

1.3.1 对科学技术认识的三次飞跃

1. 培根提出："知识就是力量"

弗兰西斯·培根提出的"知识就是力量"著名论断，是人们对科学技术认识的一次飞跃。当时英国新兴的资产阶级为了巩固自己的统治地位，需要发展科学技术。

而培根的科学方法论思想，向中世纪经学院的残余和教会思想发起了有力的反击，解放了人们的思想，成为英国科学革命的思想依据。培根极力主张学者要深入实际，实现学者与工匠的结合、知识与力量的统一。培根在1597年出版的《沉思录》中提出了"知识本身就是力量"的著名口号。培根思想的广泛传播使科学技术在英国受到普遍的重视。

2. 马克思提出："科学技术是生产力"

卡尔·马克思提出"科学技术是生产力"的科学论断，这是人们对科学技术认识的又一次飞跃。在《1857—1858年经济学手稿》中，马克思指出"生产力中也包括科学"，并强调科学是一种在历史上起推动作用的、革命的力量。马克思在《机器。自然力和科学的应用》中指出，"科学的力量也是不费资本家分文的另一种生产力"，他把科学技术同生产力有机地联系在一起，提出"科学技术是生产力"的科学论断。在资本主义社会中，资本家为了在激烈的竞争中立于不败之地，不得不借助于科学技术的力量发展生产。科学的发展，带动了技术的发展；技术的应用，又使生产快速增长。资产阶级在不到一百年的统治中创造的生产力，比过去所有年代创造的全部生产力还要多。这就是科学和技术广泛应用的结果。历史的发展，证明了马克思"科学技术是生产力"论断的正确性。

3. 邓小平提出："科学技术是第一生产力"

邓小平提出"科学技术是第一生产力"。

1988年9月5日，邓小平会见捷克斯洛伐克总统古斯塔夫·胡萨克，谈到科学技术发展时说："马克思说过，科学技术是生产力，事实证明这话讲得很对。依我看，科学技术是第一生产力。"同年9月12日，他在听取中央领导同志工作汇报中，再次谈到科技问题。他指出：要注意教育和科学技术。马克思讲过科学技术是生产力，这是非常正确的，现在看这样说可能不够，恐怕是第一生产力。

邓小平提出"科学技术是第一生产力"的科学论断，是人们对科学技术认识的又一次新的飞跃。

1.3.2 科学技术与生产力要素的关系

政治经济学中通常把生产力划分为三个要素：劳动者、劳动对象和劳动手段。科学技术虽然不是社会生产力的独立要素，但是它通过一定的途径，作用于物质生产系统，并入生产过程，凝结并物化在劳动者、劳动手段、劳动对象等这些生产力要素中，转化为直接的、现实的生产力，推动社会生产的发展。

1. 科学技术与劳动者

劳动者是在社会生产力中起主导作用的最积极、最活跃的因素。作为生产力构成要素的劳动者，是指正在或有能力在生产过程中发挥劳动功能的人。劳动者的劳动能力不仅取决于体力的大小，更取决于智力的高低。劳动者的体力从古到今基本上没有什么大的变化，但劳动者的智力，包括经验、知识、智商和各种技能、技巧、技艺，随着科学技术的发展有大幅度的增长和提高。

科学技术发展到今天，生产力的发展水平和速度主要取决于劳动者的智力和先进科学技术与生产结合的程度。

人类掌握了石器技术，创造出原始社会的生产力；掌握了铁器技术，创造出封建社会的生产力；掌握了蒸汽机等技术，创造出资本主义社会的生产力。

据有关专家估算，在机械化程度较低时(如蒸汽动力机械化水平)，劳动者体力和脑力的消耗比例约为9∶1；在机械化程度中等水平(如电气化加机械化水平)时，劳动者体力和脑力的消耗比例约为6∶4；而在全自动化(现代化生产水平)时，劳动者体力和脑力的消耗比例约为1∶9。现代化生产对劳动者的要求从以体力为主，经过体脑结合，向以脑力为主的方向发展。

与此相应的是，在劳动者队伍里，参与生产规则、计划、决策、研究、开发、设计、组织、管理等活动的组织管理者相对于在生产流水线上的直接劳动者的比例及重要性日益提高。目前，在一些发达国家的劳动者队伍中，高级研究人员和高级工程技术人员所占的比例越来越大。在现代社会的生产过程中，劳动者的智力作用已远远超过体力的作用，成为劳动者素质的主要标志。劳动者的智力除了遗传因素，主要是科学技术经由各种形式的教育(学科教育、社会教育、终身教育、职业教育等)以及实践活动(科学技术实验、生产实践、社会实践等)培养出来的。可以说，劳动者的智力是科学技术在劳动者身上的体现。

2. 科学技术与劳动对象

劳动对象包括自然物和通过人们劳动加工过的原材料。在科学技术不发达的古代，劳动对象主要是身边的自然物(树木、岩石、土、水、空气、野生动植物等)以及劳动加工的初级产品(农作物、矿石、棉布等)。随着科学技术的进步，人类不断发现、利用、改造和扩大劳动对象的范围，把越来越多的自然物变成自然资源。例如，矿物学、地质学的发展使人们发现并利用煤、天然气、石油、稀有金属等；化学、冶金学引导人们制造各种人工合成材料。20世纪以来，随着有机化学的发展，世界上的合成染料已占全部染料的99%，合成药品已占全部药品的75%，合成橡胶已占全部橡胶的70%，合成纤维已占全部纤维的35%以上。目前，世界上各种合成材料已有几十万种，而新材料每年又以5%的速度在增长。现代高科技使劳动对象进入了更高级的发展阶段。人们应用新技术、新工艺，可以把石英砂粒变成半导体和光导纤维的重要原料，其价值高于黄金。

此外，现代高科技还不断开辟新的劳动对象，如对信息的加工、对海洋的开发、对外空的探索，以至对生命物质的创造。现代科学技术的进步使劳动对象在越来越大的程度上变成了人工产品，变成了科学技术物化的产物。

3. 科学技术与劳动手段

"工欲善其事，必先利其器"，作为主要劳动手段的劳动工具的改革与创新，对生产的发展起巨大作用，而劳动工具则是科学技术的物化。任何劳动工具都是人体的延伸。劳动工具不仅能模拟取代人体某一部位的技能，而且能强化这种技能，使普通劳动者能完成以往具有特殊技能的劳动者的工作，使简单劳动(无技能劳动)具有了和复杂劳动(有技能的劳动)同样甚至更强的生产能力，使技能变得无足轻重。人类历史上每一次技术革命，都是以劳动工具的变革为标志的。

近现代历史上，随着自然科学的产生和发展，人类经历了三次重大的技术与产业革命，这些技术与产业革命强有力地推动了社会生产力的提高和社会经济的发展。第一次技术与产业革命始于18世纪60年代，以蒸汽机的发明与应用为标志，使人类从手工工场时代进入机器大工业时代。第二次技术与产业革命始于19世纪70年代，以电力和内燃机的广泛应用为标志，推动人类从蒸汽时代进入电气时代。第三次技术与产业革命始于20世纪50年代，以电子计算机、原子能、航天技术和生物工程等的发明与应用为标志，使人类进入信息化、网络化、电子化、自动化时代。

近百年来，由于科学技术的迅速发展，全世界的工业总产值增加了20倍。据世界银行统计，科学技术因素在推动经济增长中所占比例不断上升。20世纪初，经济增长主要依靠人力、物力和资金的投入，科学技术占比为5%～10%。到20世纪50—70年代，科学技术进步在经济增长中作用占比在发达国家平均为49%，有些高达70%；在发展中国家平均为35%，有些国家和地区高达50%。

如果说19世纪后期机器所"物化"的科学还仅仅是经典力学、热力学的初步知识，那么现代生产系统中的劳动工具和生产手段就不只是简单的机器，而是由动力系统、传输系统、工具系统、监测系统、信息系统、控制系统和基础设施组成的综合技术体系，它是众多学科知识综合的深度"物化"。

4．科学技术与管理

马克思在《资本论》第一卷中指出，"劳动生产力是由多种情况决定的，其中包括：工人的平均熟练程度，科学的发展水平和它在工艺上的应用程度，生产过程和社会结合，生产资料的规模和效能，以及自然条件。"因此我们可以看到，除上述三要素外，管理也是生产力。1911年，美国管理科学家弗雷德里克·泰勒出版了著作《科学管理原理》，标志着生产的组织管理成为一门科学。

泰勒把管理的职能概括为如下几点。

(1) 科学管理四原则：用科学的方法研究工人操作中的每一环节，代替过去的经验管理；科学地挑选工人，并进行培训教育；与工人们密切合作，确保一切事务按照科学原则进行；管理层与工人在工作和职责的划分上应是大体同等的。

(2) 工时研究与标准化管理：通过分析和综合阶段，确定完成一项工作的最佳方法，并改进工具、材料，实现标准化。

(3) 激励机制：提出了差别计件工资制，以激励工人提高工作效率。

泰勒的管理理论力图在现有的生产手段的基础上，通过对生产要素的"整合"来提高劳动生产率。对此列宁曾这样评价："资本主义在这方面的最新发明——泰勒制——也同资本主义其他一切进步的东西一样，有两个方面：一方面是资产阶级剥削的最巧妙的残酷手段；

另一方面是一系列的最丰富的科学成就，即按科学来分析人在劳动中的机械动作，省去多余的笨拙动作，制定最精确的工作方法，实行最完善的计算和监督，等等。"一些专家把这些关系表达为："生产力=科学技术×(劳动者+劳动手段+劳动对象+生产管理)"。也有一些专家把生产力中的要素概括为："生产力=精神要素×物质要素=(科学技术+经营管理+……)×(劳动者+劳动手段+劳动对象)"。不管哪种表达，都认为科学技术有乘数效应，它放大了生产力各要素，科学技术发展得越快，这个乘数的增大也越来越迅速。

在现代社会中，智力已成为劳动者素质的主要标志，而人的智力实际上是科学技术在人身上的体现。现代劳动工具或劳动手段的特点是复杂性、精密性、自动化、智能化。它们是知识密集型的产物。现代劳动对象则在很大程度上依赖于科学技术的发明和发现。现代生产管理大量应用以数学工具和计算机技术为核心的现代科学技术。因此，如果说一百多年前的大机器生产"第一次使自然科学为直接的生产过程服务""第一次达到使科学的应用成为可能和必要的那种规模""第一次使物质生产过程变成科学在生产中的应用"，因而科学技术是生产力，那么，当代科学技术已和生产融为一体，成为现代社会生产力发展的主要源泉，具有开辟道路、决定水平和确定方向的作用，科学技术已成为第一生产力。

1.4 学习科学与技术的意义

学习自然科学与技术的意义是多方面的，具体来说体现在以下几个方面。

1. 从个人层面来看，学习科学与技术能够极大地拓宽视野

科学与技术涵盖了众多领域，如物理学、化学、生物学、计算机科学、航空航天等。通过学习这些知识，我们可以了解到自然界的奥秘、人类社会的发展历程以及未来的可能性。例如，在学习物理学时，我们能够理解宇宙的运行规律，从微观的粒子世界到宏观的天体运动，都能有所涉猎；学习生物学，则让我们对生命的起源、进化和人体的生理机制有了更深入的认识。这种对世界全面而深刻的了解，能够打破我们认知的局限，使我们以更加开阔的视角看待问题，培养出独立思考和创新的能力。同时，掌握科学与技术知识为个人的职业发展提供了广阔的空间。在当今社会，科技行业蓬勃发展，无论是传统的制造业、医疗行业，还是新兴的人工智能、大数据、新能源等领域，都对具备科学与技术素养的人才有着巨大的需求。学习科学与技术可以让我们在这些行业中找到适合自己的岗位，实现自身价值。例如，学习计算机科学的人可以在软件开发、网络安全、人工智能算法研究等领域施展才华；学习生物技术的人可以在基因编辑、生物制药等前沿领域为人类的健康事业贡献力量。而且，随着科技的不断进步，新的职业机会也在不断涌现，学习科学与技术能够让我们更好地适应这种变化，提升自己的就业竞争力。

2. 从国家层面而言，科学与技术是国家发展的核心动力

一个国家的强盛与否，在很大程度上取决于其在科学与技术领域的实力。历史上，英国

凭借工业革命中的技术创新成为"日不落帝国",美国在"二战"后凭借强大的科技实力在世界舞台上占据主导地位。如今,各国都在积极投入资源进行科学研究与技术开发,以提升国家的综合实力。科学与技术教育能够为国家培养出大量的专业人才,这些人才是推动国家科技进步的关键力量。他们可以在科研机构、高校、企业等各个领域开展工作,通过不断创新和突破,为国家解决关键技术难题,推动产业升级,提高国家的经济竞争力。例如,在航天领域,我国的航天科学家们通过长期的学习和研究,攻克了一系列技术难关,使我国的航天事业取得了举世瞩目的成就,不仅提升了国家的科技水平,也增强了国家的国际影响力。

3. 从人类社会的角度来看,科学与技术的进步是推动人类文明发展的重要力量

科学与技术的发展使人类的生活更加便捷、舒适和健康。从古代的四大发明到现代的互联网、智能手机、人工智能等技术,都极大地改变了人类的生活方式和社会结构。学习科学与技术能够让我们更好地理解和运用这些成果,同时也有助于我们发现和解决人类面临的各种问题,如环境污染、能源短缺、疾病防治等。例如,通过学习环境科学与技术,我们可以研发出更加环保的能源利用方式和污染治理技术,为地球的可持续发展做出贡献;通过学习医学科学与技术,我们可以不断探索新的治疗方法和药物,提高人类的健康水平和寿命。

4. 科学与技术的学习还能够促进人类文化的交流与融合

在学习科学与技术的过程中,我们不可避免地会接触到不同国家和民族的科学文化成果。这种交流不仅丰富了我们的知识体系,也促进了不同文化之间的相互理解和尊重。例如,阿拉伯数字的传播、古希腊哲学与科学思想的传承等,都对人类文化的交流与发展产生了深远的影响。在当今全球化的时代,学习科学与技术更是能够让我们更好地参与到国际科技交流与合作中,共同推动人类社会的进步。

总之,学习科学与技术具有极为重要的意义。它能够提升个人的综合素质和职业竞争力,推动国家的科技进步与经济发展,促进人类社会的文明进步与可持续发展。在未来的日子里,我们应当更加重视科学与技术的学习,积极探索未知领域,为人类的未来贡献自己的力量。

1.5 思考与练习

1. 什么是科学?
2. 什么是技术?
3. 科学和技术的主要区别是什么?
4. 什么是事实?举例说明。
5. 什么是规律?举例说明。
6. 人们对科学技术的认识有哪三次飞跃?
7. 结合生产实际情况,论述科学技术是第一生产力。

第 2 章

近代科学革命

学习标准：

1. 识记：哥白尼、哈维、维萨里、塞尔维特的创新观点。

2. 理解："地心说""日心说"的基本观点；三灵气说、血液循环理论的基本观点。

3. 应用：用"日心说"综述地内行星、地外行星的视运动。

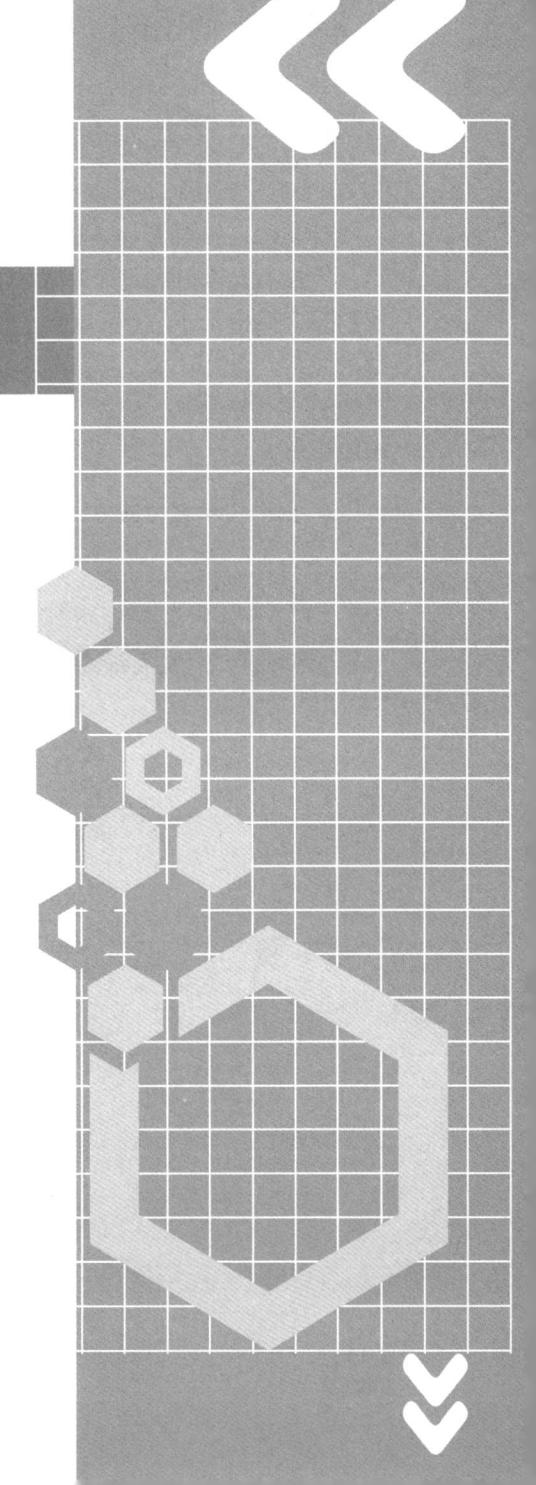

2.1 天文学革命

天文学革命是以哥白尼的"日心说"代替托勒密的"地心说"为标志,开始了自然科学从神学中解放出来的运动。

2.1.1 托勒密的"地心说"

托勒密是生活在罗马人统治下的亚历山大城的科学家,古希腊天文学的继承者和集大成者。他在希帕克"地心说"的"本轮—均轮"宇宙模型基础上增加圆形轨道,构建了一个共有 80 个本轮和均轮的复杂的模型。

托勒密一生写了一部十三卷的巨著《天文学大成》,系统地阐述了"地心说"的观点。这一学说本来是古代人对天体运动的一种解释,在观测精度不高的条件下,它与当时的观测资料符合得相当好,一直流传了一千多年。可是到中世纪后期,天主教会给它披上了一层神秘的面纱,硬说地球居于宇宙中心,上帝把人派到地上来统治万物,就一定让人类的住所(地球)处于宇宙的中心。这样一来,托勒密的学说就成为基督教义的支柱,成为不可怀疑的信条而阻碍着天文学的进步。

1. 地心说的基本观点

(1) 日、月和水、金、火、木、土五行星,都按各自的轨道绕地球旋转;宇宙有"九重天",自下而上,月亮天为最低的一重天,依次为水星天、金星天、太阳天、火星天、木星天、土星天和恒星天,还有最高的第九重天,是神灵居住的天堂,叫作"最高天"(见图2-1)。

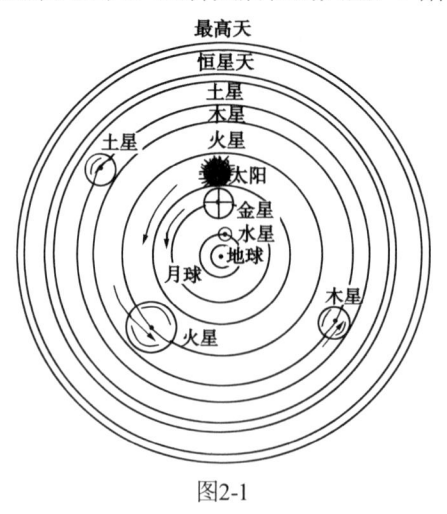

图2-1

(2) 行星在本轮上匀速运行；而本轮中心在均轮上匀速运行(见图2-2)。

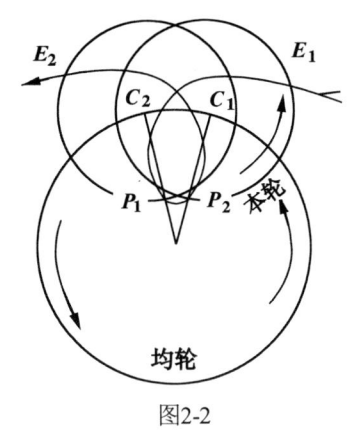

图2-2

(3) 地球在宇宙中心静止不动，正圆运动是天体最完美的运动。

2. 存在的问题

在托勒密的"地心说"看来，地球处于宇宙的中心，静止不动，这是它的致命弱点。其次，本轮—均轮解释的是行星的视运动，不是真实的运动。再次，所有的天体围绕地球转动，日复一周，是不可能的。比如，太阳系外较远的恒星围绕地球转动的速度将远远大于光速，目前认为，光速是天体运动的极限速度。

2.1.2 哥白尼的"日心说"

在科学与宗教神学的较量中，最先突破宗教神学的藩篱，宣告科学独立的是波兰人哥白尼创立的太阳中心说(日心说)。哥白尼生于波兰维斯瓦河畔的托伦城，他10岁丧父，在舅父的抚养下长大成人。1491年进入波兰克拉科夫大学学习，在那里他对天文学产生了兴趣并学会用仪器观察天象。1496年赴意大利留学，先后逗留了9年，在博洛尼亚大学和帕多瓦大学学习法律和医学。但是他着力钻研的是天文学、数学、希腊语和柏拉图的著作。在这期间，他受到人文主义运动的影响及希腊古典著作的启发，逐渐形成了太阳中心说的思想。1506年，他回到国内，一面完善他的学说，一面进行天文观察，用观察和计算对学说加以核对和修正。经过30多年的努力，终于写成了6卷本的《天体运行论》一书，总结和阐述了他的学说。但是他迟迟不愿将他的主要著作《天体运行论》公开出版。因为他很了解，他的书一经出版，便会引来各方面的攻击。1542年秋，哥白尼因中风已陷入半身不遂的状况，到1543年初临近死亡时，他的《天体运行论》才正式出版。

1. "日心说"的基本观点

(1) 地球并非静止不动的天体，也不在宇宙的中心。它是一颗普通的行星，既有自转，又围绕太阳旋转。

(2) 月亮绕地球旋转，并且和地球一起绕太阳旋转。

(3) 太阳处于宇宙的中心，行星在各自的圆形轨道上围绕太阳旋转，它们的轨道大致处在同一平面上，它们公转的方向也是一致的(见图2-3)。

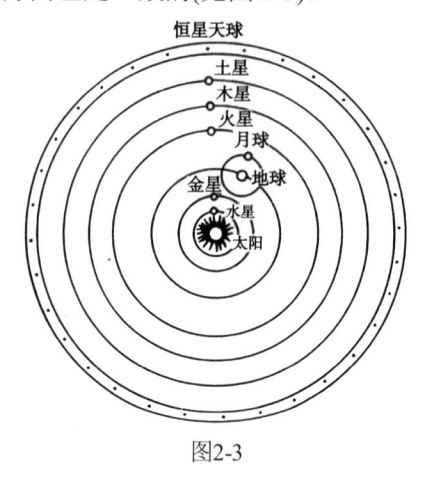

图2-3

(4) 对行星视运动的解释。

按照哥白尼的理论体系，地球和其他行星全都围绕太阳旋转，这是它们的真实运动，或者叫真运动。有的行星比地球更接近太阳，我们把它称为内行星，运动得更快一点；有的行星离太阳比地球更远一点，我们把它称为外行星，速度更慢一点。行星在天上的绕圈运动，是从运动的地球上去看同样是绕太阳运动的行星而产生的一种视觉效果，这叫视运动。

哥白尼用行星围绕太阳转，解释了行星的视运动，是"日心说"成立的重要证据。

譬如，有两列行驶的火车，甲火车速度快，乙火车速度慢。当甲火车与乙火车并排反向运动时，甲火车的司机看到乙火车朝前方运动的速度"变快了"；当甲火车与乙火车并排同向运动时，甲火车的司机看到乙火车的速度"变慢了"，乙火车被超越了，朝后"退"了。很明显，甲火车司机看到的现象是一种"视运动"，不是乙火车的真速度。

行星的视运动也是类似的。我们先来看看地外行星。

图2-4是从地球上看外行星木星的运动情况。在位置"1"，地球、太阳、木星在同一直线上，从地球上看，木星和太阳在同一位置，天文上叫作"合"。这时候，是看不见木星的。因为地球的运动速度比木星快，所以，合以后不久，木星在天上由西向东移动的速度越来越快。当地球超过位置"5"的时候，看木星在天上由西向东移动的速度越来越慢。当地球到了位置"2"的时候，木星不动了，天文上叫作"留"。接着，木星开始由东向西逆行。在位置"3"时，地球、木星、太阳又在同一直线上，但位置排列和"合"不同，这时木星和地球距离最近，称为"冲"。在地球运动到位置"4"的时候，木星停止逆行，开始向东顺行。到了位置"5"，地球、太阳、木星又在同一直线上，重复"1"的情景。这段时间内，木星在恒星中间画了一条S形的曲线。

图2-4

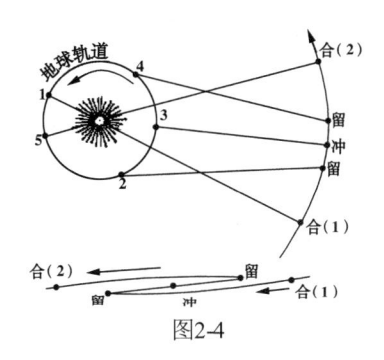

地内行星的情况基本上和地外行星相似(见图2-5)。不同的只是它们没有冲,而代之以另一个合,叫作下合(见图2-5中的位置"4")。这时候,它们距地球最近。从图中还可以看出,地内行星总是在太阳附近摆动,不会超过一个最大的角度。不难理解,这个最大角度等于它们绕太阳运动轨道的半长轴在地球上的张角(见图2-5中的位置"2"或"6")。对于水星,这个角度为28°,金星是48°。所以,金星或水星只能作为晨星见于东方,或者作为昏星而见于西方。

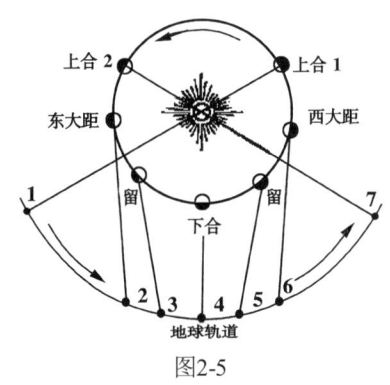

图2-5

从上面的分析可以看出,在哥白尼的学说里,行星的运动是十分自然的现象,而在托勒密的体系中,本轮复本轮,七拼八凑,还是不能自圆其说!

2. 意义

哥白尼把太阳系中天体的视运动归因于一个统一的原因,即地球的自转及绕太阳的公转。太阳中心说的发表是近代科学史上一件划时代的大事,它颠倒了一千多年来占统治地位的神学宇宙观,给我们描绘了一幅关于太阳系的科学图景,为近代天文学奠定了基础。尤其重要的是,这一学说宣告了神学宇宙观的破产,开始了自然科学从神学中的解放运动。

太阳中心说向世人表明:既然传统的天文观不是亘古不变的绝对真理,那还有什么教条不可怀疑?还有什么学说不可以改变呢?这个界限一旦被打破,思想解放的潮流就像决堤的洪水势不可挡。恩格斯在评价哥白尼学说的革命意义时说,哥白尼那本不朽著作的出现是自然科学借以宣告独立的宣言。这个评价是十分恰当的。

2.2 医学生理学革命

近代科学革命时期，对人体血液运动的研究始终是医学和生理学领域引人注意的问题。古罗马盖仑的"三灵气说"和托勒密的地心说一样，也是在中世纪被教会教条化了的学说，后来受到了越来越多的怀疑和挑战。

2.2.1 盖仑的"三灵气说"

古罗马最著名的医学家是盖仑，他行医多年，后来做了罗马皇帝的御医。盖仑一生勤奋，写过大量的著作。在中世纪，他的著作被奉为医学和生理学的金科玉律。盖仑把对动物的解剖知识硬套在人身上，他认为"精气"是生命的要素，身体只是灵魂的工具等。盖仑学说中的神灵观念，不可避免地被宗教神学所利用。他创立了"三灵气说"来解释人体的生理过程。

1. 基本观点

食物中的营养成分在肝脏内变成深红的静脉血液，然后与"自然灵气"混合，由其推动经过心脏右侧循静脉流向全身，然后又从原路流回心脏；一部分血液会从心脏右侧通过隔膜上的细孔流进左侧，由此流经肺而与空气接触后带上"活力灵气"而转变成鲜红的动脉血，并受其推动循动脉流向全身，又从原路返回心脏；流经大脑的动脉血中的"活力灵气"变成"灵魂灵气"，由神经系统通至全身而支配人体的感觉和运动。

2. 存在的问题

盖仑的"三灵气说"多是臆测成分，包含不少谬误。其主要问题有：一是血液可通过左、右心室的隔膜；二是血液靠"灵气"推动；三是他认为圆周运动是天体所特有，而地球上的运动是直线的，血液在人体内部做来回运动。

2.2.2 哈维的血液循环理论

最先向盖仑体系提出挑战的是比利时人维萨里。在哥白尼发表日心说的同时，维萨里于1543年出版了《人体的构造》这本解剖学专著。维萨里在这本著作中描绘了300多张解剖图，纠正了盖仑的200多处错误。他以自己在解剖过程中所看见的现象为根据，提出了两个重要的论点：第一，男人身上的肋骨同女人身上的肋骨一样多，都是12对，共24根。这样他就否认了上帝用男人的肋骨创造出女人的说法。第二，他纠正了盖仑关于左、右心室相通的说法。他指出左、右心室之间肌肉很厚，没有可见的孔道能将动脉血和静脉血沟通起来。

维萨里通过人体解剖获得的见解不符合传统观点,遭受到外界的攻击。1563 年,维萨里遭诬陷用活人做解剖而被提起公诉,最后被判了死罪。由于国王出面干预,他才免于死罪。1564 年因航船遇险,年仅 50 岁的维萨里不幸身亡。

西班牙医生塞尔维特最早提出心肺之间血液小循环的学说。他在出版的书中主张人体中只有一种活力灵气,而不是盖仑所说的三种灵气。这种活力灵气存在于空气之中,通过呼吸进入肺脏,在那里与来自右心室的血液相遇,清除掉其中的"烟气"之后,使血液的颜色变得鲜亮,这种精制化了的血液和空气混合后进入左心室,使血液带上活力灵气运送至全身。他主张"灵魂本身就是血液"。他还认为静脉血通过肺而变为动脉血。他提出的血液心肺小循环把盖仑提出的两个彼此独立的血液系统(动脉系统与静脉系统)统一了起来。这就为发现全身的血液循环铺平了道路。1553 年,当塞尔维特在日内瓦被加尔文教派逮捕并以异端罪受审时,对他提出的罪状之一是他主张灵魂是血液。这意味着主张灵魂将随同肉体一起死亡,这是一种非正统观点。为此,塞尔维特在日内瓦被教会活活烧死。

威廉·哈维是英国著名的生理学家,出生于英国肯特郡一个富裕农民的家庭,在剑桥大学毕业后曾到意大利帕多瓦大学深造,24 岁时回到英国开业行医。在文艺复兴运动的影响下,他认识到实验方法对科学工作的重大意义。在长达 12 年的努力中,他采用 80 多种动物做实验研究。通过观察动物的心脏搏动得知,心脏每收缩一次便有若干血液从中输出,于是推论,人的心脏每搏动一次大约输出 2 英两血液,其中一半要分布到肺部,另一半分布到全身,半小时中,搏动出来的血量将超过全身任何时刻所含的血液总量。这么多的血液不可能在半小时内由肝脏制造出来,也不可能在肢体末端这么快地被吸收掉,唯一的可能是血液在全身沿着一个闭合的路线做循环运动(见图2-6)。1628 年,哈维出版了讨论心脏问题的专著《心血运动论》。

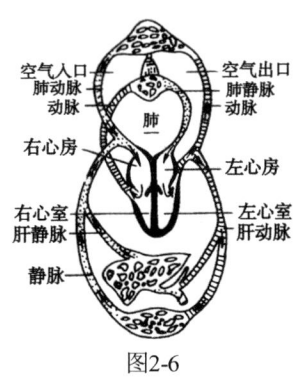

图2-6

1. **基本观点**

(1) 血液循环的原动力是心脏的收缩和舒张,而非任何灵气。

(2) 血液在全身沿着一闭合路线做循环运动,路线是从右心室输出的静脉血经过肺部变为动脉血,然后通过左心房进入左心室;从左心室搏出的动脉血沿动脉到达全身,然后再沿静脉回到心脏。

(3) 哈维预言，在动脉和静脉的末端必定存在一种微小通道将二者联结起来。1661 年，意大利解剖学家马尔比基用显微镜在蛙肺中识别出了毛细血管。荷兰生物学家列文·霍克于 1688 年用显微镜亲眼看到了血液通过毛细血管的实际循环过程，从而完全证实了哈维的预言。

2. 意义

与哥白尼日心说彻底否定了天文学中的传统观念一样，哈维的血液循环理论给生理学中的传统观念、被教条化了的盖仑的"三灵气说"以致命的打击。从此，生理学发展成为科学。哈维因为这一成就而被誉为"生理学之父"。

2.3 物理学革命

2.3.1 亚里士多德的力学理论

雅典时期著名的学者亚里士多德是第一个全面研究物理现象的人，他写了世界上最早的力学专著《物理学》。他认为，月亮以上的世界是由以太构成的，是神圣不动的，月亮以下的世界的自然运动是重者向下，轻者向上。当然，物体不动也被看成是自然的，要改变这一自然状况就得有外力。他还用自然界不允许虚空的臆想来解释被抛物体的运动：物体前冲时排开介质，在后面造成虚空，周围介质马上来填补这个真空，这样便形成了推力，一直到阻力等于推力，非自然运动停止。

关于自由落体，他的结论是较重的物体下落速度更快，理由是它冲开介质的力比较大。亚里士多德的物理学研究是没有实验根据的、纯思辨的，因而结论大多不正确。

2.3.2 伽利略的斜面实验

伽利略·伽利雷，意大利著名数学家、物理学家、天文学家和哲学家，近代实验科学的先驱者。伽利略最初的科学兴趣是力学。1597 年，伽利略从开普勒那里了解了哥白尼的学说，便对天空产生了兴趣。1608 年的一天，荷兰眼镜商汉斯·利珀希把两组透镜合在一起对准教堂尖顶上的风标时，发现风标被放大了，于是便开始制造望远镜，并向海牙的荷兰中央政府递交了专利申请，但他只得到了一笔奖金。10 个月后，伽利略听到了这个消息，便自己动手制造了一架望远镜，把它指向了天空。伽利略的这一举动标志着天文研究从古代的肉眼观测进入了望远镜观测时代。

伽利略在天空看到了激动人心的景象：月面上的山丘和凹坑，木星的四颗卫星，金星的盈亏，太阳的黑子和自转，茫茫银河中的无数恒星。这使他成了哥白尼学说的坚定信奉者，因为他看到的木星正是一个小太阳系。

伽利略的发现用事实支持了哥白尼的学说，1615年他收到法庭的传讯。当时伽利略面临和布鲁诺相似的情境，不得不在口头上答应放弃自己的观点。但伽利略实际上并未放弃自己的见解。

当伽利略还是一个比萨大学学生的时候，就对亚里士多德的运动理论深表怀疑。亚里士多德认为，在落体运动中，重的物体先于轻的物体落到地面，而且速度与重量成正比。这种看法在经验中确实可以找到证据，如一根羽毛就比一块石头后落到地面。但是也不难找到反例，如一个同样大小的铁球和木球从等高处下落，几乎无法区分哪一个先落下。伽利略这样推论：把轻重不同的两个物体捆在一起，它们将如何运动呢？显然，根据亚里士多德的结论，那个较轻的物体将延缓较重的物体的运动，但同样根据亚里士多德的结论，这两个物体的重量比较重的那一个更重了，那么它们又应该以更快的速度下落。这显然是自相矛盾的。

1632年，他征得佛罗伦萨法官的许可，出版了《关于托勒密和哥白尼两大世界体系的对话》。但伽利略的这部著作给他带来申斥和判处终身监禁。

1638年，他出版的《关于两门自然科学的对话和数学证明》一书，是他对地面物体运动研究的一个总结。在该书中，伽利略叙述了"斜面实验"。关于斜面实验及其推论的整个思路概括见图2-7。

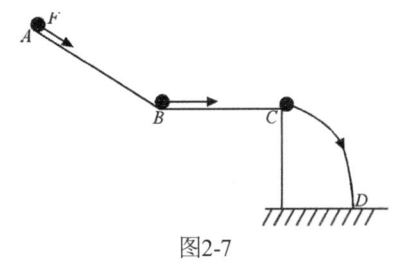

图2-7

1. 斜面实验

一个小球沿斜面滑下，可以看成是"冲淡重力"条件下的落体实验。物体在垂直地自由下落时，由于地球引力作用较强，降落速度很快，难以精确测定不同重量物体降落的过程；但在斜面上，引起物体下落的只是重力沿斜面的分力，这就营造了易于观察的条件。综合斜面实验的过程，可以设计和制造一个光滑斜面和平面(图2-7中由 A 经 B 至 C)，再用一个光滑的球由 A 经斜面落下。经过反复实验分析，得到以下的结论：

(1) 在斜面 AB 上，小球做加速运动。在斜面倾角一定时，不论小球重量如何，加速度值都一样，在斜面上滚动的各种钢球所经过的距离总是同所用时间的二次方成比例，这就是伽利略发现的自由落体定律。另外，伽利略还用自由落体的"思想实验"反驳了亚里士多德的"重物比轻物先落地"的观点。

(2) 在小球落到 B 点并沿 BC 平面滑动时，在运动方向上小球并不受力，但它仍然按起始速度做匀速直线运动，如果 BC 足够长，小球将永远保持原速。这个说法也就是惯性定律。这一发现表明速度并不是由外力引起的，力是加速度的原因而不是速度的原因。这一发现有力地批驳了亚里士多德"保持物体做匀速运动的力应是持久不断的恒力"的观点。

(3) 如果小球运动至平面的一端的 C 点落下，一方面物体要保持匀速运动继续前进，另一方面它又要在垂直方向下落，于是物体呈现出抛物线运动状态。图 2-7 中即小球将沿半抛物线 CD 落至 D 点。

2. 意义

伽利略继承古希腊阿基米德的传统，发展了实验和数学相结合的科学研究方法。他在观察、实验的基础上，经过推理和计算对现象提出假定性说明和定量的描写，然后再用实验加以检验，从而取得了静力学和动力学方面许多十分有价值的研究成果。其中最为突出的是他运用逻辑分析并通过小铜球斜面滚动实验，得出了自由落体定律，推翻了亚里士多德的学说。

伽利略的一系列具有开创性的工作，为牛顿力学体系的建立奠定了基础。

2.4 创造性思维

2.4.1 条件

1. 合理的知识结构

知识是开展创造性思维的基础。新知识的获得必须建立在已有知识的基础之上，原有的知识基础越好，获得新知识越容易。而知识越广博，知识的结构层次越高，越有利于进行创造性思维，也越容易取得新成果，对社会贡献就越大。

2. 良好的心理条件

创造性思维是一种高度复杂的脑力活动，需要有良好的心理条件。具体来说，良好的心理条件主要有以下几项。

(1) 敏锐的观察。任何发明创造都开始于观察。观察是知觉和思维活动相互渗透的复杂的认识活动。观察敏锐，就能较快地找出事物之间的联系和区别，进入更深一层的思考。

(2) 强烈的好奇。好奇，就容易对某事物产生兴趣，就会去仔细观察并探索。而从不同角度出发进行反复探索，往往可能带来智慧的"奇花异果"。有创造发明的科学家大都是好奇心强的人。

(3) 高昂的情绪。搞创造发明往往要经过长时间的紧张的思考，需要有高昂的情绪。如果情绪压抑不安，就会抑制思维活动的积极进行。

(4) 坚强的意志。创造发明活动常常会有一个较长的过程，可能会失败一百次、一千次，甚至更多，要在经过长期的苦思冥想和紧张的求索后，才可能出现顿悟的灵光。在这个漫长的过程中，意志的作用是十分重要的。

3. 积极的思维状态

创造性思维是发散性思维和集中性思维的有机结合。前者积极求异，丰富想象，突破常规，寻求独创，起主导作用；后者是发散的起点，又是发散以后的去伪存真的过程。如果两者都处于积极状态，创造性思维就会成功。如果只活跃一头，就会出现情境不明的乱发散，或是集中在一点上发散不开的失败局面。

2.4.2 过程

心理学家沃勒斯曾提出过创造过程的四个阶段。

1. 准备

广泛收集感性或理性的信息，寻找创造的方向和确定创造的课题。考虑课题的价值，即课题的独创性、新颖性和理论或实用的价值。

2. 孕育

集中全部精力，调动一切才能，以坚强的毅力反复向思考的目标冲击，企求突破。这是创造性思维最紧张的阶段。

3. 明朗

当新的想法出现时，这个想法可能是深思熟虑、逐步推导后缓慢形成的结论，也可能是顿悟和灵感。因为经过长时间的思考以后，情绪亢奋，思维敏锐，在紧张的酝酿之中，或在思维稍一松弛之际，都有可能产生顿悟和灵感。

4. 验证

新的想法形成以后，可能并不成熟，并不完善，还需要通过验证和继续深入思考，使这一新的想法系统化，变得更加成熟。

创造性思维的过程，一般来说，都经历以上四个阶段。这四个阶段是相互渗透、相互影响的，前一阶段为后一阶段做准备，后一阶段中又常常包含前一阶段的因素。

2.4.3 方法

创造性思维的方法很多，大致可分成两大类：一类是发现问题的方法。发现问题是创造性思维的起点，希望解决问题是创造性思维过程的动力。另一类是产生新想法的方法。产生新的想法，可以形成新概念，没有新概念便没有发明和创造。所以，产生新的想法对于创造性思维是很重要的。

2.5 思考与练习

1. 哥白尼、哈维有什么创新成果?
2. 简述地心说、日心说的基本观点。
3. 简述三灵气说、血液循环理论的基本观点。
4. 地心说存在什么问题?
5. 为什么金星有时候叫长庚星,有时候叫启明星?
6. "三灵气说"存在什么问题?
7. 维萨里、塞尔维特对血液循环理论分别有哪些贡献?
8. 血液循环理论有什么重要意义?

第 3 章

近代天文学及其发展

学习标准：

1. 识记：开普勒、提丢斯、波得、赫歇尔、皮亚齐的创新成果；开普勒的三个定律；天体系统、月相的概念。

2. 理解：波得定则的意义；月球绕地球转的标志；地球绕太阳转的标志。

3. 应用：综述月球、地球、太阳的概况。

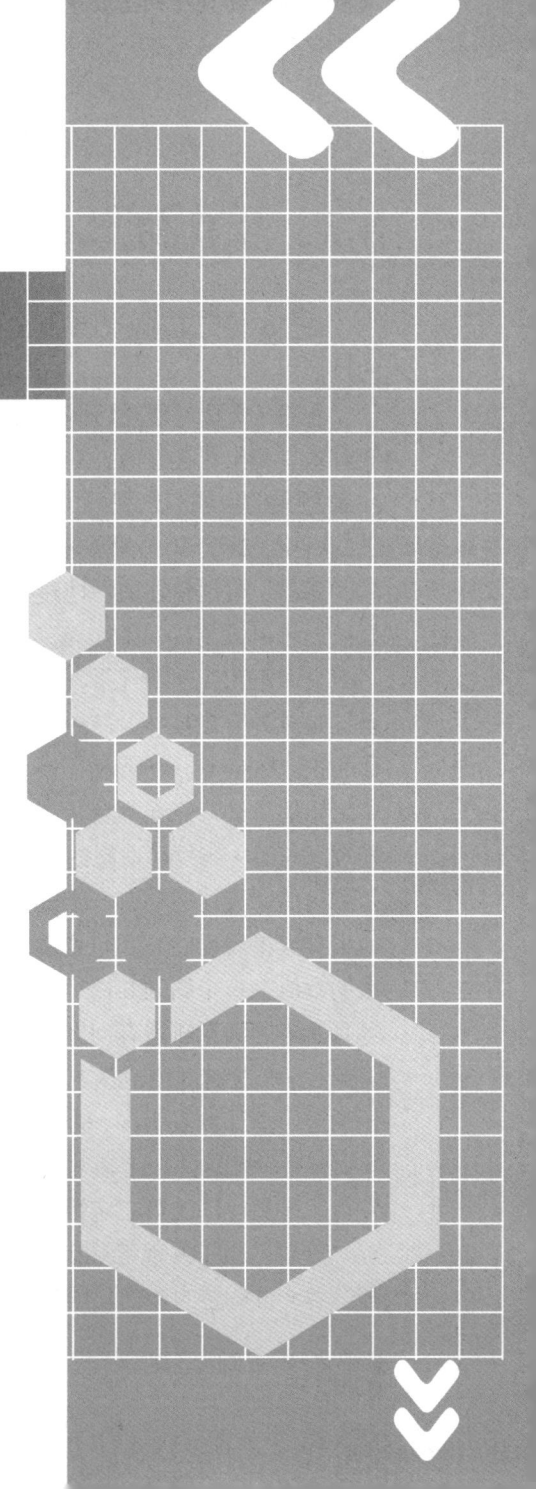

哥白尼的理论使古希腊人和中世纪阿拉伯学者中关于地球周日自转的思想和阿利斯塔克关于地球绕太阳周年公转的主张以新的形式复活了。哥白尼天文体系的数学形式极其简单，它第一次正确地描述了水星、金星、地球和月亮、火星、土星、木星轨道实际相对太阳的顺序位置，指出它们的轨道大致在一个平面上，公转方向也是一致的，月球是地球的卫星，和地球一起绕日旋转。根据这个理论假设，哥白尼成功地解释了地球、太阳、月球的周日视运动，以及太阳和行星的周年视运动，解释了行星顺行、逆行、留的现象和岁差。这就足以摧毁从喜帕恰斯到托勒密以来建立起的数学上极其繁复的天文学体系，成为近现代天文学和天体力学的真正出发点。

哥白尼日心说创立以来，近代天文学取得了重大进展。

3.1 开普勒三定律

在16世纪下半叶，编制出能准确表示行星实际运动的星表，是不少天文学家努力追求的目标。

第谷·布拉赫便是这些天文学家中最著名的一位。他是丹麦人，贵族出身。1563年，他观察木星和土星接近时，这两颗星接近的时间比预计相差了一个月，于是立志要制作一幅有1000颗星的星图。在完成了750颗星的观测记录后，他感觉身体不适，想找一个徒弟继承自己的事业。1600年，第谷·布拉赫与开普勒相遇，并邀请他成为自己的助手。

第谷·布拉赫创造性地建立了一套天象观测方法，成为近代天文学的奠基者，并为后来开普勒和牛顿的科学工作奠定了坚实的基础，被后人誉为近代天文学的泰斗和始祖。

开普勒出生于神圣罗马帝国的魏尔(现属德国)。1584年进入阿德尔伯格的新教神学院，目标是成为一名牧师。1589年进入图宾根大学学习神学。在大学期间，他接触到了哥白尼的日心说。1594年，开普勒在奥地利的格拉茨担任数学教师。1600年1月，开普勒应邀到布拉格近郊的贝纳泰克天文台，担任第谷·布拉赫的助手。1601年，第谷·布拉赫病逝后，开普勒成了第谷·布拉赫遗愿的执行人。在整理第谷·布拉赫遗下的大量资料时，他相信自然界是和谐的，天体运动有一定的规律性。他把自己的着眼点首先放到寻找行星运动的规律上。他根据火星运动的真实轨道发现：第谷·布拉赫对火星运动的观测值与由哥白尼学说推算出来的数值有一个约为0.133°，即约8″的差数。开普勒坚信第谷·布拉赫观测的可靠性，而怀疑古老的圆形轨道有问题。他试着用椭圆轨道代替圆形轨道，这样推算出的火星轨道位置与第谷·布拉赫观测值基本吻合。据此，他发现了椭圆形轨道是太阳系行星运动的真实轨迹。他的进一步计算表明，行星绕太阳旋转的线速度不是均匀的，行星的运动服从面积定律。1609年，开普勒把这两个定律写进了他著的《新天文学》一书，之后经过10年的艰苦研究，他又发现了行星运动的第三定律。

开普勒由于发现行星运动三定律，获得了"天空的立法者"的美誉。这与他继承他的老师第谷·布拉赫的全部科学遗产——丰富而精确的天文观测资料有密切关系。后人评论说，第谷·布拉赫是"看"的老师，而开普勒则是"想"的学生。至此，哥白尼的宇宙模型经过开普勒的修正以后，才真正体现出几何学的简单性和完善性，体现出自然秩序的和谐。行星运动三定律很好地描绘了太阳系的运动学特征，同时也把行星运动的动力学问题提了出来。开普勒在《火星的运动》一书中记述了他所发现的天体之间的引力规律。后来牛顿就是根据这一思想，用数学方法论证了万有引力定律。可以说开普勒看到了万有引力定律的影子，而牛顿则抓住了万有引力定律本身。

1630年11月15日，开普勒在到雷根斯堡去索取人家欠他的薪金的途中因贫病交加而死去。终生在贫困中拼搏的开普勒为科学事业献身的精神值得后人称颂。

3.1.1 轨道定律

行星的运动轨道不是传统认为的正圆形，而是椭圆形，太阳处于椭圆焦点之一的位置上(见图3-1)。

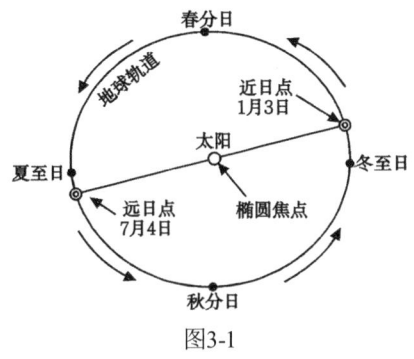

图3-1

以地球为例，地球轨道是一个椭圆，太阳位于椭圆的两焦点之一。地球公转的周期为一年。地球连续两次过春分点的时间间隔，称为回归年，长度是365.2422日。太阳与地球的平均距离是149 597 870 km。由于地球运行轨道是个椭圆，因此地球在最接近太阳时的位置，称为近日点，二者的距离约为$1.47×10^8$ km；地球在最远离太阳时的位置，称为远日点，其距离约为$1.52×10^8$ km。地球的平均公转角速度约为0.986°/d或59′8″/d，线速度为29.8 km/s，根据单位时间地球与太阳连线在椭圆面上扫过的面积相等的定则，地球公转在近日点的速度最大，分别是1°1′11″/d或30.3 km/s，快于平均速度；在远日点的公转速度最小，相应为57′11″/d或29.3 km/s，慢于平均速度。

3.1.2 面积定律

开普勒发现火星运行速度是不均匀的，当它离太阳较近时运动得较快(近日点)，离太阳远时运动得较慢(远日点)，但从任何一点开始，行星和太阳连线扫过的面积与时间成正比(见图3-2)。

图3-2

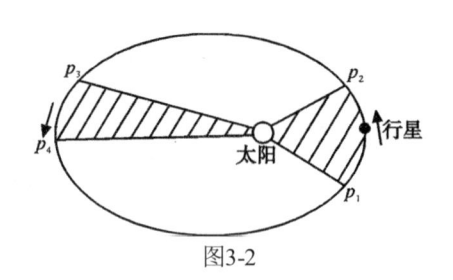

这也可以表述为，相等时间间隔内，行星和太阳的连线在任何地点沿轨道所扫过的面积相等。这就是开普勒第二定律(面积定律)。

面积定律把"日心说"中的匀速运动修正为变速运动。一年间地球公转速度的快慢不同，使春分到秋分的夏半年有186天多，从秋分到春分的冬半年约179天。二者相差约一周。

3.1.3 周期定律

开普勒确信行星运动周期与它们轨道大小之间应该是"和谐"的。当时人们不知道行星与太阳之间的实际距离，只知道它们距太阳的相对远近。

开普勒以日地平均距离为1个天文单位，以地球绕太阳运动周期为1年，把各个行星的公转周期(T)及它们与太阳的平均距离(R)排列成一个表，以探讨它们之间的数量关系，如表3-1所示。经过10年的艰苦研究，发现了行星运动的第三定律，即周期定律：行星公转周期(T)的二次方正比于轨道半长轴(R)的三次方，即 $T^2=KR^3$。

表 3-1

星名	公转周期(回归年)	轨道长径(天文单位)	周期二次方	半径三次方
水星	0.241	0.387	0.058	0.058
金星	0.615	0.723	0.378	0.376
地球	1.000	1.000	1.000	1.000
火星	1.881	1.524	3.54	3.54
木星	11.862	5.203	140.7	140.8
土星	29.458	9.539	867.7	867.9

3.2 提丢斯-波得定则

1766年，德国中学教师提丢斯在比较了太阳系各行星轨道后发现取0，3，6，12，24，48……这样一组数，每个数字加上4再除以10，就是各个行星到太阳距离的近似值，单位为AU(天文单位，$1AU=1.495\,978\,7\times10^{11}$m)。他把这个发现寄给了德国柏林天文台的台长波得。

水星的距离为(0+4)/10=0.4AU

金星的距离为(3+4)/10=0.7AU

地球的距离为(6+4)/10=1.0AU

火星的距离为(12+4)/10=1.6AU

1772 年，德国的波得公开发表所总结的公式：各行星距太阳的平均距离服从 $0.4+0.3×2^{-\infty}$，$0.4+0.3×2^0$，$0.4+0.3×2^1$，$0.4+0.3×2^2$，$0.4+0.3×2^3$ 等，即 $A_n=0.4+0.3×2^n$AU，n 分别取为 $-\infty$，0，1，2，4，5，……，后被称为提丢斯-波得定则。

1777 年，英国天文学家赫歇尔扫描天空时在金牛座群星中发现了一颗既不像恒星又不像彗星的星，位于当时人们所认识的太阳系边界土星之外，后经英国人马斯基林的观察，确认它为太阳系的新成员，命名为天王星。这立即证明了提丢斯-波得定则的可靠性。

但是在 $n=3$ 的天区存在着什么呢？这自然使天文观测者很感兴趣。1801 年，意大利人皮亚齐首先在这个天区发现了第一颗小行星(谷神星)。1802 年，奥伯斯发现了第二颗小行星。到 19 世纪末人们已发现了 400 颗以上的小行星，到目前为止已探测到的小行星有 15 万颗，其中已编号的小行星达 1 万多颗。

提丢斯-波得定则的发现反映了太阳系结构的数学完美性，使人们在开普勒、牛顿理论的基础上丰富和加深了对太阳系的认识。

3.3 星云假说

宇宙间一切事物都有它发生、发展和消亡的过程，地球也是如此。作为太阳系的一员，地球的起源问题实际上是太阳系的起源问题，这一问题直到科学发展到一定程度才有了较为合理的解释，但仍只是一些推测和假设，还没有确切的答案。在波兰天文学家哥白尼提出日心说后的 200 多年间，有 30 多种主要假说来说明太阳系的起源，其中最有代表性的是康德-拉普拉斯星云假说。1755 年，德国哲学家康德出版了《宇宙发展史概论》一书，认为太阳和它的行星都是同时由一个旋转着的星云形成的。1796 年，法国科学家拉普拉斯也发表了类似的学说。这一学说第一次科学地解释了太阳系的形成。

这个学说认为：形成太阳系的原始物质是由气体集聚而成的缓慢旋转着的气团，这种弥漫物质状的炽热气团叫作星云。

星云在重力作用下逐渐收缩，体积变小，而旋转速度则不断加快，同时离心力也随之增强，于是星云越来越扁，最后变成了圆盘形。当星云进一步向中间收缩时，外围的气体脱离了星云体，成为绕着中心旋转的气体环。这种分离过程不断重演，逐渐产生好几个气体环，最后留在中间的星云收缩形成一个密度大的星体，这就是太阳。分离出来的各个气体环里的质点相互吸引使气体环破裂凝聚而成为圆球体，这就是行星，并在原有气体环的位置绕太阳公转，地球就是这样的一个行星(见图 3-3)。

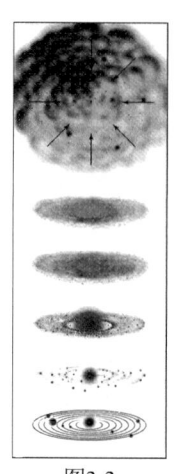

图3-3

康德-拉普拉斯星云假说表达了一种新的科学思想，即宇宙中的天体不是一成不变的，而是演化而来的。现代天文学中关于太阳系起源和演化的研究，共出现了20多种星云假说，均遵循着康德-拉普拉斯的基本思想。

3.4 天体系统

宇宙间的天体都在运动着。运动着的天体因互相吸引和互相绕转而形成天体系统。天体系统有不同的级别。月亮和地球构成地月系，地月系的中心天体是地球，月球围绕地球公转。地球和其他行星围绕太阳公转，它们和太阳构成高一级的天体系统。这个以太阳为中心的天体系统，称为太阳系。太阳系又是更高一级天体系统——银河系的极微小部分。

3.4.1 月球和地月系

1. 月球概况

同地球相比，月球小得多。月球的直径约为地球直径的 1/4；月球的体积约为地球体积的 1/49；月球的表面积约为地球表面积的 1/14，比亚洲的面积还小一点；月球的质量约等于地球质量的 1/81；月球的表面重力加速度很小，只相当于地球表面重力加速度的 1/6。所以，登上月球的宇航员，穿着沉重的宇航服，拿着探测仪器，在月球表面行走还是轻飘飘的。由于月球引力小，保留不住大气，声音也无法传播，所以月球上是一个寂静无声、死气沉沉的世界。月球上既然没有大气层，当然就没有水汽，没有风、云、雨、雪等天气变化；昼夜温度差别很大，白天在阳光直射的地方的温度可达 127℃，夜晚则降到-183℃。月球上没有空气，没有任何形态的水。我们用肉眼所看到的月球正面的明亮部分，是月面上的山脉、高原。月球上最高的山峰高达 9 000 m，比地球上的珠穆朗玛峰还高；月球上暗黑的部分，是广阔的平原和低地。过去人们误以为这些暗黑部分是海洋，实际上那里是由月球早期火山爆发喷出的大量岩浆所形成的熔岩平原。月面最显著的特征是坑穴星罗棋布，直径大于 1 000 m 的环形山(也称"月坑")，在月球正面就有 33 000 多个(见图 3-4)。这些环形山大体上都是宇宙物体冲击月面和火山活动的产物。登月考察了解到月球表面布满着一层厚度不等的月尘和岩屑。从"阿波罗"11 号登月以来，先后几次采集到几百千克的各种月球岩石样品，经过分析，月岩中已发现近 60 种矿物，其中有 6 种是地球上尚未发现的。在月岩和月壤中发现有地球上的全部化学元素，并发现多种有机化合物，但没发现存在生物物质的迹象。月球的年龄同地球一样，也是 46 亿年。

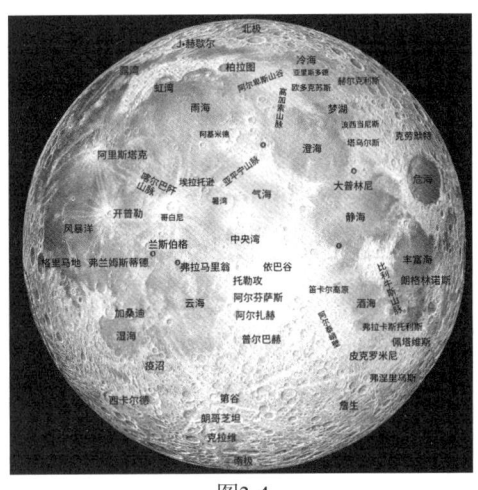

图3-4

2. 地月系

地球只有一个卫星，那就是月球。由于地球的质量比月球大得多，地球与月球相互吸引的结果，使得月球不停地围绕地球公转，在宇宙中形成一个很小的天体系统——地月系。月球的轨道也是椭圆，近地点月球距地球为 363 300 km，远地点为 405 500 km，平均约为 384 400 km，它是宇宙中距地球最近的一个星球，也是迄今在地球以外人类所登临的第一个星球。1969 年 7 月，美国"阿波罗"11 号宇宙飞船首次运送宇航员降落到月面上，从地面发射到月面登陆，只用了 4 天多的时间。月球绕地球公转一周的时间为 27.32 日，月球自转一周的时间也是 27.32 日；其运转的方向与公转相同，都是自西向东。

3. 月球公转的标志——月相变化

在地球上看月亮，有时全部黑暗，这叫新月(朔)；有时像镰刀，这叫蛾眉月；有时作半圆，这叫弦月；有时呈大半圆，这叫凸月；有时如一轮明镜，银光四射，这叫满月(望)。月球圆缺(盈亏)的各种形状，叫作月相。月球同地球一样，自己不发光，全靠反射太阳光而发亮(见图 3-5)。迎着太阳的半个球是亮的，背着太阳的半个球是暗的。由于日、地、月三者的相对位置随着月球绕地球向东运行而变化，就形成了新月—上弦月—满月—下弦月—新月的月相周期性更迭。月相变化的周期为 29.53 日(见表 3-2)。

图3-5

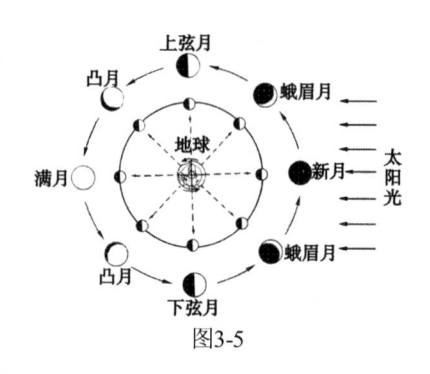

表3-2

月相名称	出现的大致时间	在天空中的方位	所见形状
新月	初一	彻夜不见	无
上弦月	初七、八，上半夜	西半部天空	半圆，月面朝西
满月	十五、十六，通宵	通宵可见	圆
下弦月	二十二、二十三，下半夜	东半部天空	半圆，月面朝东

3.4.2 地球和太阳系

1. 地球概况

地球在太阳系中属距太阳较近，体积、质量相对较小的内行星。日地平均距离为 1.496 亿 km，这一距离对于接收太阳热辐射而言是适中的，在地球表面形成了适宜的温度，这对生命圈的出现十分重要。地球的形状近似于球形，是一个赤道突出、两极扁平的椭球体。经人造卫星观测，准确的形态除赤道半径大于两极半径外，呈北极略凸、南极略平的"梨状体"。地球的平均半径为 6 371 km，赤道半径为 6 378 km，极地半径为 6 357 km。地球的体积为 1.083×10^{12} km³，质量为 5.976×10^{27} g，平均密度为 5.52 g/cm³。球状的形态使地球上各处太阳高度不同，造成热量的带状分布和自然现象的复杂多样；巨大的质量和体积足以形成强大的引力，避免地表大气逸散到外层空间去，这对生命的存在也是有利的。

2. 太阳系

太阳系包括 8 个大行星，153 个卫星，至少 50 万个小行星，还有少数彗星。8 个大行星中，距太阳最远的是海王星，约为 4.5×10^8 km。如果把彗星轨道计算在内，则太阳系直径将达到 $9 \times 10^{12} \sim 12 \times 10^{12}$ km。8 个大行星按其物理性质可以分为两组：水星、金星、地球和火星，体积小而平均密度大，自转速度慢，卫星数少，称为地组行星；木星、土星、天王星、海王星，体积大，平均密度小，自转速度快，卫星数多，称为木组行星。

太阳系中行星及其卫星绕太阳的运动，具有以下几个共同特征。

(1) 所有行星的轨道偏心率都很小，几乎都接近圆形。

(2) 各行星轨道面都近似地位于一个平面上，对地球轨道面即黄道面的倾斜也不大。

(3) 所有行星都自西向东绕太阳公转，除金星和天王星外，其余行星自转方向也自西向东，即与公转方向相同。

(4) 除天王星外，其余行星的赤道面对轨道面的倾斜都比较小。

(5) 绝大多数卫星的轨道都近似圆形，其轨道面与母星赤道面也较接近。

(6) 绝大多数卫星，包括土星环在内，公转方向均与母星公转方向相同。

3. 地球公转的标志——星座更替

黄道是太阳周年视运动的轨迹。黄道南北各 8°区域内是月球及五大行星在天球上运行的范围，所以人们把黄道南北各 8°宽的带称为黄道带。从春分点起，把黄道带做 12 等分，称为黄道十二宫，每宫占 30°，并以本宫所在的星座来命名。这样视太阳每年 3 月 21 日在双鱼座附近穿过春分点。由于太阳耀眼的光芒，因此在白天看不到太阳所在的星座，只有在夜间才能看到同太阳相对的星座(见表 3-3)。

表3-3

春		夏		秋		冬	
月份	星座	月份	星座	月份	星座	月份	星座
3	双鱼	6	双子	9	室女	12	人马
4	白羊	7	巨蟹	10	天秤	1	摩羯
5	金牛	8	狮子	11	天蝎	2	宝瓶

例如，春季开始时，在夜晚可见到室女座，而在春季中间时，可见天秤座。以此类推，这样也能间接反映出太阳的视运动(见图 3-6)。

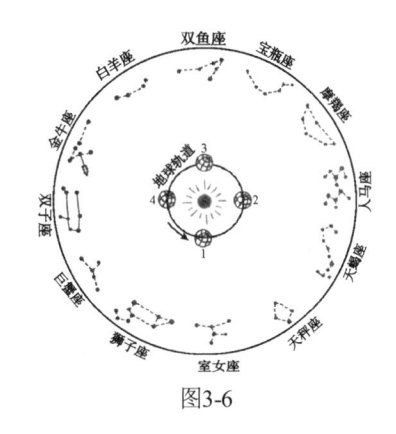

图3-6

3.4.3 太阳和银河系

1. 太阳概况

太阳是一个炽热的发光球，它的内部不断进行着巨大的热核反应。太阳表面温度高达 5 500℃，中心温度更高达 $1.5×10^7$℃。在已知宇宙中，太阳是一个中等大小的恒星，直径约为 $1.4×10^6$ km，相当于地球直径的 109 倍；表面积约为地球的 $1.2×10^4$ 倍；体积约为地球的 $1.3×10^6$ 倍；质量约 $1.986×10^{33}$ g，相当于地球的 33.34 万倍，并且占整个太阳系质量的

99.86%。它的外层可见部分的密度约为水密度的 1/1 000 000，中心部分的密度比水的密度大 85 倍，而平均密度则为 1.41 g/cm³，约相当于地球密度的 1/4。太阳以 220 km/s 的速度携带地球等众行星围绕银核公转，旋转一圈大约需要 2.5 亿年。

2. 银河系

由无数恒星和星际物质(星际气体和星际尘埃)构成的巨大集体称为星系。银河系就是这样的一个星系。人们在晴朗夜晚仰望天空所见到的一条贯穿长空淡淡发光的白色链带就是银河系。古人把它看成是天上的河流，形象地称为银河。银河系包括 1 000 亿～2 000 亿颗恒星和大量星际物质，总质量是太阳质量的 1.4×10^{11} 倍，其中 90%以上是恒星的质量。银河系的形态如同铁饼状的圆盘体，中部较厚而四周较薄。银河系的直径为 10^5 l.y.(l.y.即光年 light year 的缩写)，中部称为核球，厚度约 1.3×10^4 l.y.(见图 3-7)；核球的四周称为银盘，厚度为 3 000～6 000 l.y.(见图 3-8)。

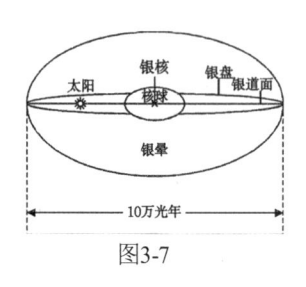

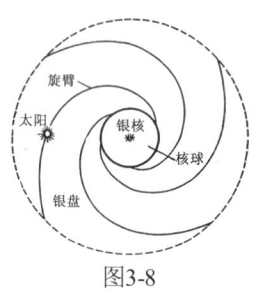

图3-7

图3-8

银河系是一个旋涡星系，整个星系都环绕着银河系中心旋转，圆盘体就是在旋转中形成的。在旋转中银盘形成一些旋臂，旋臂各部分的旋转速度和周期因与银心的距离不同而有很大差异。

庞大的银河系在宇宙中只占很小的部分。目前，能观测到的类似银河系的星系约有 10 亿个，现已被发现的距地球最远的星系约距离 150 亿光年。除银河系外，所有的星系总称为河外星系。人们把目前所认识到的宇宙部分，包括已观测到的所有星系，称为总星系。

3.5　思考与练习

1. 解释天体系统、月相的概念。
2. 第谷因何成为天文爱好者？
3. 开普勒发现的三个定律是什么？
4. 波得定则有何意义？
5. 简述月球绕地球转的标志。
6. 简述地球绕太阳转的标志。
7. 为什么农历十五的月相图案看起来都是一样的？

第4章

近代地学及其发展

学习标准：

1. 识记：水成论、火成论；灾变论、渐变论的代表人物；大气圈、水圈、生物圈、岩石圈的概念；地壳、地幔、地核划分的依据。

2. 理解：水成论、火成论；灾变论、渐变论的中心思想；沉积岩、岩浆岩、变质岩的形成以及地质循环过程；空气对流、平流、电离的原因。

3. 应用：磁层对人类的保护作用；水成论与火成论之争的重要意义；灾变论与渐变论之争的重要意义。

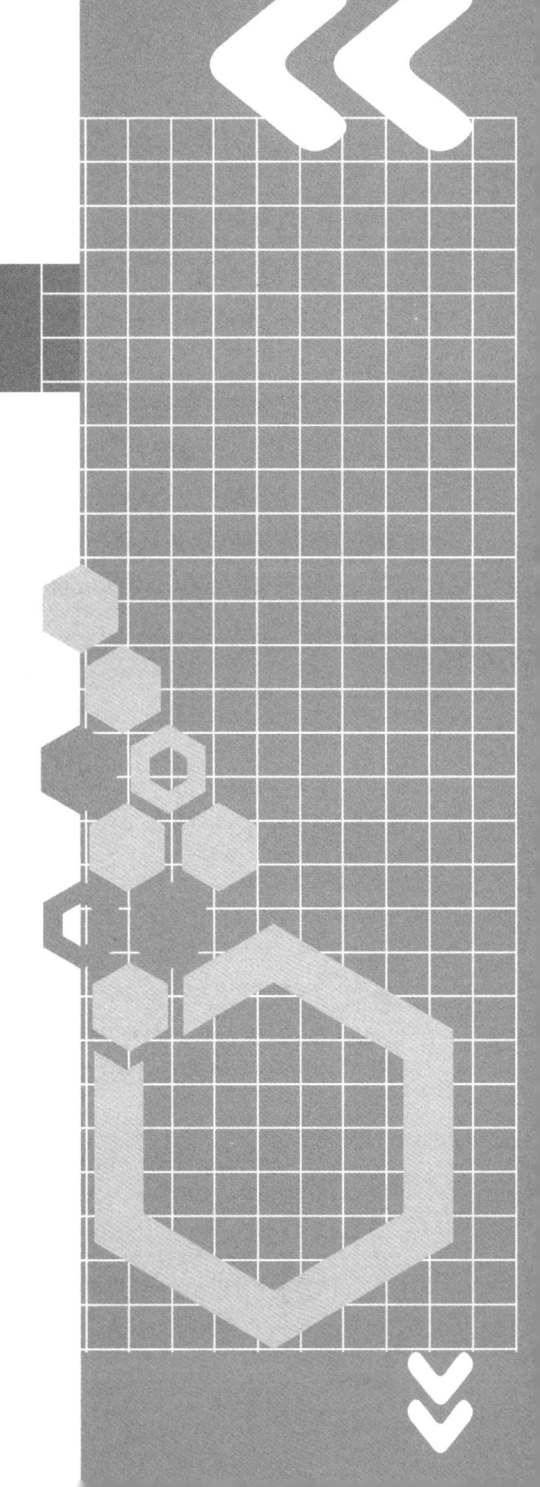

地球是一个围绕太阳转的行星，是诞生和哺育我们的地方。人类经历了 300 多万年的探索，对地球有了一个比较全面和深入的了解。

4.1 地球的演变之争

关于地壳变化及岩石成因，在近代形成了不同的学派，最著名的有水成论与火成论之争、灾变论与渐变论之争。

4.1.1 水成论与火成论之争

1. 水成论

1) 代表人物

水成论的创始人是德国的亚伯拉罕·戈特洛布·维尔纳，他是著名的地质学家和矿物学家。

维尔纳出生于普鲁士西里西亚，1769—1771 年在弗赖堡矿业学院和莱比锡大学学习。1775 年，维尔纳受聘为弗赖堡矿业学院的采矿和矿物学讲师。1777 年，他根据厄兹山区的考察资料，把岩层划分为四种基本类型，即原始层(从遍布世界的古海水里以化学方式沉积形成的)、过渡层(里边混杂着初始岩石的碎块)、成层岩层(前两类岩石出露在海平面以上，经受风化、剥蚀、搬运再沉积而成)和冲积层(未成岩的砂泥黏土等)，并认为这个岩层序列也是地壳的发展历史(见图 4-1)。

图 4-1

2) 基本观点

维尔纳认为，自原始海洋开始到诺亚洪水结束，水的力量营造了一切地质系统。自原始海洋到现在，水面在不断地下降，原始岩石露出水面后开始发生风化、堆积而形成新地层。其基本观点如下。

(1) 花岗岩、片麻岩和细晶玄武岩在内的各种岩石都是在原始海洋中沉淀形成的。

(2) 固体地球内部不存在自身的运动，阿尔卑斯山脉是地球所固有的，地层的倾斜或垂直产出，是由原始海洋中化学沉积条件与方式所决定的，并不常见。

(3) 火山喷发是埋藏在地下的煤燃烧，熔化了周围岩石的结果。

3) 客观评价

(1) 维尔纳创立了沉积作用、沉积岩和地层的科学概念。

(2) 认为花岗岩、玄武岩由沉淀形成是错误的。

(3) 地球内力作用是客观存在的。

(4) 地下煤燃烧与火山喷发无关。

2. 火成论

1) 代表人物

"火成论"的领袖人物是英国的詹姆斯·赫顿,被誉为"现代地质学之父"。赫顿出生于苏格兰爱丁堡。他早年在爱丁堡大学学习医学,并在巴黎大学和荷兰莱顿大学继续深造,1749 年获得医学博士学位。尽管他获得了医学学位,但并未长期从事医疗工作,而是转向了地质学研究。1768 年,赫顿进入爱丁堡大学开始研究地质。

赫顿喜欢地质旅行。继 1753 年对英国各地的地质现象进行了认真的观察之后,他先后到荷兰、比利时、法国北部、苏格兰北部进行地质旅行,看到了许多地质现象,并对地质学产生了更大的兴趣。

1785 年,赫顿在《爱丁堡皇家学会通报·第一卷》上发表了他的著名长篇论文《地球学说,或对陆地组成、瓦解和复原规律的研究》,文中阐述了他的地球火成论学说。

1795 年,赫顿出版了《地球学说:证据和说明》,提出了"地质循环"的概念。

1797 年,赫顿病逝于苏格兰爱丁堡城。

2) 基本观点

赫顿认为地球的内部是温度很高的熔融状态的岩浆,地球坚固地表封闭得很紧。当地下能量聚集到一定程度时,熔岩就冲破地壳通过火山口而喷流出来(见图4-2),形成玄武岩的结晶构造。

在火山爆发的过程中,海底地壳隆起,形成陆地和山脉。山脉上的岩石风化成碎屑,被河水冲入大海,经过沉积作用和地下热的作用固化成岩石,一层层地覆盖在海底。这些成分不同但彼此平行的岩石,经过地壳的再隆起变成倾斜状态。

地壳是一部分陆地毁灭,一部分陆地再造,循环就是抵消毁灭的再造。

图4-2

3) 客观评价

(1) 赫顿创立了构造运动、火成岩、地质循环和变质岩等的科学概念。

(2) 地球的外力作用不能弱化。

"水火之争"推动了地质科学概念与研究方法的发展，对地质学的独立具有重要意义。地壳发展、地层构成、地层层序、地层形成的时间性等概念，表明地质学开始从母体矿物学中脱胎出来。但是，只有把生物演化系列和地层系列统一起来考虑，才能揭开地球的真实历史。这项工作由居维叶等人所开创。

4.1.2 灾变论与渐变论之争

1. 灾变论

1) 代表人物

灾变论的代表人物是法国地质学家乔治•居维叶。1769年8月23日，居维叶出生于法国东部的蒙贝利亚尔(当时还属于德国的蒙特利阿德)。1795年，他在巴黎的自然历史博物馆教授动物解剖学，并被任命为动物学教授。1799—1828年，居维叶先后出版了5卷本的《比较解剖学讲义》和《巴黎地区的矿物地理》《四足动物骨骼化石研究》《动物界》《论地表的革命》以及《鱼的自然历史》的22卷本等30多部著作。

居维叶对地质科学的贡献是从巴黎盆地地层古生物研究开始的。他把巴黎盆地的地层，从最下面的白垩层到最上面的黄土黏土层，共划分为九层，详细记录了每一地层的化石种类。发现有些动物在某个地层繁衍而以后灭绝，而有些灭绝动物和现存生物相似。

2) 基本观点

(1) 灭绝生物越是和现存生物差别大，躯体构造越简单，则它所处的地层年代越古老；越是和现存生物相似的生物化石，它所处的地层年代越新。

(2) 灭绝物种与现存物种之间没有发现过渡类型，物种是永恒不变的。

(3) 一些陆地上的生物被洪水淹没，另一些水生生物随海底的突然高起而被暴露在陆地上，因此这些类群就永世绝灭了。

(4) 现在地球上起作用的自然力，如冰雪、流水、海洋、火山、地震、陨石撞击都不能说明过去的灾变，这种力只能是一种超自然的力(见图4-3)。

图4-3

3) 客观评价

(1) 居维叶创立了通过古生物测定相对地质年代的科学方法。

(2) 地球以外的小行星撞击地球能引起灾变，但也属于自然力。

(3) 坚持物种不变和物种再造的观点是错误的。

2．渐变论

1) 代表人物

渐变论的代表人物是英国地质学家查尔斯·赖尔。

赖尔于 1814 年进入牛津大学学习，然后历经十余年的艰苦努力，足迹遍及欧洲各地。在掌握了大量丰富的第一手地质资料的基础上，综合汲取各家之长，他建立起自己的地质理论——现实主义原则和"将今论古"的方法，进而提出了渐变论。

他的主要论著《地质学原理》于 1831—1833 年共分三册相继出版。这是一部代表 19 世纪进化论地质学的经典著作，反映了 19 世纪地质学的理论发展水平，被誉为自然科学史上划时代的名著。

2) 基本观点

(1) 地球的面貌是缓慢变化的，引起这种变化的自然力，如河流、泉水、海洋、火山、地震等，是今天可以观察到的(见图 4-4)。

(2) 物种变异、地理分布与传播，化石埋藏与生物对地表变化的作用，人类的起源等生物界的相继变化，应该是地质学研究的课题。

(3) 地质学体系包括了矿物、岩石、地层、古生物、矿床、地貌、动力地质、构造地质等内容。他明确地提出"现在是了解过去的钥匙"的著名原则，有人管这个原则叫"将今论古"。

总之，《地质学原理》的发表标志着地质学的独立，这主要表现在以下三个方面：完成了地质科学体系的构建，确立了地质进化的科学概念，总结了地质研究的科学方法。

图4-4

3) 客观评价

(1) 赖尔创立了地质体系、将今论古的科学观点。

(2) 坚持生物进化的科学观念。

弗里德里希·恩格斯在《自然辩证法》中指出："只有赖尔才第一次把理性带进地质学中，因为他以地球的缓慢变化这样一种渐进作用，代替了由于造物主的一时兴起所引起的突然革命。"

在赖尔逐步取代了居维叶之后，渐变论在长达近一个世纪的时间里成为地质学的信条，奠定了现代地质学的科学基础。20 世纪 60 年代以前的地质学教科书，几乎异口同声地说"赖尔用渐变论统一说明了地质现象，建立了科学的地质学"。

4.2 地球的岩石类型

地球是一个围绕太阳转的行星，地壳是我们居住的环境。

地壳及地幔顶部是由坚硬的岩石所组成的，厚度为 70～150 km，又称为岩石圈。组成岩石圈的物质纷繁复杂、极其多样，但无论多么复杂，均由一定的化学元素所组成。元素相互作用组合形成了矿物，矿物又集合为岩石。元素在地壳中的平均含量数值(平均质量百分比)，叫作元素的丰度。丰度较大的元素有氧 45.2%、硅 27.2%、铝 8%、铁 5.8%、钙 5.06%、镁 2.77%、钠 2.32%、钾 1.68%、其他 1.97%。

岩石是矿物(有些是火山碎屑或生物遗迹)的自然集合体。最常见的造岩矿物有石英、长石、云母、橄榄石、辉石、角闪石、方解石等。岩石由一种或几种造岩矿物按一定方式结合而成，它是组成岩石圈的基本单位。按形成类型，所有岩石可分为岩浆岩、沉积岩和变质岩三大类。

4.2.1 岩浆岩

1. 岩浆岩的概念

岩浆冷凝或结晶而形成的岩体称为岩浆岩。

(1) 岩浆：在地壳深处或上地幔天然形成的、富含挥发组分的高温黏稠的硅酸盐熔浆流体。

(2) 结晶：由岩浆生成矿物的过程。

2. 岩浆岩的形成过程

(1) 侵入过程：岩浆沿岩石圈破裂带上升到达地壳上部的过程。由岩浆侵入形成的岩石称为侵入岩。

(2) 喷溢过程：岩浆喷出或溢出地面的过程。由喷溢过程形成的岩石称为火山岩。

3. 岩浆岩的类型

(1) 根据二氧化硅含量分类，可分为以下几种。

- 酸性岩：二氧化硅含量大于 65%；主要由酸性长石、石英和云母等组成。
- 中性岩：二氧化硅含量为 52%～65%；主要由角闪石、中性长石等组成。
- 基性岩：二氧化硅含量为 45%～52%；主要由辉石、基性长石等组成。
- 超基性岩：二氧化硅含量小于 45%；主要由橄榄石、辉石等组成。

(2) 根据产状分类，可分为以下几种。
- 深成岩：形成于地下 3～10km 的侵入岩。
- 浅成岩：形成于地下 0～3km 的侵入岩。
- 喷出岩：火山岩。

例如，花岗岩属于深层的酸性岩类，是由显晶等粒的长石、石英和少量云母组成的块状构造的岩石(见图 4-5)；而组分与花岗岩相同，但结构、构造不同的喷出岩，则为流纹岩。

玄武岩属于喷出的基性岩类，是由隐晶质的铁镁质矿物和少量钙长石组成，具有气孔状或杏仁状构造的岩石(见图 4-6)。

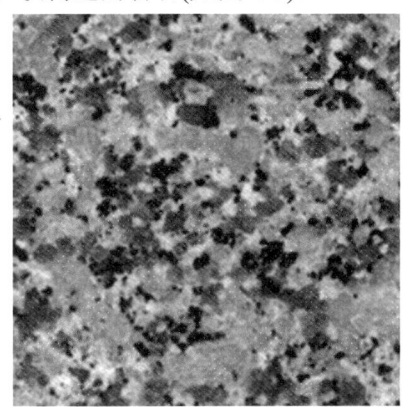

图4-5 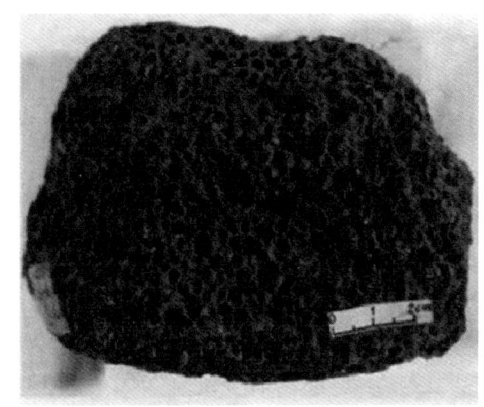　　　　　　　　　　　图4-6

4.2.2　沉积岩

1. 沉积岩的概念

沉积岩是暴露在地表的原岩经过风化、剥蚀、搬运和成岩作用而形成的岩石。

沉积岩只占地壳岩石总体积的 5%，却涵盖了地表 75%的面积。这是由于它广泛分布于陆地和海底，风、雨、冰、雪等自然力把岩石风化成颗粒，经流水、风、冰川、泥石流搬运到沉积盆地或海洋中，沉积物不断地层层叠加累积，形成巨厚的层状堆积物，在较高的温度压力下固结，逐渐形成的。

2. 沉积岩的形成过程

(1) 风化过程：剥蚀和溶蚀等破坏过程。有物理、化学和生物三种风化作用。
(2) 搬运过程：在风力、水力等作用下的位移过程。
(3) 沉积过程：从载体中脱离、聚集的过程。
(4) 成岩过程：压固脱水等过程。

3. 沉积岩的结构、构造和类型

(1) 沉积岩的结构：指矿物或颗粒的性质、大小、形态及相互关系。

① 碎屑结构：由胶结物胶结碎屑形成的结构，包括：碎屑大于 2mm 的砾质结构；碎屑为 2~0.05mm 的砂质结构；碎屑小于 0.05mm、大于或等于 0.005mm 的粉砂结构；碎屑小于 0.005mm 的泥质结构。

② 化学结构：由化学结晶形成的结构，包括显晶或隐晶，鲕状或豆状等。

③ 生物化学结构：由生物化学作用形成的结构，含生物碎片或遗骸。

(2) 沉积岩的构造：指岩石各组成部分的空间分布和排列形式。

① 层理：指岩石的成分、结构、粒度、颜色等性质沿垂直于层面方向变化而形成的层状构造，包括水平层理、波状层理、交错层理等。

② 层面构造：指上、下层面中留下的与岩石成因有联系的各种印模和痕迹，如波痕、雨痕、裂痕等。

(3) 沉积岩的类型。

① 碎屑岩类：由碎屑物经胶结而成(见图 4-7)，包括：具有砾质结构的碎屑岩，称为砾岩；具有砂质结构的碎屑岩，称为砂岩；具有粉砂结构的碎屑岩，称为粉砂岩；具有泥质结构的碎屑岩，称为泥岩。

② 化学与生物化学岩类：在海相或湖相环境中由化学或生物化学过程形成的物质组成的，具化学结构(显晶或隐晶，鲕状或豆状等胶凝体)和生物结构(含遗体化石)，常为矿石，如铝质岩、铁质岩、锰质岩、硅质岩、磷灰岩、碳酸盐岩、盐岩、可燃性有机岩等。最常见的为碳酸盐岩，如石灰岩和白云岩(见图 4-8)。

图4-7 　　　　　　　　　　　图4-8

4.2.3 变质岩

1. 变质岩的概念

由地球内力(包括温度、压力和热流等)作用引起的岩石性质的变化过程总称为变质作用。由变质作用形成的岩石，就是变质岩。

2. 变质岩的形成过程

(1) 压力变质过程：主要在构造运动引起的定向压力作用下，使原岩发生碎裂、变形和一定程度的重结晶作用。这种变质作用主要发生于断裂带。

(2) 热力变质过程：主要因侵入体的热力烘烤，使围岩的矿物发生重结晶作用，形成变晶结构和新的岩石构造。

(3) 交代变质过程：由于岩浆结晶晚期析出大量挥发成分和热液，通过物质交换与化学反应使接触带的岩石发生变质。

3. 变质岩的分类

(1) 压力变质岩：可形成构造角砾岩、碎裂岩、糜棱岩、千糜岩等。

(2) 热力变质岩：黏土岩变质成为角岩，灰岩变质成为大理岩，砂岩变质成为石英岩等。

(3) 交代变质岩：碳酸盐岩与中性、酸性岩浆接触交代变质产生的矽卡岩。

(4) 区域变质岩，主要有以下四种。

① 板岩：由黏土岩、粉砂岩经轻度变质而成。板状构造，比原岩硬而光滑，易劈开呈薄板状(见图4-9)。

② 千枚岩：变质较板岩深，基本上全为显微级重结晶，鳞片状变晶矿物呈定向排列，具有千枚构造。

③ 片岩：片状构造，显晶变晶结构，主要由云母、绿泥石、角闪石等矿物组成，片理发育典型。

④ 片麻岩：具片麻构造，即在岩石中浅色的粒状变晶矿物(主要是石英和长石)之间夹有呈一定方向断续排列的暗色变晶矿物(如黑云母、角闪石、辉石等)，略具片理，但沿片理面不能剥开(见图4-10)。

图4-9 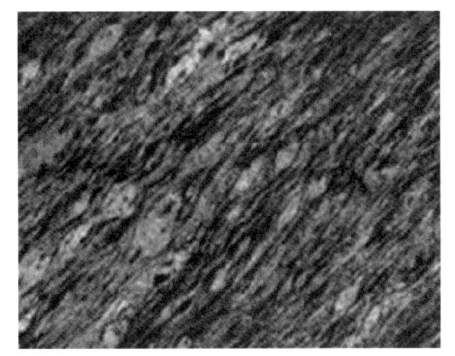   图4-10

4.2.4 岩石的地质循环

岩石圈内，温度从地表温度向下增高到 1 000℃左右，足以使固态岩石熔化为液态，然而岩石圈深部静岩压力是地表的 10 000 多倍，牢牢地把岩石内各质点束缚住，不能任意移动。一旦局部地段因破碎或断裂等原因导致压力减小，或放射性元素过于集中导致温度升高，岩石就会变成活动性极强的岩浆。所以，炽热的岩浆其实就是熔融状态的岩石，主要成分应为硅酸盐。岩浆向上流动，侵入地壳上部的岩石或者露出地表，冷凝形成岩浆岩。

岁月沧桑，风雨侵蚀，各类地表岩石经长期风化侵蚀，又产生松散的沉积物，最后在一定条件下固化为沉积岩。埋到地下深处的岩浆岩和沉积岩受到温度、压力、流体的作用，变质为另一类岩石——变质岩。

地壳隆起经受剥蚀，将使地壳深处的岩石有机会出现在地表，而三大类岩石一旦在地下深处再次被熔化为岩浆时，新一轮的岩石循环演化又将开始。

可见，由于岩石圈自身运动及地表、地球内部诸多因素的共同作用，三大类岩石处在不断地转化旋回之中(图4-11)。看来，貌似稳定静止的岩石，其实从未停止过运动。

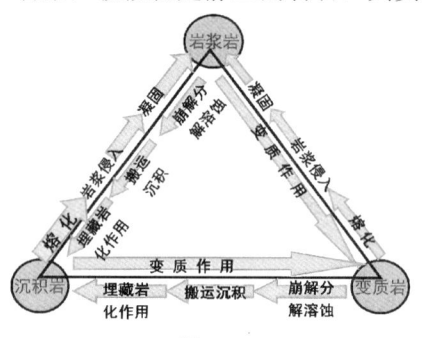

图4-11

4.3　地球的圈层结构

圈层结构是地球最主要的结构特征。地球由于演变分化而成为一个非均质体，从地球核心到它的外部是由不同的圈层构成的，各圈层的物质成分和物理性质有很大差异，厚度也各不相同，但都以地心为共同的球心。这样的圈层称为同心圈层。

以固态的地球表面为界，它以外的部分称为外部圈层，包括大气圈、水圈和生物圈；它和它以内的部分称为内部圈层，包括地壳、地幔和地核。在外部圈层之外，还存在着超外圈——磁层；而在外部圈层和内部圈层相互接触的地球表层，是多圈层相互渗透彼此交织在一起的特殊圈层，这正是人类的聚居场所。

4.3.1　地球的超外圈——磁层

1958年，美国物理学家詹姆斯·范·艾伦通过"探险者"1号和"探险者"3号卫星上的盖革计数器发现了环绕地球的辐射带，这些辐射带后来以他的名字命名为"范·艾伦辐射带"。范·艾伦的研究不仅发现了环绕地球的辐射带，还推动了对地球磁层的深入理解。地球磁层是指地球磁场的影响范围，在空间最大可延伸到几百个甚至上千个地球半径以外。但由于太阳风的作用，磁层是有边界的，被称为磁层项。磁层也是不对称的。在面向太阳的一面，磁层波动范围相当于地球半径的6~10倍，因此磁层成为类似彗星状的形态。太阳风是一种由太阳大气层释放的带电粒子流，其中包含大量的质子、电子以及少量的重离子。当这些带电粒子到达地球时，它们会与地球的磁场相互作用，产生一系列复杂的物理现象。

地球自身有一个强大的磁场，称为地磁场，其磁场线从地球的南极指向北极。当太阳风中的带电粒子(质子和电子)接近地球时，会受到地磁场的引导和偏转。

质子带正电，在地磁场的作用下，质子会被引导到地球的高纬度地区，主要集中在北极附近。这是因为带正电的质子在磁场中受到的洛伦兹力使其沿着磁场线向北极运动。电子带负电，与质子类似，电子也会被地磁场引导到高纬度地区，主要集中在南极附近。这是因为电子带负电，其在磁场中受到的洛伦兹力方向与质子相反，使其沿着磁场线向南极运动。

当这些带电粒子进入地球的高纬度大气层时，会与大气中的气体分子(如氧、氮等)发生碰撞，激发气体分子发出光芒，从而形成极光。极光主要出现在北极和南极附近的高纬度地区，分别称为北极光和南极光。北极光主要由太阳风中的质子与大气分子相互作用产生，通常出现在北极圈附近；南极光主要由太阳风中的电子与大气分子相互作用产生，通常出现在南极圈附近。磁层起着保护地球大气和地球表面的作用，使其免受外来电离辐射的影响，不致损害地球表层的生命物质(见图4-12)。

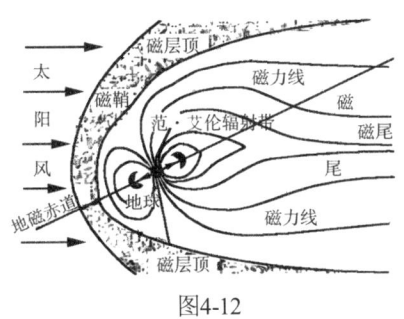

图4-12

4.3.2 地球的外部圈层

1. 大气圈

大气圈是由地球外部的气体所组成的，存在于整个地球外层。大气圈是地球海陆表面到星际空间的过渡圈层，没有明显的上限，一直可以延续到 800 km 的高度以上，只是越向外大气的密度越小(见图4-13)。大气圈自下而上可以划分为以下几层。

(1) 对流层：对流层是大气圈的底层，其厚度在两极是 9 km，赤道附近为 17 km，占大气总质量的70%~75%。对流层的特点是：每升高1000m，气温降低约6℃；对流现象明显；主要天气现象都出现在这一层。

(2) 平流层：12~50km，平流层中的氧分子和氧原子能合成臭氧分子，在 30 km 高度富集。臭氧能大量吸收波长大于 $0.175\mu m$ 的太阳紫外线而使气温升高，所以平流层上部热，下部冷，导致上部气体膨胀，下部气体平流。

(3) 中间层：50~85 km，下部暖，上部冷，高空对流。

(4) 暖层：85～500 km，暖层中的氧原子能吸收波长小于 0.175μm 的太阳紫外线而增温。

(5) 散逸层：500 km 以上，地心引力微弱，大气很稀薄，人造卫星在这里运行。

大气是多种气体的混合物，但以氮和氧为主要成分。在大气总体积中，氮占 78.09%，氧占 20.95%，余下的为氩(占 0.93%)、二氧化碳(占 0.03%)及微量气体，还包括水汽和尘埃微粒。大气圈对生物的形成、发育和保护有着很大的作用。

2. 水圈

水圈是指连续包围地球表面的水层，既有液态水，又有气态水和固态水。海洋水是水圈的主体，约占全球总水量的 96.5% 和全球地表面积的 71%(见图 4-14)。陆地水大部分是固态水，即为覆盖两极的冰原和高山冰川，存在于河流湖泊的地表水是有限的。此外，在土壤中有土壤水，陆地深处有地下水。气态水赋存于大气层中，其含量在水圈中微不足道，主要集中于大气圈的对流层中。陆地水以淡水为主，海洋水则含有丰富的盐分，其化学成分以氯(占 1.9%)和钠(占 1%)为主，此外还有镁、硫、钙、钾、碳等。水圈的运动和循环影响着地球上各种环境条件的变化，而更重要的是：水是生命过程的首要介质，没有水就没有生命。

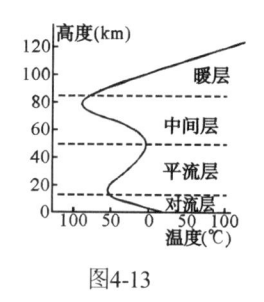

图4-13　　　　　图4-14

3. 生物圈

生物圈是指地球表层生物有机体及其生存环境的总称。这是一个独特的有生命的圈层，分布在地球表面、大气圈的底层、水圈之中，其上限一般为 7～8km，甚至可达 23 km 的高空；其下限在大洋中的深度为 10km，在陆地上深度一般为百余米，但 12 km 的深层仍发现有生命存在。可见生物圈是一个和大气圈、水圈甚至地壳交织在一起的圈层，是有机体活动和影响的范围。有机界的组成除人类外，还有植物、动物和微生物，是极其丰富多彩的。目前已知的植物超过 30 万种，动物超过 100 万种，微生物种类不计其数。生物圈是地球特有的圈层，对地表物质的循环、能量转换和积聚具有特殊作用。

4.3.3 地球的内部圈层

根据地球物理的研究(主要通过地震波传播速度变化的研究)，地球内部是一个非均质体，各层物质的成分、密度和温度互不相同。

安德烈·莫霍洛维奇，是克罗地亚著名的地球物理学家和地震学家。1909 年 10 月 8 日，萨格勒布市南部 39 km 处发生了一次 6 级左右的地震。莫霍洛维奇利用 2400 km 以外 29 个地震台的观测资料，研究分析了地震波传播途径与时间的关系，发现了地下 50 km 深度附近是地球内部物质性质发生突变的地带。1910 年，他在论文《1909 年 10 月 8 日的地震》中阐述了这一发现。1911 年和 1913 年德国两次地震期间，他与德国地球物理学家贝诺·古登堡根据观测分析，再次验证了他的这一发现，并确定出在大陆地表以下 40 km 左右的深度，是地壳与地幔的分界面。这一界面被命名为莫霍洛维奇界面，简称莫霍界面(M 界面)。1914 年，古登堡通过分析地震波的传播，发现地下 2900 km 处存在一个分界面，地震波的纵波速度在此处急剧变慢，横波则完全消失。这一发现表明地幔和地核之间存在一个明显的分界层，这个界面后来被命名为"古登堡界面"。莫霍界面和古登堡界面将地球内部分为地壳、地幔和地核三个同心圈层(见图 4-15)。

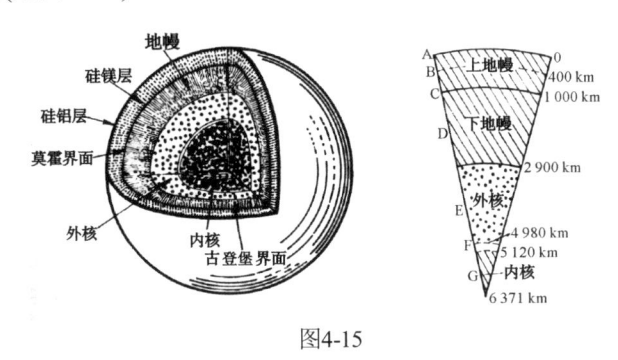

图4-15

1. 地壳

地壳是从地表到莫霍界面的圈层，是地球表面薄薄的一层固体外壳。地壳的厚度是不均匀的，大陆地区平均厚度约 35 km，最厚处可达 70 km(如我国的青藏高原)；海洋地区平均厚度约 7 km，最薄处仅 4 km。地壳的体积为地球体积的 1%，质量为地球的 0.4%，密度是地球平均密度的 1/2，为 2.7~2.9 g/cm^3。1923 年，奥地利地震学家维克托·康拉德在研究欧洲南部阿尔卑斯山地震时，通过地震记录图发现了与地震 P 波不同的 P 波，从而提出了康拉德面的存在。康拉德面是大陆地壳内部的一个次级不连续面，将地壳分为上下两层。上层称为硅铝层，富含氧化硅和氧化铝，岩性以沉积岩和花岗岩为主。硅铝层为大陆地壳所特有，厚度为 10~40 km 不等。大洋地壳缺失该层。下层称为硅镁层，富含氧化硅和氧化镁，岩性由玄武岩和辉长岩类构成，厚度仅 5~8 km。因此，地壳又可分为大陆型地壳和大洋型地壳。大陆型地壳是双层结构，大洋型地壳是单层结构。

2. 地幔

地幔是从莫霍界面到古登堡界面之间的圈层，介于地壳和地核之间，又称中间层或过渡层。古登堡界面位于地球内部约 2 900 km 的深处。地幔的体积约占地球总体积的 83%，质量占地球总质量的 68%，密度向内逐渐增大，由近地壳处的 3.3 g/cm^3 增至近地核处的 5.6 g/cm^3。地幔以约 1 000 km 深处为界分为上、下地幔两部分，上地幔的构成物质除硅和氧外，铁和镁显著增加，铝则明显减少，由橄榄岩类岩石构成，物质状态属固态结晶质，具较大塑性。平均密度为 3.8 g/cm³，温度为 400～3 000℃，压力为 21 万个大气压。下地幔的构成物质除硅酸盐外，铁、镍成分显著增加，物质处于非晶质固态，或具潜藏的可塑性固态。平均密度为 5.6 g/cm³，温度为 1 850～4 400℃，压力则增至 150 万个大气压。上地幔 60～250 km 深度范围内物质具有柔性，称为软流圈。它位于岩石圈之下，一般认为可能是岩浆的源地，并与地球表面的许多活动有密切的关系，造成地幔对流、海底扩张和板块构造，在地表出现地震和火山现象，形成有用的矿藏。

3. 地核

地核是指古登堡界面以下直至地心的地球核心部分，半径约 3 400 km，质量和体积分别为地球的 31.5%和 16%，密度相当高，边缘区为 9.7 g/cm³，地核中心则高达 13 g/cm³，温度也随深度而上升，地核边缘的温度是 3 700℃，地心达到 5 500～6 000℃。

根据地震波传播特征测定，地核可分为外核和内核两部分，其界面约在 5 155 km 深处。外核为铁、硅、镍等物质构成，呈熔融态或近于液态；内核由铁和镍构成，可能为固态。一般认为，由于外核流体的运动，根据磁流体力学的规律而形成地球磁场。

4.4 地球的表面形态

人类生活的地球表面是高低不平的，有高山深谷、平原大洋。特别由于大量液态水的存在，地表低处均被水体淹没。这样使地球表面分为明显的两大部分：地表广大连续的水体，称为海洋；而未被海水浸没的部分，则称为陆地。海洋和陆地通称为地面。在地球 $5.1 \times 10^8 \text{km}^2$ 的总面积中，海洋面积为 $3.61 \times 10^8 \text{km}^2$，占总面积的 70.8%；陆地面积 $1.49 \times 10^8 \text{km}^2$，占总面积的 29.2%。这就造成了统一的世界大洋，海洋是连成一片的；陆地是相互分离的，被海水所包围，没有统一的世界大陆。这就是地球上的海陆分布大势。

4.4.1 海洋的表面形态

从海洋边缘到大洋中心主要地貌类型有以下几种(见图 4-16)。

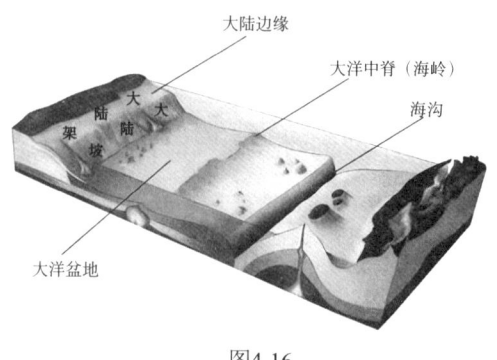

图4-16

1. 大陆架

大陆架是沿海陆地向海的自然延伸部分，深度和坡度都极小，深度一般不超过200m，平均水深 130 m，平均坡度为 0.1°，平均宽度为 75 km，面积占海洋总面积的 7.5%。

2. 大陆坡

大陆坡是大陆架与洋底的过渡地带。它位于大陆架外侧向深海的一方，坡度急剧增大，可达几度至 20 多度，平均坡度为 4°30′，深度达 200～2 500 m，平均宽 70 km。这是陆块和洋底的真正界限。面积占海洋总面积的 11.9%。

3. 大洋盆地

大洋盆地是海洋的主体部分，其深度很大但坡度很小，深度为 2 500～6 000 m，但坡度一般为 20′～40′，是海洋底的大平原，面积占海洋总面积的 75%以上。大洋盆地中仍然存在着隆起和深陷部分。隆起部分称为海岭或海脊，深陷部分称为海沟或海渊。它们通常都是长条形。海脊一般位于大洋的中部，而海沟则常出现于大洋的边缘。

4.4.2 陆地的表面形态

按照海拔高度和起伏形态，陆地地形可分为高原、平原、山地、丘陵和盆地五大类型(见图 4-17)。

图4-17

1. 高原

高原是指海拔较高(500m 以上)、面积较大，顶面起伏较小而外围较陡的高地。世界最高的高原是我国的青藏高原，平均海拔 4 500 m，被称为"世界屋脊"。世界最大的高原是南美洲的巴西高原，面积超过 500 万 km^2。

2. 平原

平原是指海拔较低(一般小于 200 m)，地表平坦或略有起伏，边缘无崖壁的广大平地。陆地上平原面积最广，约占陆地面积的 1/3。世界最大的平原是南美洲的亚马孙平原，面积约为 560 万 km^2。

3. 山地

山地是众多山丘的统称，包括山岭和山谷，具有较大的绝对高度(一般大于海拔 500 m)和相对高差，地面起伏大，山坡陡峻切割深。线状延伸的山体叫山脉，世界上高大山脉主要分为两大地带，即环太平洋沿岸地带(南北向)和横贯亚欧非地带(东西向)，最高山脉分布在亚洲的喀喇昆仑山脉和喜马拉雅山脉。

4. 丘陵

丘陵是指坡度较缓的低矮山丘，绝对高度一般在海拔 500 m 以下，相对高度一般不超过 200 m。丘陵切割破碎，无一定方向性，如我国的江南丘陵、东欧的中俄罗斯丘陵等。

5. 盆地

盆地是指周围山岭环绕，中间低平的盆状地形，如我国的四川盆地和非洲的刚果盆地等。

4.5 思考与练习

1. 解释大气圈、水圈、生物圈、岩石圈的概念。
2. 谁是水成说的代表人物？其基本观点是什么？
3. 谁是火成说的代表人物？其基本观点是什么？
4. 谁是灾变论的代表人物？其基本观点是什么？
5. 谁是渐变论的代表人物？其基本观点是什么？
6. 沉积岩、岩浆岩、变质岩是如何形成的？
7. 地质循环是如何进行的？
8. 说说空气对流、平流、电离的原因。
9. 地壳、地幔、地核划分的依据是什么？
10. 水成说与火成说之争有何意义？
11. 灾变论与渐变论之争有何意义？
12. 为什么说磁层对人类具有保护作用？

第 5 章

近代化学及其发展

学习标准：

1. 识记：玻意耳、拉瓦锡、道尔顿、阿伏伽德罗、门捷列夫、维勒等的重要发现；物质分类的简图。

2. 理解：元素说、氧化说、原子与分子学说、元素周期律的基本观点；人工合成尿素的重要意义；氧化-还原反应中的对立统一规律；盐类水解的规律；pH公式的含义。

3. 应用：甲烷、乙烯、乙炔、苯、乙酸、甲醛等有机物的用途。

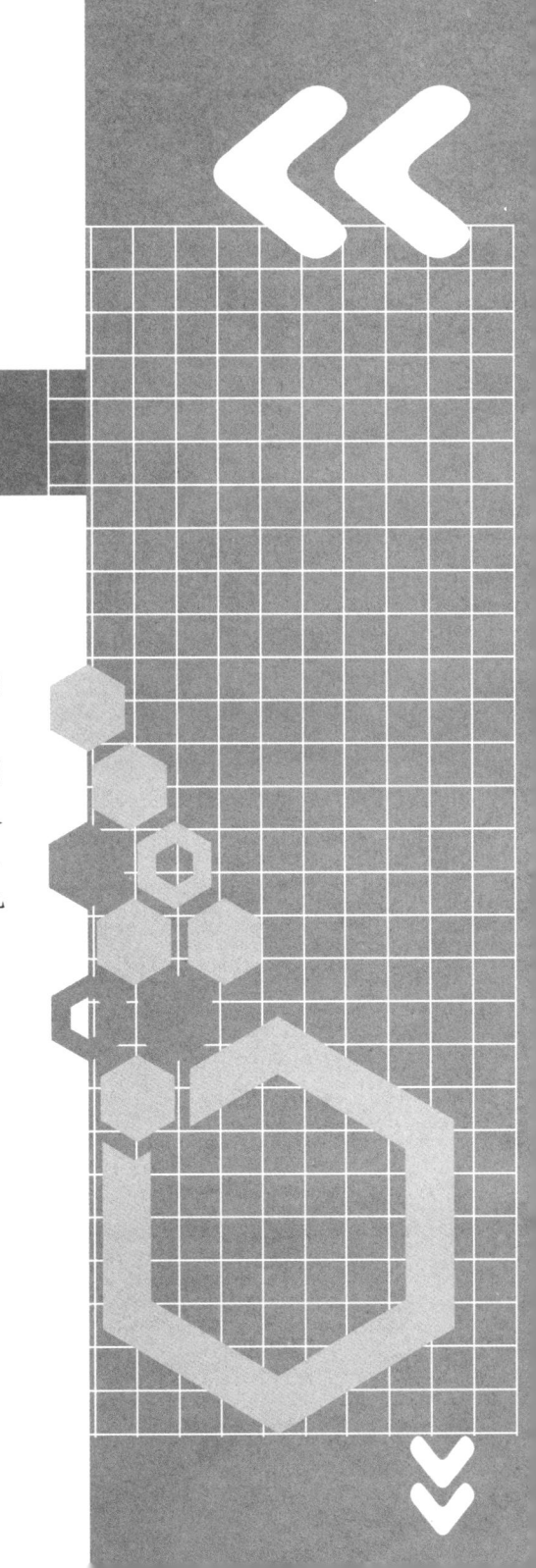

16—18世纪，化学作为一门科学从炼金术和化学工艺中脱胎出来。19世纪，原子与分子学说的创立和元素周期律的发现是化学理论发展上的重大成就；有机化学等分支学科的建立标志着化学科学的成熟。

5.1 近代化学新成果

5.1.1 化学科学的确立

西方的炼金术和古代中国的炼丹术一样，是迷信、荒诞的动机驱使的非科学实践。但在长期的实践过程中，炼金术士们积累了不少化学知识。直到16世纪，欧洲人的化学知识仍然处在很低水平，理论上还没有脱出古代的框架，依然笼罩在炼金术的迷雾中。此外，在矿业、冶金和制药的技术实践中，人们也积累了相当丰富的关于物质的各种化学性质和化学反应的知识，但这些知识多数是经验性的、非系统的。

1. 元素说否定了炼金术

罗伯特·玻意耳，是17世纪英国著名的化学家、物理学家。玻意耳出生于爱尔兰的利斯莫尔的一个贵族家庭，这为他提供了良好的教育和学术研究条件。他早年在伊顿公学接受教育，后在欧洲大陆游学，接触了当时的科学和哲学思想。1644年，玻意耳回到英国，开始了他的科学研究生涯。他在牛津建立了实验室，并与一批科学家组成了"无形学院"，为把化学从炼金术中解放出来，确立为一门科学，做出了重要贡献。

首先，他认为化学寻求的不是制造贵金属和有用药物的实用技巧，而是应该从那些技艺中找出一般原理。化学应该是自然哲学的研究对象，而不是医生和炼金家的技艺。在化学史上，玻意耳第一次明确地把化学视为自然科学的一门独立学科，并把化学同化学工艺严加区别。

其次，玻意耳继承古希腊原子论思想，把构成自然界的材料视为一些细小致密、用化学方法不可分割的粒子。这些粒子又可以结合成大小和形状不同的粒子团，粒子团是参加化学反应的基本单位，也是决定物质性质的根本原因。

再次，玻意耳提出了元素的概念。他在书中说："我所指的元素，就是那些化学家们讲得非常清楚的要素，也就是某种不由任何其他物质构成的或是互相构成的原始的和简单的物质，或是完全没有混杂的物质，它们是一些基本成分，一切真正的混合物都是由这些成分直接混合而成的，并且最后仍可分解为这些成分。"他这里所说的混合物即化合物，他这里讲的元素定义还不是现代意义上的元素概念，他还没有把元素同单质区分开，但在当时对否定炼金术的元素学说起了决定性作用。此外，玻意耳在物理学和化学上都做过大量的实验，著名的波意耳-马略特定律(一定量的气体在保持温度不变时，它的压强同体积成反比)是他的成就之一。

2. 氧化说否定了燃素说

1) 燃素说

17—18世纪，化学家们对燃烧这种普遍的化学现象的本质做了很多研究。1669年，德国医学教授约翰·雅希姆·贝歇尔出版了《地下物理学》，认为物质由水和三种土质组成。这三种土是："石土"，存在于一切固体中；"汞土"，是一种具有流动性的土；"油土"，存在于一切可燃物体中。燃烧时油土被烧掉了，剩下的是石土和汞土。1703年，他的学生——普鲁士国王的御医施塔尔把贝歇尔的油状土改造为燃素，并用燃素来解释燃烧现象(见图 5-1)：任何可燃物中都含有燃素，植物中的燃素是从空气中吸收来的，动物中的燃素是从植物中吸收来的，空气助燃是带走可燃物中的燃素，甚至金属与酸的作用和金属的置换反应也可被看成物质间交换燃素的结果。燃素说的基本观点如下。

(1) 燃素是构成火的元素，当它们聚集在一起时就形成火焰，当它们弥散时只能给人以热的感觉。

(2) 燃素充塞于天地之间，大气中因为有它才会有闪电；生物体因含有它才富于生命活力；无生命物质因含有它才会燃烧。物体失去燃素就会成为死的灰烬，而灰烬获得它就会得到复活。

(3) 燃素不会自动从物体中分离出来，只有在借助空气而发生燃烧时，燃素才能释放出来。火焰是自由的燃素，燃素是被禁锢的火。

(4) 所有燃烧现象都可归结为燃素的转移——吸收或释放。比如，金属燃烧时，燃素从中溢出，变成了煅渣：金属-燃素=煅渣；煅渣若和富含燃素的木炭共燃，又重新变为金属：煅渣+燃素=金属。

但是，燃素说有一个致命的弱点：有机物燃烧后灰渣变轻了，无机物金属在燃烧后灰渣却变重了。如果燃素是燃烧时被空气带走的实体，那么后一种现象便无法解释了。坚持燃素说的人认为燃素可能有负重量。然而，这种解释是难以令人信服的。

2) 氧化说

安托万·洛朗·拉瓦锡是法国著名化学家，被誉为"现代化学之父"。拉瓦锡出生于巴黎的一个律师家庭，1761年进入巴黎大学法学院学习，并获得了律师资格证，但很快转向了自然科学的研究。他一方面注重定量研究，善于运用天平进行精密的化学分析，另一方面又特别注重理论思维在科学研究中的重要作用。他通过密闭容器中金属燃烧实验，发现了化学中的质量守恒定律。在做磷的燃烧实验时，他发现生成物增加的质量恰好等于空气失去的质量。这使他想到磷在燃烧中可能吸收了空气中的一部分物质而在还原金属煅灰时除生成原来的金属外，一定能将燃烧时吸收的那部分空气重新释放出来。但拉瓦锡当时尚不能断定空气中的这部分气体是一种什么气体。正当拉瓦锡因为这个问题所困惑时，他遇到了普利斯特列。普利斯特列把自己所做的加热汞灰(氧化汞)得到一种气体的实验告诉了他，这使得拉瓦锡顿开茅塞。他想到普利斯特列得到的那种上好的空气可能正是他预想的在还原金属煅灰时放出来的那种气体，这种气体也正是在燃烧中被吸收的那部分空气。于是他立即重复了普利斯特列的试验。

在一个与一定量空气相连通的曲颈甑内，将汞缓慢地加热(见图5-2)。12 天后，汞所生成的红色物质不再增加。这时将火撤去，称量煅灰并测量失去空气的体积，然后将红色汞置入另一个容器中，加热并收集放出空气的体积，生成的红色汞变成了银色汞，收集放出空气的体积恰好等于汞燃烧时失去空气的体积，失去的空气全部获得。拉瓦锡提出了氧化学说，主要观点如下。

(1) 燃烧时均有光和热放出。

(2) 物体只有在纯空气(氧气)存在时才能燃烧。

(3) 空气由可助燃的和不可助燃的两种成分组成，物质燃烧时由于吸收了空气中的纯空气而增重，增加的重量恰好等于吸收的纯粹空气的质量。

(4) 一般可燃物(非金属)燃烧后都变成酸，氧是酸的本质；金属燃烧后所变成的灰烬是金属的氧化物。

1777 年，拉瓦锡建立了他的燃烧氧化理论，否定了燃素说。1789 年拉瓦锡出版了《化学纲要》一书，该书对化学的发展产生了重大影响，它标志着化学作为一门科学已经形成。

图5-1　　　　　　　　　图5-2

5.1.2　原子与分子学说的创立

18 世纪，化学知识的积累使人们认识到了所有化合物都有确定的组成，并且在化学反应中元素间存在着简单的量的比例关系，从而总结出了化合物的定比定律和化学反应的倍比定律。同时期的气体实验研究得出的气体膨胀定律和分压定律，也使人们逐渐认识到气体是由大量的粒子组成的。

1) 原子学说

英国化学家道尔顿细致地研究了这些问题后发现，只要引入原子的概念并且确定各种原子都有独立的原子量，就能圆满地解释这些定律。1803 年，道尔顿在实验和科学理论的基础上将哲学原子论发展成了科学的原子学说。原子学说的要点如下。

(1) 单质的基本组成是简单原子。

(2) 原子不生不灭，不可再分割，在一切化学变化中保持本性不变；同一元素的原子，其质量(原子量)、形状和性质都相同，不同元素的原子则各不相同。

(3) 不同元素的原子以简单数目的比例相结合，形成化合物的(复杂)原子，包括二元的、三元的和四元的化合物。其所用的原子符号见图 5-3。

图5-3

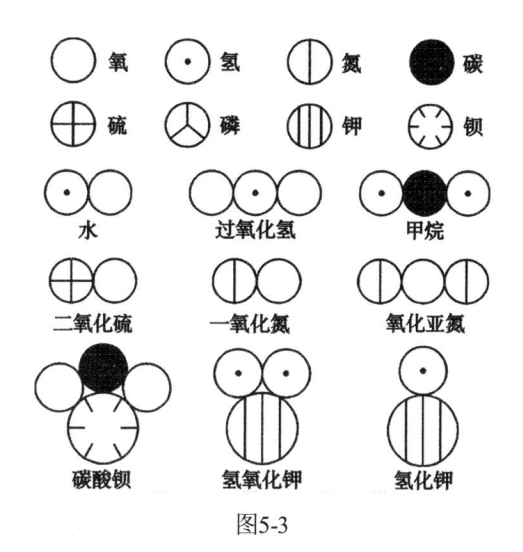

道尔顿的原子学说用原子的结合和分解来说明各种化学现象和定律间的内在联系，对当时的化学理论进行了一次大综合，对化学发展具有重大意义。但道尔顿的学说是有缺陷的，主要是他没有建立"分子"的概念，把化合物的分子也当作了(复杂)原子，因此在运用原子学说解释一些化学现象时往往得出不正确的结论。

2) 分子学说

意大利科学家阿伏伽德罗于1811年提出了分子学说。其要点如下。

(1) 原子是参加化学反应时的最小质点，分子是在游离状态下单质或化合物能独立存在的最小质点。

(2) 单质分子由相同原子组成，化合物分子则由不同原子组成。

分子学说是对原子学说的补充和完善，但因为与当时化学界的权威学说不相容，因此受冷落半个世纪，直到1860年才被科学界接受，原子与分子学说成为化学的基本理论。

5.1.3 元素周期律的发现

18世纪下半叶，由于欧洲工业和化学的发展，人们陆续发现了一系列新元素。19世纪以来，发现新元素的节奏越来越快，到1869年，化学家们已认识了69种元素。与此同时，随着原子学说的创立和分析化学的发展，人们对元素重要特征之一的原子量的测定也日益精确。在进行元素分类的研究中，有些科学家发现了元素的原子量与它们的化学性质之间存在着某种内在联系。

俄国化学家门捷列夫认真考察了前人的工作，经过反复研究和核实，他于1869年总结并发表了化学元素周期表(见表5-1)，要点如下。

表5-1

	Ⅰ族	Ⅱ族	Ⅲ族	Ⅳ族	Ⅴ族	Ⅵ族	Ⅶ族	Ⅷ族
最高氢化物			(R₂H₆?)	RH₄	RH₃	RH₂	RH	
最高氧化物	R₂O	RO	R₂O₃	RO₂	R₂O₅	R₂O₆	R₂O₇	RO₄或R₂O₉
	H=1	—	—	—	—	—	—	
典型元素	Li=7	Be=9.4	B=11	C=12	N=14	O=16	F=19	
第一周期 {1类	Na=23	Mg=24	Al=27.3	Si=23	P=31	S=32	Cl=35.5	
2类	K=33	Ca=40	—=44	Ti=60?	V=51	Cr=52	Mn=55	Fe=56 Co=59 Ni=59 Cn=63
第二周期 {3类	(Cu=63)	Zn=65	—=68	—=72	As=75	Se=78	Br=80	
4类	Rb=85	Sr=87	(?Yt=88?)	Zr=90	Nb=84	Mo=96	—=100	Ru=104 Rh=104 Pb=104 Ag=108
第三周期 {5类	(Ag=108)	Cd=112	In=113	Sn=118	Sb=122	Te=128?	I=127	
6类	Cs=133	Ba=137	—=137	Ce=136?	—	—	—	
第四周期 {7类	—	—	—	—	—	—	—	
8类	—	—	—	—	Ta=182	W=184	—	Os=199? Ir=198? Pt=197 Au=197
第五周期 {9类	(Au=187)	Hg=200	Tl=204	Pb=207	Bi=208	—	—	
10类	—	—	—	Th=232	—	Ur=240		

(1) 化学元素按原子量的大小排列起来，化学性质会呈现出明显的周期性。

(2) 原子量的大小决定了化学元素的基本性质。

(3) 利用化学元素周期表可以预言尚未发现的化学元素，并能预测它们的原子量和化学性质。

元素周期律的发现改变了化学上一些旧的观点，原来认为是彼此孤立、各不相关的各种元素，现在被看作有内在联系的统一体，它揭示了自然界物质多样性与统一性的关系以及物质由量变到质变的过程。元素周期律对未来元素的发现具有指导意义。例如，事隔四年，法国人勒科克·德·布瓦博德朗发现了元素镓。门捷列夫写信给布瓦博德朗说，镓就是他所预言的"类铝"，不过比重错了，不是4.7而应是5.9～6.0。后来，布瓦博德朗测定后发现镓的比重果然是5.94。之后门捷列夫预言的"类硼"——钪和"类硅"——锗也被发现。这是理论思维的重大胜利。

5.1.4 人工合成尿素否定了生命力论

有机物原是指从动植物体内提取的化合物，对有机化合物的结构和化学性质的研究始于18世纪末19世纪初，以后逐渐形成有机化学这门分支学科。1828年，德国化学家维勒用无机物氰酸与氨溶液混合，制成了有机物尿素[CO(NH₂)₂]。在此以前流行的"生命力论"认为，有机物靠动植物体内神秘的生命力才能制造，维勒的实验否定了生命力论，是有机化学发展过程中的一大突破。此后许多有机化合物相继被人工合成，从而促成了有机结构理论的发展。基团论、类型论、立体有机化学理论等相继产生，深化了人们对有机化合物的性质、类型和有机分子的立体结构的认识。

5.2 物质的分类和聚集状态

长期的研究证明，地球上的各种物质都是由 90 多种元素按不同形式结合而成的。

5.2.1 物质的分类

物质可分为混合物和纯净物两大类。纯净物根据其是由一种元素组成还是由两种(或两种以上)元素组成可分为单质与化合物。单质分为金属和非金属两类；化合物可分为无机化合物和有机化合物(见图 5-4)。

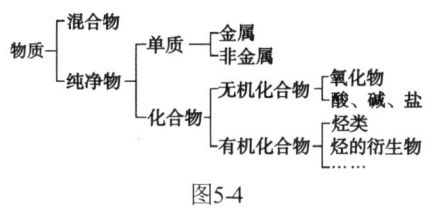

图5-4

5.2.2 物质的量

物质的量跟长度、质量等一样，是一种物理量。

长度的基本单位是米(m)，质量的基本单位是千克(kg)，而物质的量的基本单位是摩尔(mol)。物质的量相同的两种物质，应含有相同的微粒数(原子、分子等)。

科学上规定用 12g 碳(原子核里有 6 个质子和 6 个中子的碳原子)所含的碳原子作为物质的量的单位，称为 1 摩尔(1mol)。每摩尔物质均含有 6.02×10^{23} 个微粒。例如，1mol 碳原子质量12g，含有 6.02×10^{23} 个碳原子；1mol 氧原子质量16g，含有 6.02×10^{23} 个氧原子；1mol 氢分子质量2g，含有 6.02×10^{23} 个氢分子；1mol 水分子质量18g，含有 6.02×10^{23} 个水分子；1mol 钠离子质量23g，含有 6.02×10^{23} 个钠离子。因此，把 1mol 物质的质量称为摩尔质量，单位是克/摩(g/mol)。

5.2.3 物质的聚集状态

常见的聚集状态有气态、液态和固态，形成气体、液体和固体。在特定环境条件下，物质还可以以其他聚集状态(如等离子体等)形式存在。

1. 气体

气体能自由地扩散，均匀地充满整个空间，又能压缩到较小的容器(如钢瓶)中运输和贮存。气体分子间相距很远，其分子间的距离要比分子本身大几千倍，因而分子的引力很小，分子可以自由地高速运动。例如，在常温常压下，氢气分子的平均运动速度为 $2 \times 10^5 \text{cm/s}$，虽然气体分子的运动速度很快，但由于分子与器壁之间的碰撞，使每个分子移动的距离受到限制。在通常情况下，氢分子平均移动 1.6×10^{-5}cm 就会与另一个氢分子相撞，每个氢分子碰撞的次数多达 1.2×10^{10} 次/s。由于气体分子间的互相碰撞，其运动方向也在不断改变，因此气体没有一定的形状，能很快地充满整个容器，而且一种气体能在另一种气体中运动，进行相互扩散。气体压力的产生就是分子对器壁碰撞的结果。此外，由于气体密度很小，分子间的间隙很大，使气体具有压缩性。

2. 液体

液体的形状可随容器的形状而改变，但体积不能轻易做较大的改变，其压缩性很小，液体中组成微粒间的距离比气体小得多，而接近于固体。因此，当固体熔化时，一般密度仅减小 10%～15%。而当液体气化时，一般密度要减小 99.0%～99.9%。在液体中某些区域的微粒几乎是紧密堆积的，而在另一些区域，由于堆积的不规则性，产生一些空缺。因为液体的分子是在不停地滑动，这些空缺就不可能有固定的大小和形状，它们也随之不停地产生、消失、移动或变化。但总的来说，液体中由于空缺的存在，增大了分子间的平均距离，因而减少了密度，又由于空缺给分子提供了活动的空间，因此使液体具有流动性和扩散性。

3. 固体

固体(通常指晶体)具有一定的形状和体积，既不易变形又不易压缩；组成固体的微粒紧密地堆积在一起，不能自由移动，只能在一定的位置上做热振动。温度越高，振动越剧烈，仅仅偶尔有微粒能克服结合力而变换位置或挣脱出来。由于这些微粒在距离很近时能产生强的斥力，因此固体是不易压缩的。而微粒间的结合力则使固体不易改变形状。

固体又可以分为晶体和非晶体两大类。绝大多数的固体物质是晶体，如矿石、金属、合金及许多无机化合物和有机化合物等。晶体是由微粒(分子、原子、离子)在空间有规律地排列而成的。因此，晶体一般都有一定的几何外形和固定的熔点。

4. 等离子体

在我们生存的地球及类似的行星中，物质主要是以固、液、气三态存在。然而，物质的变化是无穷无尽的，宇宙的空间也是广袤无垠的。气体在高温和电磁场的作用下，其组成的原子就会电离成带电的离子和自由电子；由于它们所带的电荷符号相反，数目相等，这种状态叫作等离子态。

根据温度的不同，等离子体可分为高温和低温两类。例如，太阳表面的氢等离子体、地球大气上层的电离层等属于高温等离子体，它们的温度可以从几千摄氏度到几十万摄氏度；在生产和日常生活中看到的焊接电弧、荧光灯、闪电等，属于低温等离子体，它们的温度可以从常温到几千摄氏度。

等离子态是一种暂时的平衡状态，在一定的条件下，当这些带电的质点相互碰撞而重新结合时，将放出大量的能量，工业生产上可利用这种能量来加工、焊接和冶炼金属，还可以把这种能量直接变为电能来发电。而生活中日渐增多的等离子显示器，则是在两张超薄的玻

璃板之间注入混合气体,并施加电压利用荧光粉发光成像。与传统的显像管显示器相比,等离子态具有分辨率高、屏幕大、超薄、色彩丰富、鲜艳的特点。

5.3 无机化合物

无机化合物主要有氧化物、碱、酸、盐等,与其相关的知识在中学已学过。这里重点讲解氧化还原反应、溶液的酸碱性和盐类的水解三个问题。

5.3.1 氧化还原反应

最初,对氧化反应的理解是物质跟氧气化合的反应;还原反应是含氧化合物里的氧被夺去的反应。进一步的认识是,氧化和还原反应不一定有氧参加,而且氧化和还原发生在同一反应中,有的反应物被氧化,一定有另外的反应物被还原。对立统一规律告诉我们:"事物发展过程中的每一种矛盾的两个方面,各以和它对立着的方面为自己存在的前提,双方共处于一个统一体中。"氧化和还原是矛盾中对立、又相互依存的两个方面,共存于同一氧化还原反应中。以最常见的碳燃烧的反应为例:

$$C^0 + O_2^0 \stackrel{\triangle}{=\!=\!=} C^{+4}O_2^{-2}$$

其中氧是氧化剂,氧的化合价从 0 下降到-2,化合价降低,进行的是还原反应(过程),氧被还原;碳把氧还原,碳是还原剂,碳的化合价从 0 上升到+4,化合价升高,进行的是氧化反应(过程)。氧化反应和还原反应同时存在于一个反应中,称为氧化还原反应。再以金属钠和氯气反应为例:

$$\overset{\text{化合价升高(氧化反应)}}{2Na^0 + Cl_2^0 \stackrel{\triangle}{=\!=\!=} 2Na^{+1}Cl^{-1}}$$
$$\underset{\text{化合价降低(还原反应)}}{}$$

这个氧化还原反应中,钠原子变成钠离子,钠的化合价从 0 升到+1,化合价升高,进行的是氧化反应;氯原子变成氯离子,氯元素的化合价从 0 下降到-1,化合价降低,进行的是还原反应。钠是还原剂,氯气是氧化剂。

根据元素化合价的升降观点,氧化还原反应不一定存在得氧和失氧的过程。那么,化合价发生变化的原因是什么呢?这里仍从钠与氯气的反应来分析,由于 1 个钠原子失去 1 个电子,钠元素的化合价从 0 升到+1;由于 1 个氯原子得到一个电子,氯元素的化合价从 0 降到-1。一种(几种)物质失去电子数的总和与另一种(几种)物质得到电子数的总和相等。

从电子转移的观点来看,凡是有电子转移的反应,称为氧化还原反应。物质失去电子(化合价升高)的反应是氧化反应;物质得到电子(化合价降低)的反应,称为还原反应。在氧化还原反应里,失去电子的物质,称为还原剂,还原剂显还原性,容易失去电子的物质显示强还原性，是强还原剂；得到电子的物质，称为氧化剂，氧化剂显氧化性，容易得到电子的物质显示强氧化性，是强氧化剂。

5.3.2 溶液的酸碱性

溶液的酸碱性可以用 pH 表示，当 pH 小于 7 时，溶液呈酸性；当 pH 大于 7 时，溶液呈碱性；只有 pH 等于 7 时，溶液呈中性。那么，溶液的 pH 大小是如何确定的呢？因为水是弱电解质，纯水中只有极少量水分子能电离成正负离子：$H_2O \rightleftharpoons H^+ + OH^-$。

在 24℃时，实验测得 H^+ 和 OH^- 的浓度都是 1.0×10^{-7} mol/L，H^+ 和 OH^- 的浓度乘积，称为水的离子积。

在一定温度下，水的离子积是一个常数，如 24℃时，$[H^+]\times[OH^-]=1.0\times10^{-14}(mol/L)^2$。

随着温度的变化，离子积也有变化，若温度变化不大，可以视作常数。

pH 是溶液中氢离子浓度对数的负值，表示为 $pH=-lg[H^+]$。

pH=7：说明 $[H^+]=1.0\times10^{-7}(mol/L)$，$[OH^-]=1.0\times10^{-7}(mol/L)$，溶液呈中性。

pH>7：说明 $[H^+]<1.0\times10^{-7}(mol/L)$，$[OH^-]>1.0\times10^{-7}(mol/L)$，溶液呈碱性。

pH<7：说明 $[H^+]>1.0\times10^{-7}(mol/L)$，$[OH^-]<1.0\times10^{-7}(mol/L)$，溶液呈酸性。

pH 试纸是利用有些物质在一定 pH 范围内结构发生变化因而显示出不同的颜色，可用来指示溶液的 pH，这种物质称为酸碱指示剂(简称指示剂)。指示剂发生颜色变化的 pH 范围，称为指示剂的变色范围。不同指示剂有不同的变色范围。例如，石蕊是一种指示剂，它的变色范围是：当 pH<5 时，显红色；当 pH>8 时，显蓝色；当 pH 为 5~8 时，显紫色。酚酞的变色范围是：pH 为 8~10 时，溶液显粉红色；当 pH<8，溶液无色；而 pH>10，溶液显红色。用混合指示剂做成的 pH 试纸，可以在不同 pH 时显示不同的颜色。当溶液滴到 pH 试纸上，将试纸的颜色与标准色对照，就可以知道待测溶液的 pH。

5.3.3 盐类的水解

钠盐中，氯化钠是强酸(盐酸)跟强碱(氢氧化钠)反应生成的盐，它的水溶液呈中性。其他如碳酸钠、碳酸氢钠等，它们的水溶液能使酚酞指示剂显红色，这是因为它们是强碱弱酸反应生成的盐，溶解于水发生水解作用，水溶液呈碱性。如果是由强酸弱碱组成的盐(如硫酸铵)，水溶液呈酸性，也是因为发生水解作用的缘故。

为什么水解作用会使盐溶液显示一定的酸碱性呢？这是由于水解形成的离子发生化学反应之故。以醋酸钠和硫酸铵为例予以说明。

$CH_3COONa \rightleftharpoons CH_3COO^- + Na^+$

$H_2O \rightleftharpoons H^+ + OH^-$

$CH_3COO^- + H^+ = CH_3COOH$

由于醋酸是弱电解质，CH_3COO^-跟 H^+结合成醋酸分子，为了保持$[H^+]×[OH^-]=10^{-14}(mol/L)^2$，水分子进一步电离，从而改变了溶液中氢离子和氢氧根离子的相对浓度，使溶液中氢氧根离子的浓度大于氢离子的浓度，溶液呈碱性。

同样道理，碳酸钠、碳酸氢钠的溶液呈碱性；硫酸铵的溶液则呈酸性，强酸弱碱盐水解显酸性。

$$(NH_4)_2SO_4 \rightleftharpoons 2NH_4^{+1}+SO_4^{-2}$$

$$H_2O \rightleftharpoons OH^-+H^+$$

$$NH_4^{+1}+OH^-=\!\!=NH_4OH=\!\!=NH_3\uparrow+H_2O$$

5.4 有机化合物

有机化合物都是碳的化合物(碳的氧化物和碳酸盐除外)，有机化合物简称有机物。它的结构特点是：有机化合物分子中碳和碳之间的共价键特别强，化合物的一个分子中碳原子数可以多到成千上万个。碳原子之间可以用一个、两个或三个共价键，连接成单键、双键或三键。例如，乙烷：H_3C-CH_3；乙烯：$H_2C=CH_2$；乙炔：$HC\equiv CH$。

5.4.1 烃类

仅由碳和氢两种元素组成的一类有机化合物称为烃。它可以被看作一切有机物的母体，其他有机物都能被看作烃的衍生物。

1. 饱和链烃

碳原子间以单键连接的烃，也称为烷烃。其代表物是甲烷(CH_4)。

甲烷大量存在于天然气中。天然气和人工制造的沼气的主要成分都是甲烷。人工制造的沼气的优越性很多，既有利于扩大肥源，提高肥效，又能改善环境卫生，更能为农村需要的燃料开辟新来源。甲烷能作为燃料，是因为它燃烧时放出大量的热：

$$CH_4+2O_2=\!\!=CO_2+2H_2O+890(kJ)$$

当空气中含甲烷5%~14%时，遇火会发生爆炸。有天然气的矿井中，必须采取安全措施。饱和链烃除甲烷外，还有乙烷(C_2H_6)、丙烷(C_3H_8)等，它们结构相似，分子组成上相差一个或若干CH_2原子团，这样一系列的化合物，称为同系物。这种系列称为同系。烷烃同系列的通式是C_nH_{2n+2}。通常温度下$n=1$~4的烷烃是气态的；$n=5$~16的烷烃是液态的；$n=17$以上的烷烃是固态的。一般情况下烷烃很稳定。

2. 不饱和烃

1) 烯烃

烃类分子中含有C=C双键的不饱和烃,称为烯烃。最简单的是乙烯($H_2C=CH_2$)。

乙烯分子里含有双键,其中一个键较易断裂,所以它的化学性质比较活泼。它和甲烷一样能燃烧,放出大量的热。在一定条件下,乙烯分子双键中的一个键断开后,会相互连接成很长的链,形成高分子化合物,称为聚乙烯。这种不饱和化合物由低分子量结合成高分子量的化合物的反应,称为聚合反应。它是制造塑料、合成纤维、合成橡胶(三大合成高分子材料)的基本反应。

乙烯也有同系物,形成的同系列称为烯烃,其通式是$C_nH_{2n}(n\geqslant2)$。常温下,n=2、3、4的乙烯、丙烯、丁烯是气态的;n=5～18的烯烃是液态的;n=19以上的烯烃是固态的。烯烃也有同分异构现象。

2) 炔烃

烃类分子中含有三键的不饱和烃,称为炔烃。最简单的是乙炔($HC\equiv CH$)。

乙炔可以用电石(即碳化钙CaC_2)加水制取,电石的名称来源于过去它是用焦炭和生石灰在电炉中生产出来的像石头那样的物质。这种生产方法耗电量很大。现在转向用石油或天然气为原料来制取乙炔。

$$CaC_2+2H_2O = Ca(OH)_2+C_2H_2\uparrow$$

乙炔跟氧气反应放出大量的热。由于电石是固体,运输方便,加水就能得到乙炔,因此很多情况下,仍然用电石加水法得到乙炔。利用乙炔在氧气里燃烧能达到3 000℃以上的高温,可以焊接或切割金属。空气中若含有25%～80%体积的乙炔,遇火会引起爆炸,使用乙炔必须注意安全,不能掉以轻心。乙炔是不饱和链烃,也能起加成反应,得到的产物常常是混合物。乙炔的聚合反应也很重要,不同条件得到不同产物。氯化亚铜作催化剂可得乙烯基乙炔,是合成橡胶的一种原料。炔烃同系列的通式是C_nH_{2n-2},炔烃也有同分异构现象。

3. 环烷烃

烃类分子结构除了链状,也可以呈环状,称为环烃。分子里碳原子间全部以单键结合的环烃,称为环烷烃。例如,环丙烷(C_3H_6)、环丁烷(C_4H_8)等。它们的性质与烷烃相似,但通式与烯烃相同。因此,环烷烃跟相同碳原子数的烯烃,互为同分异构体。

4. 芳香烃

德国化学家弗里德里希·奥古斯特·凯库勒发现了苯环。苯是芳香烃中最简单、最基本的化合物。其分子为:C_6H_6。

苯与浓硫酸发生取代(磺化)反应,生成苯磺酸。苯在浓硫酸作用(催化、脱水)下,跟浓硝酸发生取代(硝化)反应,生成的化合物为硝基苯。苯也可以和氢发生加成反应,生成环己烷。苯在空气中燃烧生成二氧化碳和水。苯是很好的有机溶剂,在化工生产中是重要的基本原料。苯的同系物有甲苯、乙苯、对二甲苯、邻二甲苯等。

5.4.2 烃的衍生物

1. 卤代烃

烃的分子里的一个或几个氢原子被卤素原子替代而生成的化合物，称为卤代烃。例如，一氯甲烷、氯乙烯、氯苯等。

2. 羟基化合物

直链烃上的一个(或几个)氢原子被羟基(-OH)取代得到的化合物，称为醇(或几元醇)。最被人们所熟悉的化合物是乙醇，其分子式为 C_2H_6O；结构式为 CH_3-CH_2-OH。多元醇中大家所熟悉的是甘油，化学名称是丙三醇，它对皮肤有保湿作用，是化妆品的原料之一。它的一个重要用途是制造一种名为硝酸甘油的烈性炸药。

3. 羰基化合物

分子里含有羰基($>C=O$)的化合物，称为羰基化合物。羰基的碳原子跟氢原子相连成的称为醛基，含醛基的化合物称为醛，如甲醛(HCOH)、乙醛(CH_3CHO)；羰基与两个烃基相连的化合物称为酮，如丙酮等。甲醛是生产塑料、合成纤维的原料；甲醛广泛用于有机合成工业，是重要的化工原料；甲醛有杀菌消毒作用，可作为消毒剂。丙酮是优良的有机溶剂，也是有机化工原料。

4. 羧酸和酯

分子里含有羧基(-COOH)的化合物，称为羧酸。最常见的是乙酸(CH_3COOH)，分子里有两个碳原子，俗称醋酸。食醋的主要成分是乙酸和水，乙酸是有机合成的重要原料，也是一种溶剂。羧酸的水溶液显酸性，能和碱作用生成盐。12～18个碳组成的羧酸(脂肪酸)钠盐，是肥皂的主要成分。

羧酸和醇发生反应生成的化合物，称为酯，这类反应称为酯化反应。例如，乙酸和乙醇在无机酸催化作用下，生成乙酸乙酯。酯也是优良的有机溶剂，用于溶解和稀释清漆、喷漆和硝化纤维素等。

5. 含氮有机化合物

含氮有机化合物包括硝基($-NO_2$)和氨基($-NH_2$)化合物。

烃分子里的氢原子被硝基取代后生成的化合物，称为硝基化合物。硝基在苯环上的化合物，称为芳香族硝基化合物，这是一类比较重要的化合物，也是重要的化工原料。

有机化合物分子中比较活泼、容易发生反应，并反映着某类有机化合物共同特性的原子或基团，称为官能团，也称功能团或功能基。

5.5 思考与练习

1. 玻意耳、拉瓦锡、道尔顿、阿伏伽德罗、门捷列夫、维勒有何重要发现?
2. 画出物质分类的简图。
3. 简述元素说、氧化说、原子与分子学说、元素周期律的基本观点。
4. 简述 pH 公式的含义。
5. 综述人工合成尿素的重要意义。
6. 综述氧化还原反应的对立统一性。
7. 综述盐类水解的必然性。
8. 综述甲烷、乙烯、乙炔、苯、乙酸、甲醛等有机物的用途。

第6章

近代生物学及其发展

学习标准：

1. 识记：细胞学、微生物学的创立人；细胞的形状和大小；施莱登、施旺、巴斯德、林耐、魏泰克、达尔文的创新成果。

2. 理解：细胞的结构和各种细胞器的功能；细胞分裂的种类和作用；达尔文生物进化论的基本观点；生物进化的证据。

3. 应用：通过苔藓植物、蕨类植物、裸子植物、被子植物之间的演化，综述生物的进化；通过鱼类、两栖类、爬行类、鸟类、哺乳类脊椎动物之间的演化，综述生物的进化。

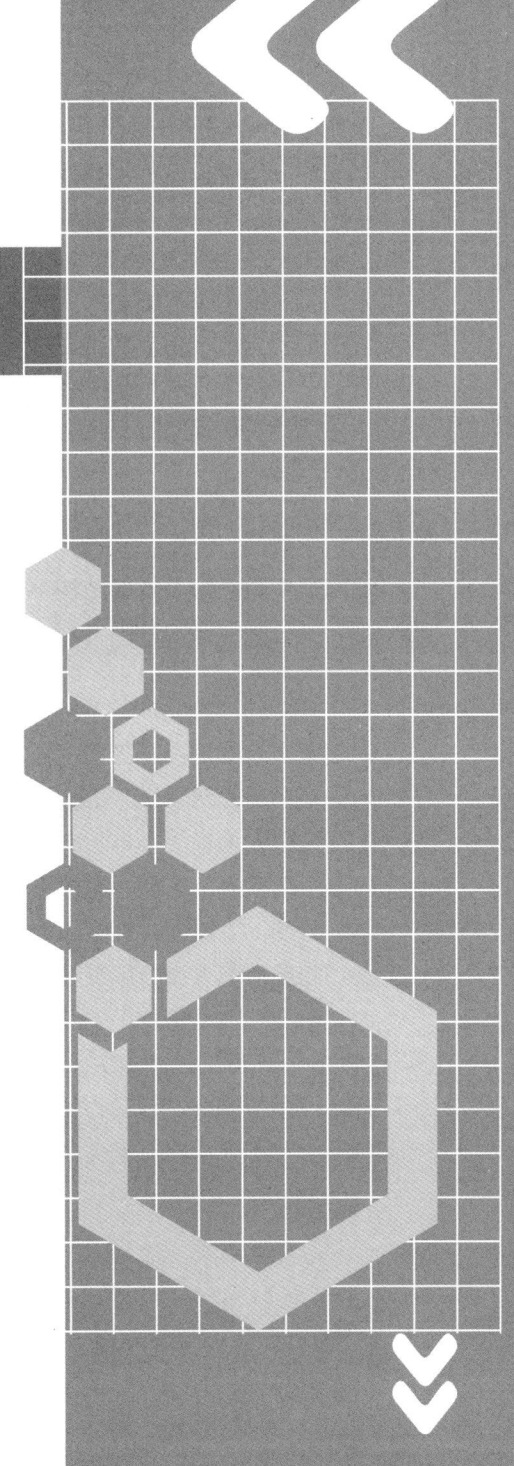

6.1 细胞学

6.1.1 细胞学说的创立

17世纪，人们在显微镜下发现了细胞，但看不清它的结构，也未探究它的意义。直到19世纪初，有些生物学家通过对生物组织的解剖和显微研究，初步认识到细胞是植物和动物的组织、器官的基本构成单位。在上述发现的基础上，德国植物学家施莱登和动物学家施旺先后于1838年和1839年著文，分别侧重阐述植物细胞和动物细胞的系统理论，从而共同建立了细胞学说。他们的学说不仅论证各种生物都有共同的结构单元——细胞，而且进一步探讨新细胞如何形成，试图由此说明有机体生长发育过程，因而对生物学的发展具有十分重要的意义。19世纪50年代，人们在细胞学说基础上结合胚胎学的研究，发现了细胞分裂过程，获得了"细胞来自细胞"的认识，并且将细胞学说应用于病理学研究，由此建立的细胞病理学成为西方现代医学的重要理论基础。

6.1.2 细胞的特征

细胞是生物体最基本的单位。细菌和有些藻类为单细胞生物，一个细胞就能表现出生命的基本特征。植物、动物包括人类都属于多细胞生物，生命活动也以细胞为基本单位。因此，细胞是生命体最基本的结构单位和功能单位。

1. 细胞的形态和大小

细胞的形态是多种多样的，不同形态的细胞其功能也不同(见图6-1)。例如，单细胞藻类的细胞多为球形；高等植物体内行使运输功能的导管细胞多为圆筒形，起支持作用的细胞多为圆柱形和长纺锤形，贮藏养料的薄壁细胞常为多面体；动物体内排列紧密担负保护功能的上皮细胞多为扁平、方形或柱形，血细胞和卵细胞多为扁圆形和卵圆形，接受刺激传导信息的神经细胞多为星形并有很多突起，等等。

如图6-2所示，细胞的大小差异很大，一般细胞都极其微小，必须借助显微镜才能观察到，测量细胞大小的单位通常为微米($1\mu m=1/1000mm$)。

例如，细菌是较小的细胞，它们的直径仅为$1\mu m$左右，人的红细胞为$7.5\mu m$，白细胞为$8\sim10\mu m$。有的细胞较大，肉眼也能观察到，如大变形虫的直径有$300\mu m$、人的卵细胞直径有$0.14\sim0.16mm$。鸵鸟卵的卵黄直径约$5cm$。人体有的神经细胞的突起可长达$1m$。尽管细胞的形态千姿百态，但绝大多数细胞都具有共同的结构特征。

图6-1

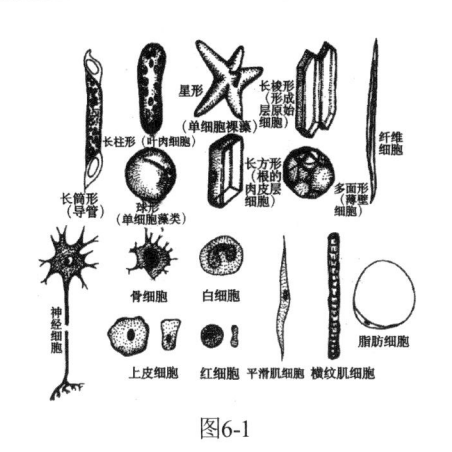

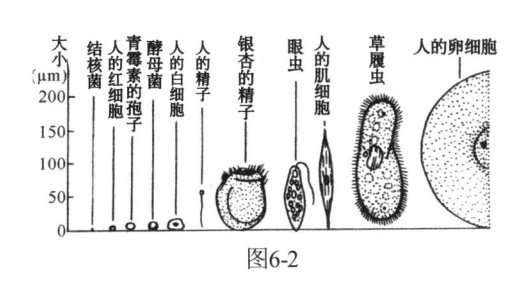

图6-2

2. 细胞的结构和功能

细胞是由细胞膜、细胞质、细胞核三部分组成的。图 6-3 为动物细胞；图 6-4 为植物细胞。

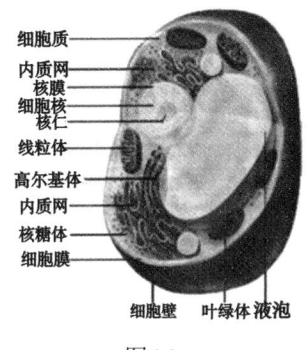

图6-3

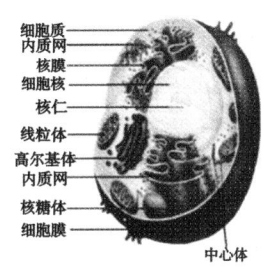

图6-4

1) 细胞膜

细胞最外层包着一层极薄的膜，称为细胞膜。细胞膜主要由蛋白质和磷脂分子组成，膜上还有少量多糖(见图 6-5)。双层磷脂分子有规则地排列形成骨架，蛋白质分子附着在磷脂双分子层的内外侧，有的蛋白质分子镶嵌在磷脂双分子层中，有的贯穿于双分子层。磷脂双分子层是半流动性的，蛋白质分子也可做移动运动。

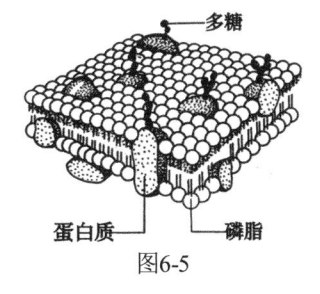

图6-5

细胞膜是一种选择透过性膜，它具有保护细胞和控制、调节物质进出细胞的作用，它既能允许某些物质有选择地透过，又可限制另一些物质通过。植物细胞的细胞膜外，还有一层细胞壁，主要由纤维素构成。细胞壁对细胞有保护和支持作用。细胞壁是全透性的。

2) 细胞质

细胞膜与细胞核之间的整个区域,均为透明胶状的物质,称为细胞质。细胞质里悬浮着许多具有特定功能的微细结构,称为细胞器,如线粒体、核糖体、内质网、高尔基体和液泡等。

(1) 线粒体。线粒体普遍存在于动、植物细胞中,是呈粒状或杆状的小体。线粒体具有内外两层膜,内膜向内腔折叠形成嵴,内膜上分布着许多带小柄的基粒。嵴的周围充满液态的基质。在内膜、基粒和基质中含有多种与细胞呼吸有关的酶。线粒体的数量随细胞的种类和生理状态不同而不同,生命活动旺盛的细胞中线粒体含量多,反之则少,如高等动物的肝细胞中,大约有 2 000 个线粒体。线粒体是进行有氧呼吸、产生大量高能物质的细胞器,它能释放能量供生命活动需要,因此人们把它喻为细胞的"供能中心"或"动力工厂"。

(2) 核糖体。核糖体是悬浮在细胞质里和附着在内质网膜上的最小结构,呈葫芦形。核糖体的数量很多,如人体每个细胞中约有 15 000 个核糖体。核糖体是细胞中合成蛋白质的唯一场所。

(3) 内质网。内质网是由膜连接起来的网络状结构,广泛分布于细胞质中,内质网膜成对地围成扁平囊状、管状或泡状。在靠近细胞膜处,内质网与细胞膜内褶部相通;在靠近细胞核处,内质网与核膜相通。内质网与脂类的合成有关,同时又是细胞内物质运输的网络通道。

(4) 高尔基体。高尔基体是囊泡状的结构。在动物细胞内,它参与蛋白质的加工和分泌。植物细胞形成细胞壁的纤维素也是由高尔基体产生的。人们把高尔基体喻为细胞里的"加工包装车间"。

(5) 液泡。液泡是细胞中的泡状结构,内有液态的细胞液,细胞液中含水、糖、有机酸、无机盐类和各种色素等物质。动物细胞中液泡小而不明显,幼年的植物细胞中液泡较小而多,成熟的植物细胞中液泡较大,常相互合并成中央大液泡。液泡是细胞中营养物质的贮藏器和废物的排泄器。

以上所提到的细胞器是动、植物细胞所共有的。绿色植物的细胞中还有专门进行光合作用的细胞器——叶绿体;动物细胞和某些低等植物细胞中还有跟细胞分裂有关的细胞器——中心体。

3) 细胞核

通常每个细胞只有一个细胞核,少数细胞有两个或更多的核,如兔的肝细胞有几个或多个核。细胞核常呈球形和椭球形。细胞核由核膜、核液、染色质和核仁组成。

(1) 核膜。核膜是包裹在细胞核外的膜。核膜由双层膜构成。核膜上有许多小孔,称为核孔,它是细胞核与细胞质间进行物质交换的通道。

(2) 核液。核液是细胞核中包含蛋白质、酶分子、无机盐和水的透明的胶态物质。核液是细胞核内进行各种代谢作用的场所。

(3) 染色质。染色质是细胞核里易被碱性染料染色的部分,呈颗粒状或网状,主要由 DNA 和蛋白质组成。在细胞分裂期间,染色质螺旋化缩短增粗,形成染色体(见图 6-6)。不同的生物细胞中染色体的数目和结构都不同。

图6-6

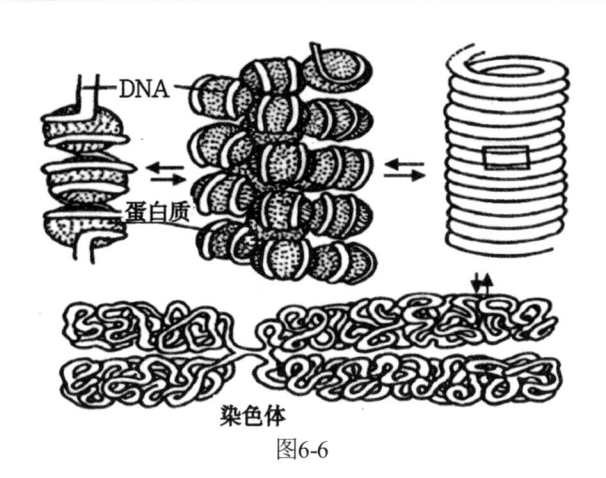

(4) 核仁。核仁是细胞核中折光较强的圆球小体，外面没有膜包被，核仁是合成核糖体和 RNA 的场所。

以上介绍的细胞，其结构和功能都比较复杂，这类细胞也是大多数生物的细胞，称为真核细胞。由真核细胞构成的生物，称为真核生物。还有一类如细菌和蓝藻的细胞，它们的结构和功能都较简单，这类细胞称为原核细胞。由原核细胞构成的生物，称为原核生物。

3. 细胞的分裂和变化

细胞生长到一定阶段，会以分裂的方式繁殖成新细胞。细胞分裂的方式有无丝分裂、有丝分裂和减数分裂三种。

1) 无丝分裂

无丝分裂是一种最简单的分裂方式，所有原核生物和低等的单细胞真核生物都以无丝分裂来实现个体增殖。分裂开始时先是细胞核变长，中部收缩，然后分裂成两个细胞核。在细胞核伸长分裂时，整个细胞也随着伸长，中间收缩，最后缢缩处断裂，分裂成各含一个细胞核的两个子细胞。无丝分裂结束，每个子细胞都能获得一份相同的遗传物质(见图 6-7)。

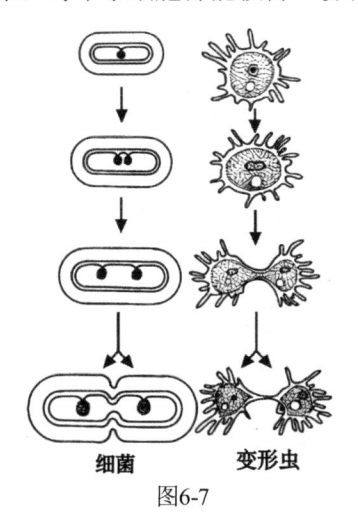

图6-7

2) 有丝分裂

有丝分裂是高等生物体细胞增殖的主要分裂方式，有丝分裂是一个连续的动态变化过程。为研究方便起见，科学工作者根据光学显微镜下观察到的细胞形态变化特征，人为地划分成分裂间期和分裂期两个阶段。

(1) 分裂间期。分裂间期是从细胞在一次分裂结束到下一次分裂之前的一个阶段。这个时期，细胞除体积稍有增大外，看不出有什么变化。但实际上，分裂间期细胞内部正在完成DNA分子的复制和蛋白质的合成，为细胞分裂的到来做准备。

(2) 分裂期。细胞核发生明显的一系列连续变化，按照变化的规律，又人为地将分裂期分为前期、中期、后期和末期。

① 前期：细胞核中染色质高度螺旋化，缩短变粗，形成有一定形态和数目的染色体，这时每条染色体包含两条并列的染色单体，中间有着丝点相连。此时核仁、核膜消失，两极发出纺锤丝，纵贯于细胞中央形成纺锤体。

② 中期：染色体聚集到细胞中央的赤道板上，每个染色体的着丝点都连在纺锤丝上，中期细胞的染色体形态较稳定，染色体数目也较清晰可见。

③ 后期：染色体的着丝点分裂，两条染色单体分开成为两条染色体，接着纺锤丝收缩，牵引着染色体向两极移动。成对存在的染色体，平均分为两组，这两组染色体的形态、数目完全相同。

④ 末期：两组染色体分别到达两极，随之染色体解旋，同时在赤道板处出现细胞板，由中央向四周扩展形成细胞壁，至此，两个新细胞形成(见图6-8)。

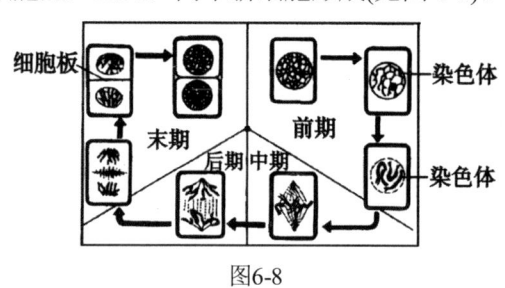

图6-8

动物细胞有丝分裂过程与植物细胞基本相似，不同处有以下两点。

第一，动物细胞核附近有叫中心体的细胞器。在细胞分裂间期已复制成两个中心体，分裂前期分别移向两极。每个中心体周围出现许多放射状的星射线，由星射线组成纺锤体。

第二，动物细胞分裂末期，原来赤道板四周的细胞膜向内凹陷，形成缢沟，缢沟逐渐加深，最后将细胞质缢隔成两部分，这样两个完整的新细胞也就形成了。

3) 减数分裂

精子和卵细胞的形成必须经过一种特殊的细胞有丝分裂——减数分裂(见图6-9)。减数分裂是在整个细胞分裂过程中，细胞连续分裂两次，而染色体只复制一次。减数分裂的结果是一个二倍体亲本细胞，即两组染色体(2n)，产生4个单倍体的子细胞，即各含一组染色体(n)，也就是说，子细胞中染色体数目比亲本细胞减少一半。精子是由精巢里的精原细胞(2n)演变来的。精原细胞(2n)经过有丝分裂产生许多初级精母细胞(2n)，一个初级精母细胞经过减数第一次分裂产生两个次级精母细胞(n)，此时，细胞中染色体已减半。两个次级精母细胞(n)经过减数第二次分裂，形成4个精细胞(n)，精细胞经过变态形成精子。卵细胞的形成过程与精子大致相同。卵细胞是从卵巢里的卵原细胞演变而来的。卵原细胞(2n)经有丝分裂形成大量初级卵母细胞(2n)，一个初级卵母细胞经减数第一次分裂，产生一个较大的次级卵母细胞(n)和一个很小的第一极体(n)，染色体都减少一半。次级卵母细胞和第一极体进行减数第二次分裂，次级卵母细胞形成一个大的卵细胞(n)和一个小的第二极体；第一极体分裂形成两个第二极体(n)。这样，一个初级卵母细胞(2n)经过减数分裂后，形成一个卵细胞和三个极体。以后极体退化。

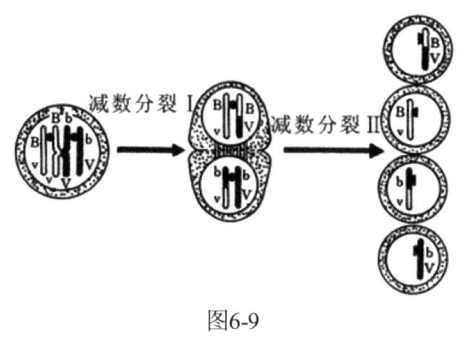

图6-9

6.2 生物分类法

在近代生物分类的研究中，存在着两种不同的分类方法，即人为分类法和自然分类法。

6.2.1 人为分类法

人为分类法，即以生物的少数几个甚至仅仅一个特征为依据，如按照生殖器官的性质进行分类，这种分类法把生物看成不连续的、界限分明的类群。

卡尔·冯·林耐是瑞典著名的生物学家和探险家。林耐的父亲是一位爱好园艺的乡村牧师，他自幼对植物充满热爱，在小学和中学时，对植物的热爱远超其他学科。1727年，他进入隆德大学和乌普萨拉大学学习，系统地学习了博物学及采制生物标本的知识。1732年，林耐在瑞典北部拉帕兰地区进行野外考察，发现了100多种新植物。1735年，林奈周游欧洲各国，并在荷兰取得了医学博士学位。1738年，林奈回到乌普萨拉大学任教。由于林耐的声名显赫，该大学先后从500名学生激增到1 000名，再到1 500名。林耐的代表作《自然系统》初版于1735年，当时仅12页，而到第12版时竟然达到了1 327页。在这部著作中，林耐完成了近代科学史上第一个按照外部标志所建立的自然界分类系统。林耐的主要贡献如下。

第一，确立了双名制命名法在生物分类学中的地位。林奈创立了适用于动物和植物的"双名命名法"，即用拉丁文来规定动植物的属名和种名(相当于人的"姓"和"名")。

之前的欧洲各国对于各种动植物的命名极为混乱，不仅因地而异，而且带有宗教色彩。当时有的皇家植物园甚至出现了很多奇怪的命名，如"上帝的眼睛""上帝的慈悲""基督的刺""我们的父亲"等。由于生物种类繁多，再加上命名又极不统一，导致学术交流根本不可能，而且严重阻碍了生物学的发展。

林耐试图扭转这一状况，他创立了适用于动物和植物的"双名命名法"，即用拉丁文来规定动植物的属名和种名。比如，动物中的猫科(他当时称为"猫属")，他命名为 *Felis 1es*(狮)、*Felistigris*(虎)、*Felisnardas*(豹)、*Feliseatus*(猫)。又如，植物中相当于现在"蔷薇科"的桃、杏，他命名为 *Prunusperica*(桃)、*PrunusArneniaca*(杏)。

在上述拉丁文中，前面的词是属名，后面的词是种名，从此结束了生物命名问题上的混乱。

第二，在命名的基础上，建立了统一的静态分类系统——阶元：纲、目、属、种。例如，油菜的分类：双子叶植物纲白花菜目芸薹属油菜；老虎的分类：哺乳纲食肉目猫属老虎。

林耐把自然界分为动物界、植物界和矿物界三界，并把人类当时所认识到的动物、植物、矿物统一纳入了一个完整的分类系统之中，以作为进一步认识自然的重要起点。他以种为单位，把10 000多种动植物划分为纲、目、属、种，如把10 000多种植物分为24个纲，把4 000多种动物分为6个纲。林耐对矿物也进行了分类，这就把人类认识自然的成果条理化了。林耐的生物分类系统的建立，是人类认识史上一项划时代的成果。

但林奈的分类方法也存在着一定的问题。林耐的分类方法是一种人为分类法，即人为地规定某一个性状作为分类标准，这就难免带有主观性。比如，他对植物的分类是以植物的生殖器官(花蕊)为基础的，所以将芦苇和牵牛花归为一个属。直到19世纪，这种人为分类法才被自然分类法所取代。另外，和牛顿一样，林耐也受到形而上学观点的支配。他的分类法无视物种间的相互联系，从而导致他成为一个物种不变论者。在他看来，每一个种最初被创造时，都有一对(雌、雄)。每个种都有一个共同的祖先，而且种一旦被上帝创造出来，就永恒不变。但随着新种、亚种和变种的不断被发现，晚年的林耐在一定程度上承认了物种的可变性。在1758年印行的第10版的《自然系统》中，"种不会变"的说法被他删去了。

6.2.2 自然分类法

自然分类法主张对生物的所有可找到的特征进行比较研究，以便找出它们的亲缘关系的分类方法。这种分类法认为生物之间存在着连续性。

典型的自然分类法是美国著名的生物学家和生态学家罗伯特·魏泰克提出的，他在生物分类学领域的主要贡献是提出了五界分类系统，即按照界、门、纲、目、科、属、种七级阶元，把生物分成原核生物界、原生生物界、真菌界、植物界和动物界五大界。

1. 原核生物界

原核生物界是一类原始的原核生物类群，它们过着典型的独居或群居生活。原核生物的特征是单细胞、细胞较小，细胞内没有成形的核，没有核膜，只有一个核区，染色体仅由裸露的 DNA 分子组成，没有线粒体、内质网、叶绿体(蓝藻只有光合色素)等细胞器。通常以直接分裂进行繁殖。细菌、蓝藻等属此类。

2. 原生生物界

原生生物界是真核生物中最低等的类群，真菌界、植物界、动物界都起源于原生生物界。许多原生生物是单细胞，但细胞内有高度分化的复杂结构。原生生物界已有明显的成形的细胞核，染色体由 DNA 和蛋白质组成，具有线粒体等细胞器，在自养型生物中还有叶绿体。通常以核内有丝分裂进行无性繁殖，在寒冷或干旱等不良条件下，也可进行有性生殖，形成合子，度过不良环境。本界有甲藻、金藻、裸藻等生物和变形虫、草履虫等原生动物。

3. 真菌界

真菌界是一类没有叶绿体，营腐生或寄生生活的生物，少数为单细胞，大多数为多细胞形成的分枝或不分枝的菌丝体。繁殖有无性和有性两种。本界包括各种霉菌，如青霉、曲霉、面包霉等，酵母菌、蕈类(如蘑菇)均属此类。

4. 植物界

植物界包括所有典型的多细胞植物。细胞结构复杂，大多数种类生物体已有根、茎、叶的分化，已形成了维管束，输送水分和养料，能进行光合作用。生活史中有明显的世代交替(有无性生殖的孢子体世代和有性生殖的配子体世代)现象，在从低等向高等类型的进化过程中，配子体世代逐渐退化，而孢子体世代逐渐发达。植物界又可分为藻类植物、苔藓植物、蕨类植物和种子植物。

1) 藻类植物

藻类植物是最低等的植物，大多数生活在水中，有单细胞、群体和多细胞三大类。它们的细胞中都含有光合色素，能进行光合作用。藻类植物没有根、茎、叶的分化，整个植物体的细胞都能吸收水和无机盐。常见的有绿藻中的水绵、红藻中的紫菜、褐藻中的海带等。

2) 苔藓植物

苔藓植物是一类小型的低等原始的陆生植物。常见的植物体是配子体(能进行光合作用)，体型矮小，能独立生活。配子体有叶状体(地钱)和茎叶体(葫芦藓)两类，无真根和维管束。孢子体寄生在配子体上，受精作用必须在有水的条件下才能进行，常成片生长在阴湿的土表、石面或树干上。常见的有葫芦藓、大金发藓、地钱等。

3) 蕨类植物

蕨类植物是具有维管束的最原始的维管植物。孢子体世代发达，有根、茎、叶的分化。古代蕨类植物的遗体存积于水底，经过地形变迁埋入地层，形成现代的煤层。常见的有蕨、贯众、槐叶苹、满江红等。

4) 种子植物

种子植物是植物界中最高等的一大类，平时人们所看到的植物都是它们的孢子体，孢子体世代占绝对优势，孢子体有发达的根、茎、叶分化，内部组织分化更加完善。配子体完全寄生在孢子体上，并只在短暂的时期内出现。种子植物最主要的特征是能产生种子，种子可度过各种不良环境，为种族的繁衍提供重要的保证。

种子植物又可分为裸子植物和被子植物。

(1) 裸子植物。裸子植物是一类古老的植物，它们于古生代、中生代时最繁荣，现在绝大多数已绝灭，仅留下 700 多种。裸子植物多为高大的乔木或灌木，其最大的特征是能形成种子，但不能形成子房和果实，因此种子是裸露的。常见种类有松、柏、银杏、水杉等。

(2) 被子植物。被子植物是植物界中最高等、最繁盛、分布最广的一大类，有乔木、灌木、藤本、草本；有一年生的，也有多年生的。被子植物有完善而复杂的营养器官(根、茎、叶)和生殖器官(花、果实、种子)，更能适应各种环境，因此在地球上占绝对优势。被子植物最大的特点是：有真正的花，胚珠包在子房里，受精后胚珠发育成种子，子房发育成果实。果实对保护种子和散布种子有特殊的作用。

5. 动物界

动物界是生物界中种类最多的一大类，已知动物有 100 万种以上。动物不能进行光合作用，只能以植物、动物等现成的有机物为营养，属异养生物。多数种类具有完备的器官系统，特别是感觉、神经、运动等系统尤为发达。除少数低等类型外，都有较完善的有性生殖过程。按动物从低等到高等大致可分成无脊椎动物和脊椎动物两大类。

1) 无脊椎动物

无脊椎动物中主要包括以下几种。

① 海绵动物，常见的有毛壶、沐浴海绵等。

② 腔肠动物，常见的有水螅、海葵、水母、珊瑚等。

③ 扁形动物，常见的有涡虫、猪肉绦虫、血吸虫等。

④ 线形动物，常见的有人蛔虫、钩虫等。

⑤ 环节动物，常见的有蚯蚓、沙蚕等。

⑥ 软体动物，常见的有河蚌、螺、乌贼、章鱼等。

⑦ 节肢动物，其中种类较多，与人类关系密切的有四个纲：昆虫纲，如蝗虫、蚊、蝇、蝶类、蜜蜂等；甲壳纲，如虾、蟹、水蚤等；多足纲，如蜈蚣、马陆等；蛛形纲，如蜘蛛、蝎、疥癣虫等。

⑧ 棘皮动物，常见的有海星、海胆、海参等。

以上各类动物有个共同的特征，即身体中轴没有脊椎骨组成的脊柱，故统称为无脊椎动物。

2) 脊椎动物

此类动物身体中轴有脊椎骨组成的脊柱，故统称为脊椎动物。

鱼类动物全部水栖，大多数种类体表被鳞，以鳍游泳，用鳃呼吸，多数有鳔，心脏为一心房一心室，单循环，属变温动物。体外受精，多卵生。鱼类又分淡水鱼类和海洋鱼类，淡水鱼如鲫鱼、鲤鱼、青鱼等；海洋鱼如黄鱼、带鱼、鲨鱼等。

两栖类动物的幼体生活在水中，用鳃呼吸；成体在陆上生活，用肺呼吸。两栖类动物皮肤裸露，湿润，成体具囊状肺，心脏有二心房一心室，为不完全双循环变温动物。体外受精，卵生，个体发育有变态现象。常见的有青蛙、蟾蜍、蝾螈、大鲵等。

爬行类多营陆生生活，皮肤干燥，体表覆盖角质鳞或骨板，蜂窝状肺，心脏为二心房二心室，但心室间为不完全隔膜，变温动物。体内受精，多为卵生。常见的有龟、鳖、鳄、蛇等。

鸟类多营飞行生活，全身被羽，前肢特化为翼，具海绵状肺和气囊，心脏四室，完全的双循环，体温高而恒定。无齿，有角质喙。体内受精，卵生。常见的有鸡、鸭、鸽、鹰、鸵鸟等。

哺乳类体表被毛，心脏四室，体温多数恒定，有发达的神经系统；胎生、哺乳。常见的有鼠、蝙蝠、鲸、白鳍豚、狮、猫、狗、牛、羊、马、猴、猿等。

6.3　微生物学的创立

在整个生物王国内，除了动植物还有微生物。1669年，列文虎克用放大倍数近300倍的显微镜观察了一个不刷牙的老人的口腔，发现"在一个人口腔的牙垢里生活的生物，比整个王国的居民还多"，这种生物就是微生物。他把自己的发现写成报告，寄给了英国皇家学会。这一发现开创了一个新的生物研究领域。

当时，许多人重复了列文虎克的观察实验，发现在有机物质腐败和发酵的地方，到处都是微生物，只要将易腐败的物质放在温暖的地方，尽管原来没有微生物，它们也能很快发育起来。这样，人们便认为微生物是由非生命物质在发酵或腐败过程中自发生成的。

路易·巴斯德是一位法国微生物学家、化学家，被誉为微生物学之父。1864年，他做的肉汤实验推翻了微生物的自然发生说(见图6-10)。这一实验是这样的：把可发酵的营养液放在一个特殊的曲颈瓶里，用煮沸的方法杀死其中的微生物，当外面的空气通过曲颈瓶弯管时，空气中的微生物被阻滞在弯管表面，这样，营养液便能长期保持清洁，不会产生微生物，也不会腐败了。这一实验说明，营养液里不能自然产生微生物，生命只能来自生命。巴斯德的这一发现奠定了现代微生物学的基础，并对医学实践产生了深远影响。

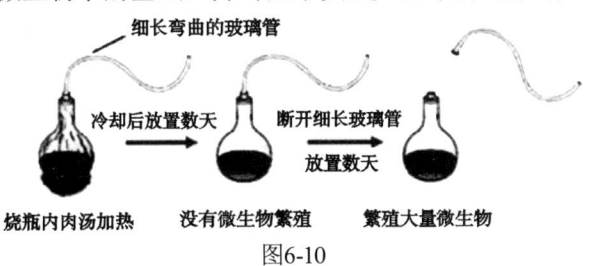

图6-10

1865 年，英国医生李斯特受巴斯德实验的启发，发明了用酚作消毒(防腐)剂的方法。这种消毒剂能防止外科手术后伤口的腐烂，大大降低了手术的死亡率。同年，巴斯德在处理法国一种蚕病时提出了"疾病的病原菌说"，德国医生科赫则发现了引起炭疽的杆菌和多种病原菌。后来他们二人都研究了引起炭疽、霍乱、结核等病的细菌，并发现生物在感染了减毒的病原菌后，会产生一种抗毒性很高的细菌，使生物机体产生免疫能力，类似 1796 年詹纳种牛痘预防天花的情况，从而使免疫学大大发展了一步。

另外，德国人赫尔利盖、布森戈和英国人吉尔伯特、劳斯等人都发现了豆科植物根瘤菌的固氮作用。这一发现引起了对根瘤菌的研究，在一定程度上促进了人造化学肥料工业的发展。

6.4 达尔文的生物进化论

从 18 世纪后期起，人们逐渐抛弃了物种不变的观念，认识到各个物种之间存在着亲缘关系，一个物种是从另一个物种变化来的。法国生物学家拉马克第一个用科学的语言将这种生物进化论的思想表述在 1809 年出版的著作《动物哲学》里。拉马克把生物演变看作由简单到复杂的进化过程，并且认为由环境引起的动物习惯上的变化，特别是器官的较多或较少使用导致的构造或机能的变化，是能够遗传的，并能够逐渐使物种产生变异。这种学说被称为用进废退、获得性遗传学说。

拉马克的生物进化学说并没有被科学界普遍接受，直到 1859 年英国科学家达尔文的著作《物种起源》出版后，才真正地确立了生物进化论的科学地位。达尔文曾乘军舰在南太平洋进行了长达 5 年之久的科学考察，收集了大量的资料，并初步形成了物种逐渐变异的观点。之后他又经过 20 多年的研究，终于用大量的事实和严密的论证构建了自己的生物进化论。达尔文的进化论比拉马克的进化论更为全面、深刻。关于进化的原因，达尔文认为是生存斗争和自然选择。在自然选择过程中，被选择的有利性状，将在世代遗传过程中逐渐积累，由较小的变异转变为较大的变异，逐渐变成新的物种。在《物种起源》中，达尔文还指出人和灵长类动物属于一个目，是近亲。达尔文生物进化论提出后遭到教会势力和世俗偏见的激烈攻击，但在支持者们的共同努力下，不久后就被科学界广泛接受。

6.4.1 生物进化的证据

近代由于生物科学的发展，为生物进化进一步提供了许多新的其他证据。

1. 古生物学上的证据

根据古生物学和地质学的研究，各种地质年代的地层里分布着的化石，记录了生物进化的历程，成为进化的直接证据。各种生物在地质年代中的出现是有一定时间顺序和规律的。在古老的地质年代地层里的生物化石，结构简单、低等，且种类也少；而在年轻的地质年代里的生物化石，结构复杂、高等，且类型多样化。各种生物的出现都有一个繁盛、衰老和绝灭的时期。古生物学揭示了生物由少到多、结构由简到繁、由低等到高等的进化顺序和规律(见图6-11)。

过渡类型生物化石的发现，是生物进化最有力的证据，如在中生代地层中发现的始祖鸟化石就是一例。

始祖鸟是原始的鸟类，体表被羽毛、前肢变成翼、足有四趾，三趾向前、一趾向后，这是鸟类的特征。但始祖鸟口内有牙齿、翼上有三个指，指端有爪，还有一条由脊椎骨组成的长尾，而这些又是爬行动物的特征。始祖鸟化石证明了鸟类是由爬行动物进化而来的。在古生代的地层里还发现了介于蕨类和种子植物之间的过渡类型的化石，叫种子蕨化石，它证明了种子植物是从蕨类植物进化来的。

图6-11

2. 比较解剖学上的证据

同源器官和痕迹器官是比较解剖学为生物进化提供的最有价值的证据。

同源器官是指胚胎发育中起源相同、内部结构和分布位置相似，而形态和功能不同的器官，如鸟的翼、蝙蝠的翼手、鲸的鳍、马的前肢和人的上肢，虽然其在形态和功能上各不相同，但从比较解剖学方法研究，发现这些器官的内部结构都由相似的骨块组成，排列方式也基本一致，从上到下都有肱骨、桡骨、尺骨、腕骨、掌骨和指(趾)骨(见图6-12)。同源器官的存在说明这些动物都起源于共同的祖先。

痕迹器官是指在生物体上已经失去功能，但仍然残存的器官。这些器官是生物进化过程中为了适应环境而逐渐退化的结果，虽然失去了原有的功能，但仍然保留了部分结构。如人类的盲肠、阑尾、尾椎骨、体毛；鲸和海牛的后肢骨等。痕迹器官的存在为生物进化提供了重要的证据。例如，人类的盲肠已经极度退化，失去了消化功能，但其存在仍然反映了人类祖先的食草特性；鲸的后肢已经完全退化，但在体内仍有腰带骨、股骨和胫骨等后肢骨的遗迹，这表明鲸起源于陆生脊椎动物。

鸟　蝙蝠　鲸　马　人

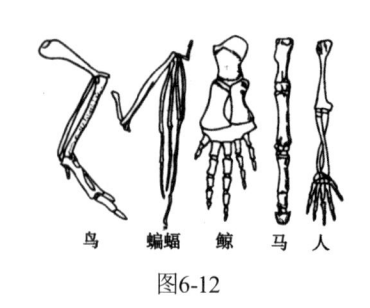

图6-12

3. 胚胎学上的证据

1866 年，德国生物学家恩斯特·海克尔在《有机体一般形态学》中提出了生物发生律或重演律，认为"个体胚胎发育是系统发育简短而迅速的重演"。如果将兔、牛、猪、鸡、龟、蝾螈、鱼 7 种脊椎动物和人的胚胎发育过程进行比较，可发现胚胎早期都很相似，有鳃裂、有尾、头部较大、身体弯曲。之后在胚胎发育过程中，逐渐发育成不同的动物，证实了胚胎发育重演了它们祖先发育的历史(见图 6-13)。

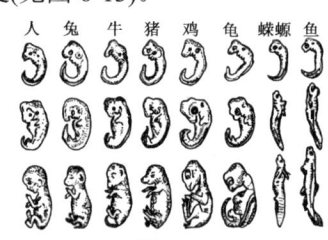

人 兔 牛 猪 鸡 龟 蝾螈 鱼

图6-13

又如分子生物学的证据中，显著的例子是各类生物细胞色素。对它们的成分比较发现，细胞色素 C 是生物氧化中细胞色素酶系中的一员，是一种蛋白质，由 104～112 个氨基酸组成的多肽链，这条多肽链上的一级结构即氨基酸的排列顺序，在各类生物之间有极大的相似性，而且还发现一级结构差别越小，生物间亲缘关系越近，差别越大，则亲缘关系越远的规律。

例如，人和黑猩猩细胞色素 C 的氨基酸顺序完全相同，人和猴子只有一个氨基酸不同，人和马有 10 个不同，人和金枪鱼有 21 个不同，人和酵母菌有 44 个不同，等等(见表 6-1)。

表6-1

比较项	生物名称							
	黑猩猩	猴	马	鸡	金枪鱼	小麦	链孢霉	酵母菌
与人类的细胞色素有差异的氨基酸数	0	1	10	13	21	35	43	44

6.4.2　生物进化的理论

生物为什么会进化？达尔文继承了进化论先驱的思想，综合当时自然科学的成果，创立了"物竞天择，适者生存"的生物进化学说。

1. 人工选择

达尔文进化学说的核心是自然选择，它的建立是受到人工选择学说的启发。达尔文认为，人工选择包括变异、遗传和选择三个要素。例如，达尔文对家鸡各种品种起源的解释：人们经过很多年饲养野生原鸡，先驯化成家鸡，以后家鸡不断地发生变异，人类根据自己的需要(如需要下蛋多的鸡、需要产肉肥嫩的鸡、需要美丽羽毛的鸡等)进行选择，分别留种进行繁殖。其后代再根据需要选择、再培育，这样一代代地选择和培育，结果形成了蛋用鸡、肉用鸡和羽毛美丽的观赏鸡等。

变异是人工选择的第一要素，从家鸡品种的培育过程看，变异为生物进化提供原始材料，是人工选择的前提。

遗传是人工选择的第二要素，只有变异而不能遗传仍形成不了新品种。达尔文认为，遗传和变异在自然界中普遍存在。

选择是人工选择的第三要素，也是最关键的要素，如单有变异和遗传，而没有人们对各种变异进行有目的地选择和培育，是不可能形成人们所需要的新类型的。

2. 自然选择

自然选择的基本论点是变异和遗传、繁殖过剩、生存斗争和适者生存。

(1) 变异和遗传。经过人工选择实验，证明变异和遗传是客观存在的事实。

(2) 繁殖过剩。达尔文发现生物普遍都具有高度的繁殖率，都有按几何级数增加的倾向。他计算了一对象的繁殖数量，象是繁殖力最低的动物。假定象的寿命为100岁，繁殖年龄为30~70岁，一头母象一生中约可产6头小象，如果后代都能成活的话，经过750年，一对象的后代可达1 900万头。他还计算了一棵一年生的植物，即使一年只产生两颗种子，20年后也会有100万株后代。繁殖力高的动植物后代的数目更是惊人。例如，家蝇是繁殖力很高的动物，一对家蝇，每代产卵1 000粒，每10天为一代，如果后代都成活的话，那么一年所生的后代可将整个地球覆盖2.54 cm厚。虽然繁殖过剩现象在自然界普遍存在，但事实上却没那么多的后代。达尔文指出，这主要是繁殖过程引起了生存斗争。

(3) 生存斗争。达尔文说的生存斗争包括生物同无机条件的斗争、种间斗争和种内斗争。无机条件是指自然界中的水分、温度、湿度、光和空气等理化因素。例如，动物的冬眠特性就是对寒冷的斗争；沙漠中的植物，叶子退化、根系发达，这是对干旱的斗争；种间斗争是指不同物种之间相互争夺食物和空间的斗争，如作物和杂草之间争夺阳光、水分、养料和土壤的斗争，狼吃羊、羊吃草等都是种间斗争；种内斗争是指同一物种个体之间，争夺生活场所、食物、配偶或其他生存条件的斗争。达尔文认为，同种生物由于要求相同的生活条件，其竞争最为激烈，因此他认为由繁殖过剩引起的种内斗争是生物进化的动力。

(4) 适者生存。在生存斗争中，有些个体生存下来，而有的个体被淘汰。达尔文认为，那些对生存有利变异的个体能得到保证，而那些对生存有害变异的个体会淘汰，这就是自然选择或适者生存。达尔文看到过许多实例，如在北大西洋东部的马德拉群岛上有500多种甲虫，其中200种甲虫的翅不发达，不会飞，风暴来临时它们隐匿得很好，这种无翅甲虫被保留了下来;那些能飞的甲虫却被大风刮到海里而被淘汰;还有些具有坚强有力的翅,能抵抗大风的甲虫也被保留下来。又如长颈鹿的颈和前肢之所以这么长,也是自然选择的结果。达尔文认为,长颈鹿的祖先必然有高矮大小的个体差异,当它们生活在干旱环境中,能吃到的只有高树上的叶,这样,那些颈较长、前肢较高的个体有较多的机会吃到叶子,生存下来并繁殖后代,而那些颈短、前肢矮的个体因得不到食物,则逐渐被淘汰。自然选择是一个长期、缓慢、连续的过程。通过一代代生存环境的选择作用,物种的突变朝着定向方向积累,性状逐渐分歧,以致演变成新种。

6.5 思考与练习

1. 简述细胞的形状和大小。
2. 简述细胞的结构和各种细胞器的功能。
3. 简述细胞分裂的种类和作用。
4. 施莱登、施旺、巴斯德、林耐、魏泰克、达尔文分别有何创新成果?
5. 综述苔藓植物、蕨类植物、裸子植物、被子植物之间进化的证据。
6. 综述鱼类、两栖类、爬行类、鸟类、哺乳类脊椎动物之间进化的证据。

第 7 章

近代物理学及其发展

学习标准：

1. 识记：牛顿、焦耳、克劳修斯、汤姆森、赫姆霍兹等的创新成果；杜费、穆森布罗克、库仑、富兰克林、伽伐尼、伏特、奥斯特、法拉第、麦克斯韦、惠更斯等的创新成果。

2. 理解：牛顿第一定律、牛顿第二定律、牛顿第三定律、万有引力定律；热力学第一定律、热力学第二定律及熵的内涵；光的反射和折射定律、透镜成像规律。

3. 应用：光学仪器的成像原理。

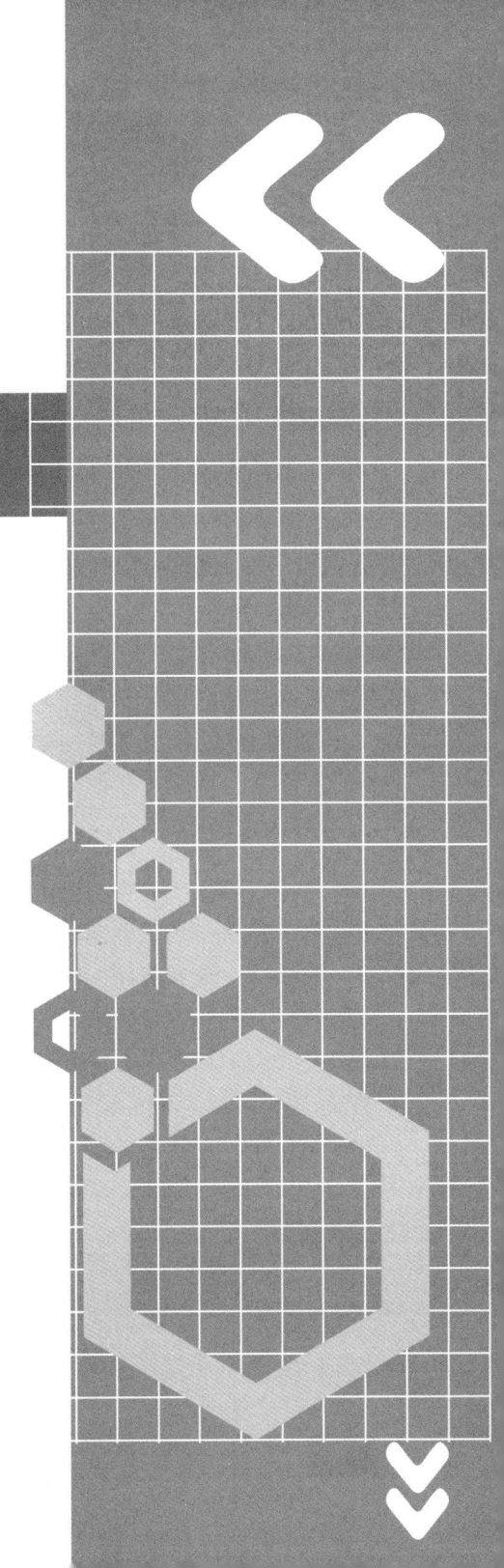

开普勒提出了行星运动的三定律，伽利略揭示了地球上物体不受阻挠时以匀速直线运动。在此基础上，17—18世纪许多科学家都想用力学解释天体运动的问题，想回答行星沿椭圆轨道运行的受力状况。例如，英国物理学家胡克想用实验的方法说明引力随吸引物体间距离变化的规律；荷兰物理学家惠更斯根据单摆和圆周运动的实验，于1673年得出向心力定律；胡克和哈雷都试图从开普勒和惠更斯的发现中推演出有关引力的定律，但都没有成功。最终将开普勒和伽利略的工作进行综合，从而构建经典力学理论体系大厦的是英国科学巨匠牛顿。

艾萨克·牛顿是17世纪英国的物理学家、数学家、天文学家、哲学家和炼金术士，被誉为现代物理学和数学的奠基人之一。

牛顿出生在英格兰的林肯郡，他父亲在他出生前去世，母亲在他三岁时再婚，牛顿由祖母抚养长大。1661年，牛顿进入剑桥大学三一学院学习，1665年获得学士学位，1668年获得硕士学位。1669年，他被任命为剑桥大学卢卡斯数学教授。1703年，他被选为英国皇家学会会长，一直到他逝世。

在数学方面，他发明了微积分；在天文学方面，他发现了万有引力定律，开辟了天文学的新纪元；在力学方面，他系统总结了三大运动定律，创造了完整的经典力学体系；在光学方面，他发现了太阳光的光谱，发明了反射式望远镜。一个人只要享有这里的任何一项成就，就足以名垂千古，而牛顿一个人完成了所有这些工作。

7.1 经典力学

经典力学主要是牛顿的创新成果，包括牛顿的三个定律和万有引力定律。

7.1.1 牛顿第一定律

物体不受外力作用(或所受外力的合力为零)时，将保持静止或匀速直线运动状态，直到外力改变它的运动状态为止。这个结论称为牛顿第一定律。

牛顿第一定律表明，任何物体都具有保持运动状态不变的性质，这个性质称为惯性，所以这个定律也称为惯性定律。牛顿第一定律还表明，正是由于物体具有惯性，所以物体运动状态的变化只有在外力作用下才会发生。力不是维持运动的原因，而是使物体运动状态发生变化(即得到加速度)的原因。总之，惯性是物体的属性，它使物体保持原有的运动状态。要改变物体的运动状态，则必须有外力的作用(见图7-1)。

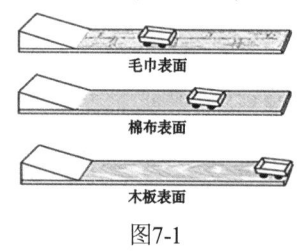

图7-1

一般说来，不同物体的惯性大小不同，而物体惯性的大小与它所含物质的多少有关，所以可以用物体所含物质的多少来量度物体惯性的大小。表示物体所含物质多少的物理量，称为物体的质量。质量较大的物体惯性较大，质量较小的物体惯性较小。质量是物体惯性大小的量度。惯性的大小在实际工作中是经常要加以考虑的。当我们要求物体的运动状态容易改变时，应该尽可能地减小物体的质量，如歼击机的质量要尽可能地小，战斗前还要抛掉副油箱，就是为了减小它的惯性，提高战斗时的灵活性。当要求物体运动状态不易改变时，应该尽可能地增大物体的质量，如电动抽水站的电动机和水泵都固定在很重的机座上，就是为了增大它们的惯性，以减小振动或避免因意外的碰撞而移动位置。

7.1.2 牛顿第二定律

物体受到外力作用时，物体的加速度(a)与作用在物体上的合外力(F)成正比，与物体的质量(m)成反比；加速度的方向与合外力的方向一致。这就是牛顿第二定律。其数学表达式为

$$F=ma$$

人们在长期的实践中，有这样的经验：同一物体，受到大小不同的外力作用时，它的速度变化的快慢程度，即得到的加速度是不同的。作用于物体的外力越大，它得到的加速度也越大；作用于物体的外力越小，加速度也越小。人们还有这样的经验：同一大小的力，作用在不同的物体上，它们得到的加速度也是不相同的。如在牵引力一定时，满载的车获得的加速度较空载的小。原来，物体运动状态的变化不仅和作用于物体的外力有关，而且还和物体本身的惯性有关。质量大(惯性大)的物体，其运动状态较质量小(惯性小)的物体难以改变。总之，在相同的外力作用下，质量大的物体，加速度小；质量小的物体，加速度大。

7.1.3 牛顿第三定律

两个物体之间的作用力 F 和反作用力 F'，同在一条直线上，大小相等，方向相反，分别作用在两个物体上。这就是牛顿第三定律。其数学表达式为

$$F=-F'$$

人们在日常活动中，逐步认识到物体间的作用力都是相同的。手提水桶时，手给桶一个向上的拉力，同时也感到桶给手一个向下的拉力；用篙撑船，篙对河岸有作用力，同时河岸对篙也有作用力，使船离开河岸。无数事实表明，在甲物体对乙物体施加作用力的同时，乙物体也对甲物体施加大小相等、方向相反的作用力。在自然界中，不存在只施力的物体或者只受力的物体，施力与受力是相对的。通常把作用在主要关心的物体上的力，称为作用力，而把另一个称为反作用力，但这仅是一种常用的习惯。当然，反之亦可。

理解牛顿第三定律时必须注意以下几点。

(1) 作用力和反作用力是成对出现的，互以对方为自己的存在条件，同时产生，同时消失。

(2) 作用力和反作用力分别作用在两个物体上，不能相互抵消。

(3) 作用力和反作用力总是属于同种性质的力。如果作用力是万有引力、弹性力或摩擦力，那么反作用力也一定是万有引力、弹性力或摩擦力。

7.1.4 万有引力定律

"如果说我比别人看得更远些，那是因为我站在了巨人的肩上。"——牛顿

在两个相距为 R，质量分别为 m、M 的质点间的万有引力，其方向是沿着它们的连线，其大小与它们的质量乘积成正比，与它们之间的距离二次方成反比。数学表达式为

$$F_{引} = G\frac{mM}{R^2}$$

式中，G 称为万有引力常量，由实验测定 $G = (6.673 \pm 0.003) \times 10^{-11}$ N·m²/kg²。

牛顿发现万有引力的过程和思路非常复杂，我们这里只是从论证的角度做一点推导。以太阳系为例：

(1) 根据牛顿第一定律：太阳和行星的运动表明，它们处于平衡状态，因而一定有一个净力作用于行星；否则，行星就不会绕太阳运动，而会沿着直线运动。

由于椭圆运动近似于圆周运动，因而行星在任何时刻都受到一个指向太阳的向心力的作用。

(2) 根据牛顿第二定律：这个力的大小为 $F_{向} = ma_{向}$

(3) 根据惠更斯向心力定律：

因为 $\quad a_{向} = V^2/R$； $\omega = 2\pi/T$； $V = R \cdot 2\pi/T = R\omega$

所以 $\quad a_{向} = V^2/R = (R\omega)^2/R = R\omega^2 = R\,4\pi^2/T^2$

$\quad F_{向} = ma_{向} = m \cdot R\,4\pi^2/T^2 = 4\pi^2 \cdot mR/T^2$

式中，T 为行星绕太阳旋转的周期。

(4) 根据开普勒第三定律：$T^2 = kR^3$

$$F_{向} = 4\pi^2 \cdot mR/T^2 = 4\pi^2 \cdot mR/kR^3 = (4\pi^2/k) \cdot (m/R^2)$$

令 $4\pi^2/k = C$

$$F_{向} = Cm/R^2$$

(5) 根据牛顿第三定律：太阳对行星有向心力，行星对太阳也有向心力，这个力与太阳的质量成正比，与距离的二次方成反比，所以 $F'_{向} = C'M/R^2$。

因为 $\quad F = F'$

所以 $\quad Cm/R^2 = C'M/R^2$

$\quad Cm = C'M$

$\quad C'/m = C/M = G$，

$\quad C = MG$

$$F_{向} = C\,m/R^2 = MG\,m/R^2$$
$$F_{引} = GmM/R^2$$

万有引力定律的发现，使天体的运动与地面的运动统一起来，可以统一地加以研究。牛顿将万有引力定律应用于研究天体的运动，也就诞生了天体力学。

牛顿的《自然哲学的数学原理》完成了经典力学体系的构建，人们称其为 17 世纪物理学、数学的百科全书。这部著作对宇宙体系进行分析，其叙述之深刻，结构之严谨，令同时代人惊叹不已。这本书在全部科学史上的地位是无与伦比的。

7.2 热力学

7.2.1 能量守恒定律

对于热本质的认识历来存在着两种不同的观点：一种是热的物质说；另一种是热的运动说。

在古希腊的德谟克里特和伊壁鸠鲁以及古罗马的卢克莱修的著作中都出现了"热是物质的"这种说法。主张热质说的人认为，热是"一种特殊形态的没有重量的物质"，当热质进入物体后物体就会发热。在热质说观点的指导下，布莱克发现了"比热"和"潜热"；傅里叶建立了热传导理论；卡诺在 19 世纪初提出了消耗从热源取得的热量而得到功的理论。

主张热的运动说的人认为，热是物体粒子的运动。他们认为热本质是物质微粒的机械运动。但这种观点缺乏足够的实验根据，不能形成科学的理论。因此 18 世纪的中后叶，热质说压倒了热的运动说而占据主导地位。

正当热质说风行一时的时候，它受到了致力于推翻热质说的杰出物理学家本杰明·汤普森的有力挑战。他发现钻孔时能产生大量的热，而钻出的金属屑足以把水烧开，而且钻头越钝发热越多，这种热好像取之不尽。在他看来，在这些实验中被激发出来的热，除了把它看作"运动"，似乎很难把它看作其他任何东西。他的发现无疑是对热质说的一个沉重打击。

1799 年，英国人戴维发表论文，叙述了他所进行的一个巧妙而富于独创性的实验。他将两块温度为 29℉(约-1.7℃)的冰固定在一个由时钟改装的装置上，使两块冰可以不断地摩擦。然后把它们放进抽成真空的大玻璃罩内，外边用低于 29℉ 的冰块与周围环境隔离开来。两块冰通过摩擦慢慢溶解为水，并且升温到 35℉(约 1.7℃)。在这个实验中，"热质"不可能从外面跑进去；冰只能吸收潜热融化为水，所以也不可能是从冰中挤出了"潜热"；而且冰的比热容比水的比热容更小，所以这个实验中，"热质守恒"的关系不再成立了。戴维由此断言："热质是不存在的。"他认为，摩擦和碰撞引起物体内部微粒的特殊运动或振动，而这种运动或振动就是热。

迈尔是德国医生，1840年，他在一艘从荷兰驶往东印度的船上当医生。当船行驶到爪哇附近时，他在给生病的欧洲船员放血时发现静脉血不像生活在温带人的血那样颜色发暗，而像动脉血那样鲜红。别的医生告诉他这是热带地区的普遍现象。他还听船员说，在下大暴雨时海水比较热，这些现象引起了迈尔的思考。在拉瓦锡燃烧理论的启示下，他想到人体的体热是由于人所吃进的食物和血液中的氧化合而释放出来的。在热带高温情况下，肌体只需吸收食物中较少的热量，所以机体中食物的氧化过程减弱了，因此流回心脏的静脉血中留下了较多的氧，这使静脉血呈鲜红的颜色。他后来撰写了题为《论无机界的力》的论文，指出"力是不灭的、能够转化的客体"，这里的"力"就是指能量。他还根据当时测定的气体比热容的数据，第一个得出热的机械当量为1kcal等于365kg·m。因此，迈尔成为第一个提出能量守恒定律的人。

1847年，德国物理学家和生物学家赫姆霍兹写成了著名论文《力的守恒》，认为如果自然界的"力"(即能量)是守恒的，则所有的"力"都应和机械"力"具有相同的量纲，并可还原为机械"力"。历史证明，这篇论文在热力学的发展中占有重要地位，因为赫姆霍兹总结了许多人的工作，一举把能量概念从机械运动推广到所有的变化过程，并证明了普遍的能量守恒原理，从而可以更深入地理解自然界的统一性。

英国物理学家焦耳很早就关心物理学，对电、磁的研究很有兴趣。他做了大量有关电流热效应和热功当量方面的实验，并把它总结成几篇文章发表。从这些文章中可以看出焦耳对热功当量的思想发展过程。他首先研究了电流通过导体所生成的热，得到电流与热的定量关系是：导体中一定时间所生成的热量，与导体的电阻和电流二次方的乘积成正比。这就是焦耳定律。焦耳认为，这个实验还不能对热本质做出判断。1843年焦耳又提出了一个想法，磁电机所形成感应电流与来自其他电源的电流一样产生热效应。他使一个线圈在电磁体的两极间转动，线圈放在量热器内，实验证明产生的热和用来产生它的机械动力之间存在恒定的比例。由于电路是完全封闭的，水温的升高完全是由于机械能转换为电能，电能又转换为热能的结果。这就排除了热质是从外界输入的可能。后来焦耳又重复扩展了这些实验，以证实自然界的"力"是不能毁灭的，凡是消耗了机械力的地方，总能得到相当的热。这样，热就被证实是能量变化的一种形式。

1849年，焦耳在皇家学会宣读论文《论热的机械当量》，并宣布了他著名的实验结果。此后焦耳还继续进行他的实验测量，一直到1878年。他前后用了近40年时间，做了400多次实验，确定了热功当量的精确值，为能量守恒原理的建立提供了可靠的实验根据(见图7-2)。

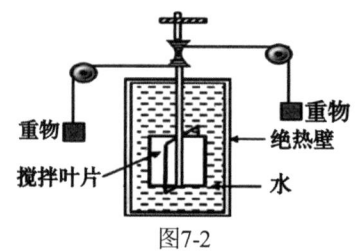

图7-2

焦耳最后得到的热功当量值为 423.85kg•m/kcal。这个常数的值是 418.4，后人为纪念他，采用焦耳(J)为热量的单位，取 1cal 等于 4.184J。通过各种实验，得出了"能量既不会凭空产生，也不会凭空消失，它只能从一种形式转换为其他形式，或者从一个物体转移到另一个物体，在转换或转移的过程中，能量的总量不变"，这就是能量守恒定律。

7.2.2 热力学第一定律

把能量转换和守恒定律应用于热现象，就是热力学第一定律。能量守恒定律提出之后立刻被德国物理学家克劳修斯和英国物理学家汤姆森运用于热力学系统，并称之为热力学基本定律，不久又被称为热力学第一定律。事实上，热力学第一定律就是能量守恒定律在热学领域的具体体现。

热力学第一定律可表示为 $Q=(T_2-T_1)+W$。即系统由外界吸收的热量，一部分使系统的内能增加(T_2-T_1)，另一部分使系统对外做功(W)。

这一定律表明，如果系统在不吸收外部热量的情况下对外做功，就必须消耗自身的内能。这一定律指出，历史上企图创造的既不需外界传递能量，又不消耗系统内能的(第一类)永动机是不可能制造出来的。

由于热力学第一定律所表示的关系也可以推广到电磁、化学等形式的能量转换过程，因此它被理解为广义的能量守恒与转换定律。

7.2.3 热力学第二定律

由于蒸汽机是第一个热机，也是当时唯一的工业动力机，19 世纪人们对热的研究更为重视了。法国工程师萨迪•卡诺于 1824 年发表的著作表明，他已运用数学和抽象方法对蒸汽机的热效率做出了理论分析。根据他的分析，热机只有在两个温度不等的热源中间才能对外做功，它的效率仅仅取决于两个热源之间的温度差，而与工作物质的性质无关。卡诺对热力循环的研究已显示出热力学第二定律的萌芽。后来，这一定律被汤姆森(被封为开尔文男爵)和克劳修斯分别独立地以不同方式表达出来。

1850 年，克劳修斯给出了这样的表述：热不可能独立地、没有补偿地从低温物体传向高温物体；在一个孤立系统内，热总是从高温物体传向低温物体的，而不是相反。

1851 年，汤姆森的表述是：不可能从单一热源吸取热量，使之完全变为有用功而不产生其他影响。

他们的表述包含的共同结论是：热机不可能把从高温热源中吸收的热量全部转换为有用功，而总要把一部分热量传给低温热源。根据这个定律，不可能制造出效率为 100%的热机(所谓第二类永动机)。

通过进一步的研究，克劳修斯于 1865 年发表一篇论文，提出了"熵"的概念：将不能做功的随机和无序状态的能定义为熵，$S=Q/T$。

在封闭系统中，有两个物体，它们的温度分别为 T_1 和 T_2，且 $T_1>T_2$。如果在很短的时间内，有 dQ 的热量从 T_1 传到 T_2，因为 $T_1>T_2$，则有 $\Delta S =$ dQ/T_2-d$Q/T_1>0$，这就导致了熵的增加。

以熵增加原理表述的热力学第二定律，即孤立系统的熵总是会自发地趋于极大。

熵的本义是表征系统的状态：宏观意义表征系统能量分布的均匀程度(能量平均状态是熵值达到最大的状态)；微观意义表征系统内部粒子的无序程度。热自发地从高温物体传向低温物体，导致能量分布越来越均匀；导致系统内部粒子的分布杂乱无章，这就是熵趋于极大的表现。

有序一旦成为无序状态，一般情况下，它就再也不可能恢复到高度有序状态。这样一来，克劳修斯就揭示了时间反演不可逆的物理学定律，接触到自然界过程的不可逆性。他将这一定律推广到整个宇宙，提出了著名的"热寂说"：宇宙的发展最终将达到一个永恒的死寂状态。

7.3 经典电磁学

经典电磁学研究的是宏观电磁现象和物体的电磁性质。

7.3.1 电学

1. 对静电的研究

古代人已经知道，琥珀和皮毛、玻璃和丝绸摩擦后会吸起轻小物体，这实际上是静电引力。法国人杜费在重复人体导电实验后，发现自然界存在两种电：一种是皮毛与树脂摩擦后树脂上带的电(负电)；另一种是丝绸与玻璃摩擦后玻璃上带的电(正电)。他还发现，电有同性排斥、异性相吸的性质。

德国人盖里克发明了一台静电起电机——用手与转动的硫黄球摩擦，使球体和人体都带电。

1709年，德国人豪克斯比用玻璃代替盖里克的硫黄，造了一台玻璃球起电机。利用起电机，英国人格雷在1729年用实验证明金属丝和人体均能导电，并发现带电体上的电荷分布在物体表面。起电机的发明使电实验越来越普及。

1745年，德国人克莱斯特在一次实验中使小玻璃瓶中所装的铁钉与起电机上的导体接触，发现铁钉带上了强烈的电，以至于他一只手接触时，肩膀和手臂受到一次猛击。第二年，荷兰莱顿大学的穆森布罗克正在用起电机使瓶内的水带电，他的一个朋友的手接触到插在瓶中的铁丝后，被突然一击，这便是所谓电震现象。后来，穆森布罗克根据这个实验发明了莱顿瓶，这是一种储存静电的设备(见图7-3)。莱顿瓶的发明使电学实验更为普遍和方便。

图7-3

　　1752 年，美国的本杰明·富兰克林用风筝把雷雨中的电引下来使莱顿瓶充电，并使人感到了电震。这就证明，天上的电和地上的电是一回事。这是物理学对天空中秘密的揭示。根据这一实验，富兰克林发明了避雷针，为工业社会的高层建筑增加了安全系数。

　　1767 年，英国人普利斯特里通过实验证明：空心带电体对空腹内的电荷没有作用。这便是所谓的静电屏蔽作用。

　　1783 年，法国工程师库仑发现：两个点电荷之间的作用力大小与它们的电量乘积成正比，与距离成反比，作用力沿两点连线方向。库仑是在改进了剑桥大学米歇尔的磁极扭秤实验后发现这一定律的。库仑定律在形式上和万有引力定律相同，它的确立标志着静电学进入了科学行列。

2. 电流的发现

　　莱顿瓶储存的电会在瞬间释放，不能提供持续不断的电流。但随着电学实验的普及，人们发现了持续不断的电流。

　　1780 年，意大利医生伽伐尼开始用蛙腿做动物电实验。他知道给蛙腿通电会引起肌肉痉挛。一次，他的助手用解剖刀轻轻触到蛙腿时，蛙腿抽搐了一下，起电机上有火花出现。他当时认为，这是由起电机放电引起的。但当他把连接着蛙腿的铜钩子挂到院外的铁栏上，试图观察雷雨天的放电能否引起蛙腿收缩时，蛙腿同样抽搐了一下。他还发现，即便是晴天，只要铜钩一接触铁栏，蛙腿就会产生痉挛（见图 7-4）。伽伐尼于 1791 年发表了《论肌肉运动中的电作用》一文。他当时并没有认识到电流产生的真正机制，却以为电存在于蛙腿中，在和不同金属接触后释放出来。

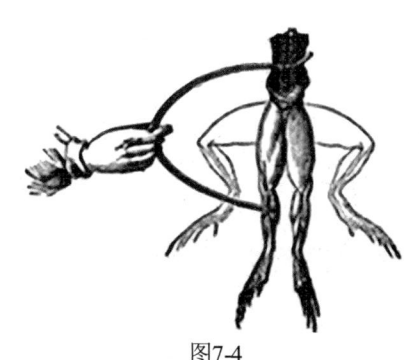

图7-4

他的文章引起了伏特的注意。伏特当时已知道,德国人用连接起来的两根金属丝的两端,同时接触舌头,会尝到苦味。他用舌头含着一块金币和银币,用一根导线把它们连接起来,同样感到了苦味。伽伐尼的文章发表后,伏特用各种金属做类似实验,最后认识到:金属的接触是产生电流的真正原因。伏特根据他的发现制成了用锌板和铜板作为两极的伏特电堆,这是最早的能提供稳定直流电的电池。这一发明为19世纪电学的实验和发展提供了最重要的工具。由于这一发现和发明,伏特曾被法国皇帝拿破仑请去讲学,伏特的名字也成了电压(电位差)的基本单位。

伏特电池发明后,英国人尼科尔森和安东尼·卡莱尔很快制出了伏特电堆,并立即用它实现了对水的电解。这实际上是用电使物质发生转化,电化学时代开始了。

7.3.2 电动力学

电流的发现促进了电的研究和发明,最后导致了电动力学的诞生。

1800年,丹麦哥本哈根大学的奥斯特教授在做物理实验时偶然发现:电流通过铂丝时,铂丝下罗盘的磁针会发生偏转。这一发现表明,电现象可以转化为磁现象,这是电流的磁效应(见图7-5)。奥斯特的发现公布后,欧洲几乎所有的物理学家都立即重复了他的实验。当年,法国人毕奥和萨伐尔给出了关于电流元在周围空间一点上所产生的磁场强度的大小和方向的矢量表达式,即毕奥-萨伐尔定律;奥地利人施威格则很快发明了电流计。

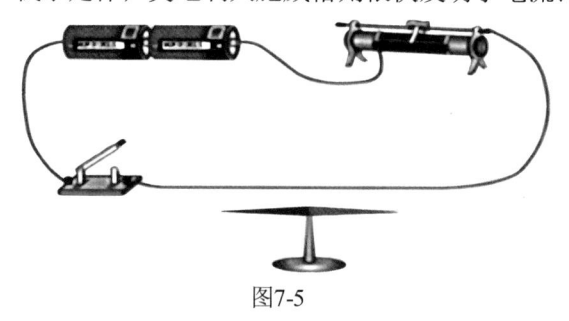

图7-5

1800年9月,法国科学院的一个纪念会上表演了奥斯特的实验,法国人安培以极大的兴趣重复了这个实验,并在几个星期后发现:通电导体不但会对磁针发生作用,两根通电导体还会相互作用。当它们有同向电流时相互吸引(与静电荷不同,相同静电荷相互排斥);当它们有反向电流时则相互排斥。3年后,安培完整地发现了电流使磁体偏斜的方向法则——安培法则(右手螺旋定则),并给出了这一法则的完美的数学形式(安培定律和安培环路定律)。安培对电动力学的贡献是开创性的,他的名字也成为电流的单位。

1825年,德国物理学家欧姆研究了电位差、电流和电阻之间的关系,总结出了欧姆定律:$U=IR$。

奥斯特发现电可以转化为磁,英国化学家戴维的助手法拉第自1822年以后一直尝试把磁转化成电。1831年,他终于成功了。他在实验中发现:原线圈中的电流接通或断开的瞬间,连接的次级线圈中会产生电流。他的反复实验还表明:当闭合电路的磁通量发生变化(磁场强度发生变化)时,线路里就会产生感应电流,感应电动势的大小与闭合线路中磁通量的变化率成正比(见图 7-6)。

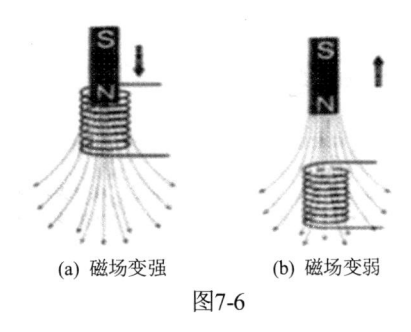

(a) 磁场变强　　(b) 磁场变弱

图7-6

同一时期,美国人亨利甚至比法拉第更早发现了这一现象。但由于法拉第当时在科学界有更高的地位,同时,法拉第还引入了力线的概念以说明电磁场的作用方式,使他的影响大大超过了亨利。电磁感应定律的发现,为发电机和电动机的制造奠定了理论基础,法拉第也是这方面的先驱。另外,法拉第在 1833 年还发现了电解中的两条定律:电解产物的数量与所消耗的电量成正比;由相同电量产生的不同电解产物间有当量关系。这两项发现为电化学工业奠定了基础。1833 年,在俄国工作的德国人楞次研究了法拉第电磁感应定律后提出一个新的发现:线圈中感应电流的方向总是使它自己所产生的磁场抵抗原有磁场的变化。这一定律表明,电磁感应所产生的新的能量,要靠消耗原有能量才能获得。这样,电磁感应定律便更加完善了。

7.3.3　电磁波

年轻的英国物理学家麦克斯韦于 1856 年发表《论法拉第的力线》一文,提出了他关于电磁理论的重要假说——涡旋电场假说。1862 年,他发表《论物理的力线》一文,又提出了位移电流假说。1864 年,他发表了《电磁场的动力学理论》一文,给出一组描述电磁现象的完整偏微分方程组,即麦克斯韦方程。1865 年年底,麦克斯韦辞去教授职务,专心致志从事科研工作,写成了电磁理论的名著《论电和磁》,给出了一个严谨的电动力学体系,标志了电磁学的巨大综合。解麦克斯韦方程组,得出如下结论。

(1) 交变的电场产生交变的磁场,而交变的磁场又能产生交变的电场,这样电场—磁场—电场继续下去,就是电磁波(见图 7-7)。

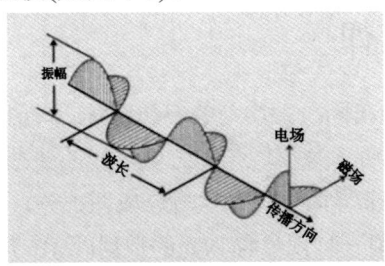

图7-7

(2) 在真空中，电磁波的传播速度等于光速。

麦克斯韦电磁理论的建立，不仅预言了电磁波的存在，而且揭示了光、电、磁这三种现象的统一性。

1886年，德国人赫兹发明了检波器，并检验了由莱顿瓶的间隙放电或线圈火花产生的电磁波的存在，并成功地让这些波发生反射、折射、衍射和偏振，进一步使麦克斯韦的理论得到了证实。

麦克斯韦于1873年出版的《电磁学通论》，与牛顿的《自然哲学的数学原理》和达尔文的《物种起源》一样，都被视为科学巨著。麦克斯韦电磁理论的建立，是物理学发展的又一个里程碑，标志着近代物理学的成熟，为20世纪70年代开始的、以电力的应用为中心的第二次技术革命奠定了理论基础。

7.4 光学

7.4.1 光的成因理论

牛顿对光学现象进行过大量总结性的研究，他用三棱镜分解了太阳光，并说明其原理，还发现了"牛顿环"现象，他的光学成就集中体现在他所著的《光学》一书中。牛顿还设计过一种反射望远镜。牛顿对光的本性也进行了探讨，他认为，光是光源向各个方向阵阵簇射出来的粒子流。这个学说被称为光的粒子说。荷兰科学家惠更斯则提出了与牛顿不同的学说——光的波动说，认为光是以球面波的形式向前传播的，光波的介质是以太粒子，它们能把振动传给邻近的以太，而本身不发生位置移动。这两种学说争论了100多年，到18世纪，由于牛顿在科学界的威望，使他所主张的粒子说占了上风。而进入19世纪之后，光学中的一系列发现极大地支持了光的波动说，使得粒子说的优势地位被波动说所取代。这些发现中最为关键的是英国物理学家托马斯·杨所做的光的干涉实验、法国工程师菲涅耳用数学运算证明了波动说对衍射现象的解释，以及法国人傅科测定光在水中的速度小于它在空气中的速度符合波动说的预设(粒子说预设与此相反)。19世纪60年代，麦克斯韦预言光是一种电磁波，1888年德国人赫兹证实电磁波具有光的一切性质，进一步揭示了光的波动本质。

7.4.2 反射和折射定律

一般情况下，光在真空和在同一种均匀的媒质(亦称介质)中是直线传播的。当光从一种媒质射入另一种媒质，或者媒质本身不均匀的时候，光的传播情况就比较复杂了。假设光从空气射入水中，在空气和水的分界面上，光线将分成两部分，一部分返回原来的媒质(空气)，另一部分折入另一媒质(水)，前一种现象称为光的反射(见图7-8)，后一种现象称为光的折射(见图7-9)。

图7-8　　　　　　　　　图7-9

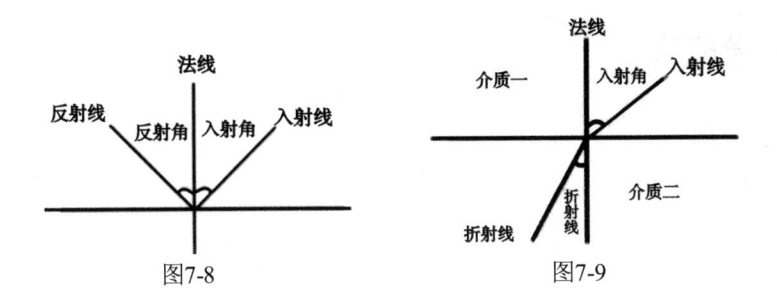

1. 光的反射定律

光射到两种媒质的分界面时,入射光的一部分就从界面沿着某一方向反射出来,如果入射光线是平行的,沿某一方向反射的光线也是平行的,这种反射称为光的单向反射;如果界面是粗糙不平的表面,反射的光线就不再平行,而是射向各个不同的方向,这种反射叫作漫反射。光在反射时,具有一定的规律。根据实验结果,得出光的反射定律如下。

(1) 反射光线在入射光线和法线所决定的平面里,反射光线和入射光线分居在法线两侧。

(2) 反射角等于入射角。

根据反射定律,我们可以知道:如果光线逆着原来反射光线的方向入射到界面,它就要逆着原来入射光线的方向反射。所以,在反射时光路是可逆的。

2. 光的折射定律

光射到两种媒质的分界面时,一般是一部分光反射回原媒质继续传播,另一部分光在两种媒质的分界面上,改变了原来传播的方向,进入另一种媒质里继续传播,发生折射。

光的折射定律是由荷兰数学家、物理学家斯涅尔发现的。斯涅尔的折射定律是从实验中得到的,但却从未正式公布过。只是后来惠更斯等人在审查他遗留的手稿时,才看到这方面的记载。他根据实验结果,得出光的折射定律如下。

(1) 折射光线在入射光线和法线所决定的平面里,折射光线和入射光线分别在法线两侧。

(2) 入射角的正弦与折射角的正弦的比值,对于给定的两种媒质是一个常数(这个常数称为光线由第一种媒质射入第二种媒质时的折射率),它等于光在这两种媒质中的光速之比。折射的光路也是可逆的。

如果折射率用 n 表示,第一媒质和第二媒质中的入射和折射角分别用 α、γ 表示,光速用 c_1、c_2 表示,则 $n = \dfrac{\sin\alpha}{\sin\gamma} = \dfrac{c_1}{c_2}$。

这就意味着:当 $c_1 > c_2$ 时,$\alpha > \gamma$;当 $c_1 < c_2$ 时,$\alpha < \gamma$。

实验还表明:光在任何媒质里的传播速度 v 都比在真空里的传播速度 c 小,所以任何媒质的折射率($n=c/v$)都大于 1。光速在空气中和在真空中极为接近,可被看成近似相等,即空气的折射率近似等于1。就某一物质而言,n 值还稍依赖于光的波长。

7.4.3 透镜成像

1. 透镜

以两个球面(或其中一个是平面)为折射界面的透明体，叫作透镜。透镜分为凸透镜和凹透镜，这两种透镜除了中央，都可以被看作由许多棱镜组成的。

根据折射定律，从物体的一点(空气中)S_1射出的光线，经过棱镜发生的两次折射都偏向底面(见图 7-10)。

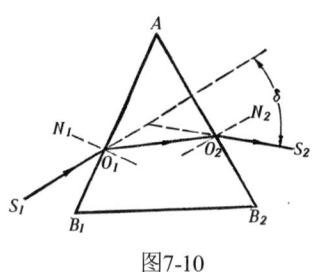

图7-10

由于这些棱镜的折射，凸透镜能把平行的入射光线会聚在透镜的另一侧，形成焦点，见图 7-11(a)；凹透镜则能把入射的平行光线，在透镜的另一侧发散反向延长后在入射光线一侧，形成虚焦点，见图 7-11(b)。

通过透镜的两个球面中心的直线，称为透镜的主光轴或主轴；在主轴上有一点O，通过这个点的光线，射入透镜前和射出透镜后的方向不变，称为透镜的光心；平行于主光轴的光线经过透镜后，其折射线或折射线的反向延长线跟主光轴相交的点F，叫主焦点或焦点。

从光心到主焦点的距离OF，称为透镜的焦距，用f表示。透镜的焦距越短，光线的偏折越强。因此，可用焦距的倒数$1/f$来表示透镜的折光能力。

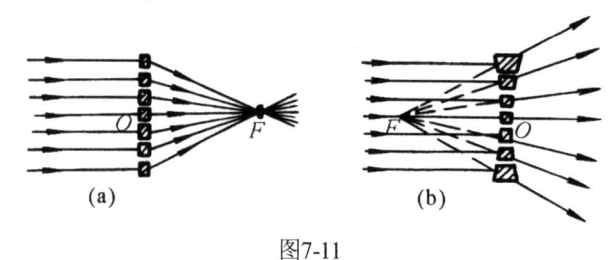

图7-11

2. 透镜成像概述

透镜成像可以用作图法求出。光源(或被照亮的物体)发出的无数条光线中，有三条特殊的光线，它们通过透镜后方向是完全确定的。

(1) 通过光心的光线，经透镜后方向不变。
(2) 跟主轴平行的光线，经透镜后通过焦点。
(3) 通过焦点的光线，经透镜后跟主轴平行。

所以经常利用这三条线中的任意两条作图，由其交点作出物体某光点的像。物体可以被看作点的集合。因此，用点的集汇的方法就能得到整个物体的像。图 7-12 中(a)和(b)分别是凸透镜和凹透镜的成像图。从成像图可以看出：在凸透镜焦点以外的物体所成的像总是跟物体处于异侧，呈倒立实像；在焦点以内的物体所成的像总是跟物体处于同侧，呈放大正立虚像；而凹透镜所成的像只能是跟物体处于同侧，呈缩小正立虚像。

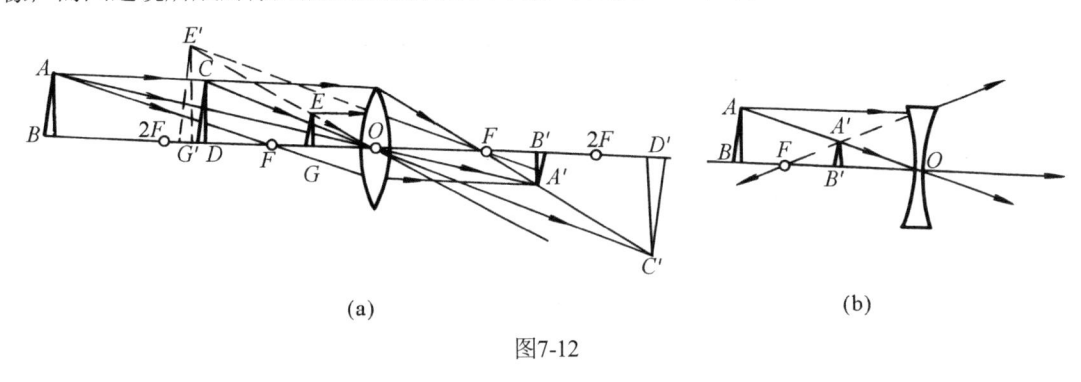

图7-12

3. 光学仪器

光学仪器是用透镜、反射镜等来控制和操纵光的仪器，它们可以用来帮助人进行观察或测量，在日常生活及科学研究中应用极其广泛。

(1) 照相机。照相机是利用凸透镜形成缩小的实像的原理制成的。它属于物距 $u>2f$，$f<$像距 $v<2f$，放大率 $K<1$ 的情况。照相机一般是由镜头、光圈、快门、暗箱等几个主要部分组成的。

(2) 幻灯机。幻灯机是利用凸透镜形成放大的实像的原理制成的。它属于 $f<u<2f$，$v>2f$，$K>1$ 的情况。幻灯机一般用来放映图片，有时也称为映画器。它的主要组成部分有镜头(凸透镜)、光源(功率较大的白炽灯或弧光灯)、聚光器(又称聚光镜，是由一对直径很大、焦距较短的平凸透镜组成的)、反光镜(凹面镜)和幻灯片等。

(3) 显微镜。显微镜是用来扩大微小物体视角的光学仪器。显微镜主要由两组透镜组成，每组透镜都相当于一个凸透镜。它们的主光轴重合在一起，靠近物体的一组，焦距很短，叫物镜；靠近眼睛的一组，焦距较长，叫目镜。物体放在靠近物镜焦点的外侧，其光线经折射后得到一个放大的倒立实像，位于靠近目镜焦点的内侧，经目镜第二次放大后，在目镜的明视距离上得到经过两次放大的倒立虚像。

光学显微镜只能把视角放大 3 000 倍，通常的金相观察和医疗检验，只要求放大几百倍就足够了。

(4) 望远镜：望远镜是用来扩大远处物体视角的光学仪器。望远镜和显微镜相似，也是主要由物镜和目镜两个透镜组成的，它的物镜焦距比较长，目镜焦距比较短，这是和显微镜不同的地方。

7.5 思考与练习

1. 在物理学方面，牛顿、焦耳、克劳修斯、赫姆霍兹有何创新成果？
2. 杜费、穆森布罗克、库仑、富兰克林、伽伐尼、伏特、奥斯特、法拉第、麦克斯韦、惠更斯等有何创新成果？
3. 简述牛顿第一定律、牛顿第二定律、牛顿第三定律、万有引力定律。
4. 简述热力学第一定律、热力学第二定律。
5. 简述光的反射定律、光的折射定律。
6. 简述透镜成像规律。
7. 熵的内涵是什么？

第 8 章

近代科技与产业革命

学习标准：

1. 识记：飞梭织布机、珍妮纺纱机、水力纺纱机、水力织布机、炼焦技术、高温炼钢法、水力鼓风机、搅式炼铁法、蒸汽水泵、大气蒸汽机、蒸汽机、汽船、蒸汽机车、转炉炼钢等技术的发明人；李比希、柏琴、奥托、戴姆勒、狄塞尔、西门子等的创新成果。

2. 理解：英国技术与产业革命发生的主要方面；德国技术与产业革命发生的主要方面。

3. 应用：科学技术的进步在德国产业革命中的重要意义；科学技术的进步在英国产业革命中的重要意义。

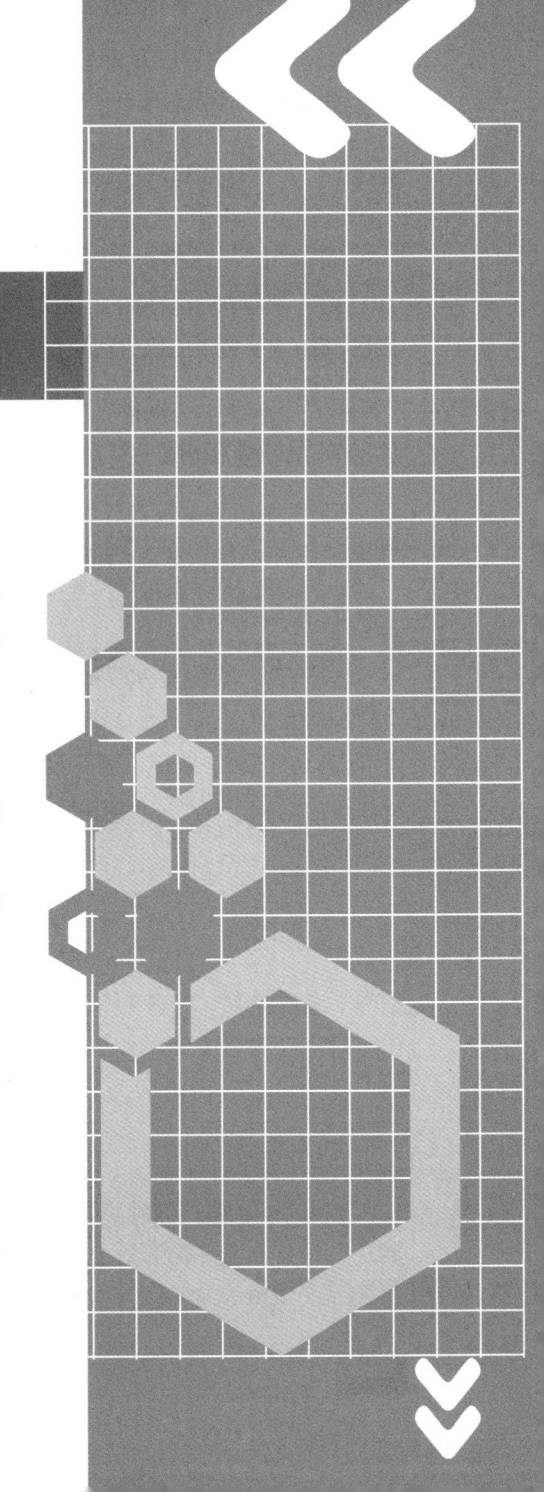

近代科技与产业革命,包括以蒸汽机的发明、应用为标志的第一次产业技术革命和以电力、内燃机的发明及应用为标志的第二次产业技术革命。在近代产业和技术革命中,英、法、德、美等国相继通过科技的发明和管理的创新,从落后的农业国家发展成为发达的资本主义国家。

8.1 英国的技术与产业革命

英国的产业革命开始于纺织业的机械化,以蒸汽机的广泛应用为标志,继而扩展到其他轻工业、重工业等各工业行业。英国率先变成为工业国,获得了世界性的工业优势。

8.1.1 纺织技术——产业革命的源头

英国的产业革命开始于纺织业的机械化。英国的棉纺织业是 17 世纪从荷兰引进的,最初它是一个新兴的幼稚的行业,在国内市场上受到处于垄断地位的传统毛纺织业的排挤,在国际市场上则受到印度有悠久历史的质优价廉的产品的激烈竞争。英国的棉纺织业急需进行技术革新。

1. 飞梭织布机

1733 年,英国钟表匠凯伊发明了飞梭,使织布效率提高了一倍,并使布面加宽。飞梭的普遍使用,结果造成了纺纱和织布之间的严重不协调,长期发生"纱荒"。

2. 珍妮纺纱机

1765 年,曾当过木工的织布工人哈格里夫斯发明了竖锭纺车,以他女儿珍妮的名字命名为"珍妮纺车",并于 1770 年登记了专利,图 8-1 所示为珍妮精纺机(改良型)。珍妮机开始就能用 12~18 个纱锭,提高了纺纱效率,消除了在纺纱和织布之间的瓶颈,成了英国产业革命的火种。

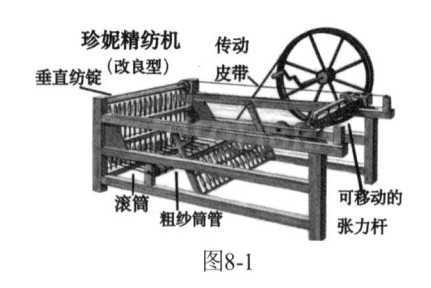

图8-1

3. 水力纺纱机

1769 年,理发师阿克赖特发明了水力纺纱机,并于 1771 年建造了第一个水力纺纱机的纱厂。该厂有数千纱锭,300 多工人。一系列的新的纺纱机的发明第一次使纺纱的速度超过了织布的速度,又形成了新的不平衡。

4. 水力织布机

1785年，英国的卡特莱特发明了水力推动的织布机，使生产效率提高了10倍。1791年，第一个用这种设备的织布厂建立起来，随后便得到广泛普及。水力织布机体积大，又必须在特定地区使用，需要建厂房集中大量生产，这就促使了工厂制度的诞生。水力受自然条件的限制，难以常年均衡地供应动力，并且限制了工厂的选址。

纺织行业的发展，同时带动了相关先行行业一系列的机械发明和改进(见表8-1)。

表8-1

年份	内容	国别	发明人	备注
1733	飞梭织布机	英国	凯伊	用特制柄子的摆动代替穿梭
1765	珍妮纺纱机	英国	哈格里夫斯	用竖直的锭代替水平的单锭
1769	水力纺纱机	英国	阿克赖特	用水力代替人力纺纱
1785	水力织布机	英国	卡特莱特	用水力代替人力织布

由于大量机械的发展、使用，动力问题又成为亟待解决的社会需要。

1780—1870年，英国纺织用棉量增加了200倍；1815年，英国棉纺织工业拥有400多万纱锭。

8.1.2 钢铁技术产业革命

英国产业革命时期的另一大产业是钢铁产业。钢铁产业和纺织产业的发展几乎是同时的，但在技术上却表现出不同的特点。纺织工业的变革是因机械发明而产生的，而冶金工业的变革则是因化学发明而推动的。前者是机械代替了体力劳动，而后者则是增加生产数量和改进生产质量的方法，而劳动力的作用并没有显著减少。但它们却有一点是共同的，即都是通过技术改进和技术发明，而不是通过增加劳动力来促进生产的发展。

1. 炼焦技术

1709年，达比发明了先将煤烧成焦炭再用焦炭来炼铁，就避免了硫化物进入生铁中(见图8-2)。

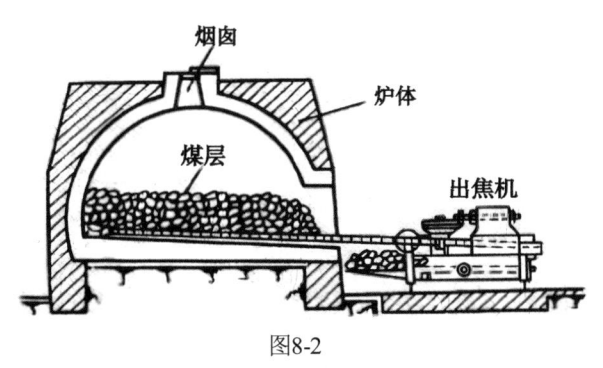

图8-2

英国是一个煤炭贮量和铁矿资源都丰富的国家,同时也是一个较早开采煤炭的国家。但由于煤中含有硫化物,燃烧时就会挥发出来,高温下铁矿石与硫化物相互作用,炼成的铁易碎,不能进一步加工。因此,18世纪初,英国人用木材来冶炼矿石,高炉也都设在英国南部有森林的地方。用木材来供应炼铁厂,致使每个炼铁厂都对其周围的森林进行了掠夺式的砍伐,生态遭到严重的破坏。由于缺乏燃料,整个英国的钢铁工业萎靡不振。随着钢铁技术的不断革新,才使得英国的钢铁工业得到大发展。不久,这种生铁冶炼方法就被英国冶金界普遍采用了。当人们普遍采用煤做燃料生产生铁以后,生铁产量得到大幅度的提高:1720年英国的生铁产量是25 000 t;1788年是61 000 t;到1796年产量翻番;到1806年,产量再次翻番。英国的煤产量1700年是260万t;1836年是3 000万t。

2. 高温炼钢法

1740年,英国的一个钟表匠亨茨曼因为买不到好钢做钟表发条,便开始自己研究制造钢的方法。到1750年,他获得了成功,他把原料放在密封的耐火泥粉锅里,用非常高的温度熔化它们,从而得到了钢。后来,他在谢菲尔德开设了一家炼钢厂。

3. 水力鼓风机

1761年,斯米顿在卡伦工厂使用了水力驱动的鼓风机,使得一个原来每星期生产10 t生铁的高炉后来能生产40 t以上。

4. 搅式炼铁法

科特于1783年取得了"搅式炼铁法"的专利。用这种方法炼出的铁,得到船舶专家的高度评价。于是,许多钢铁厂主跑来请求允许他们使用这项专利。1789年,科特由于涉及一项债务纠纷,他的专利被公布于世,工厂主不需要付任何代价就可以使用它,这就更加刺激了"搅式炼铁法"的推广,不久它就成为英国生产精炼铁的主要方法。

从此,精炼铁的生产就可以与生铁的生产齐头并进了(见表8-2)。这反过来刺激了生铁的生产。煤是蒸汽机的燃料,钢铁是制造蒸汽机的材料。煤和钢铁工业的发展,已经为蒸汽机的登场搭好了舞台。

表8-2

年份	内容	国别	发明人	备注
1709	炼焦技术	英国	达比	通过煤炭燃烧氧化除硫
1750	高温炼钢法	英国	亨茨曼	通过高温沸腾氧化除碳
1761	水力鼓风机	英国	斯米顿	用水力鼓风机吹氧炼钢
1783	搅式炼铁法	英国	科特	通过搅动氧化除碳

8.1.3 蒸汽机的发明和产业革命

蒸汽机是利用水蒸气为工作介质,把热能转换为机械能的热机。17世纪末,英国的许多矿井遇到了积水问题。当时,只能靠马力转动轱辘来排除积水。据说有的矿井用来抽水的马匹达到500匹之多,这是令矿主极为烦恼的事,这就推动了蒸汽机的研制。

1. 蒸汽水泵

1698年,英国军事工程师塞维利制成了第一台具有实用价值的蒸汽机,称为"矿工之友",用于抽取矿井中的积水。它有一个带有阀门的容器,先将蒸汽引入,然后关上阀门将蒸汽冷凝,造成容器中的部分真空,再打开进水阀门吸入矿井中的水,最后关上进水阀门,引入高于大气压的蒸汽,把水从另一出口排出去(见图8-3)。

2. 大气蒸汽机

1702年,英国的铁匠纽可门获得"大气蒸汽机"专利,并于1705年发明了纽可门机。纽可门机的蒸汽缸和抽水汽缸是分开的,而且有活塞。蒸汽进入汽缸后在内部喷水使之冷凝,造成部分真空,受大气压推动活塞做功,带动水泵活塞吸水和排水(见图8-4)。

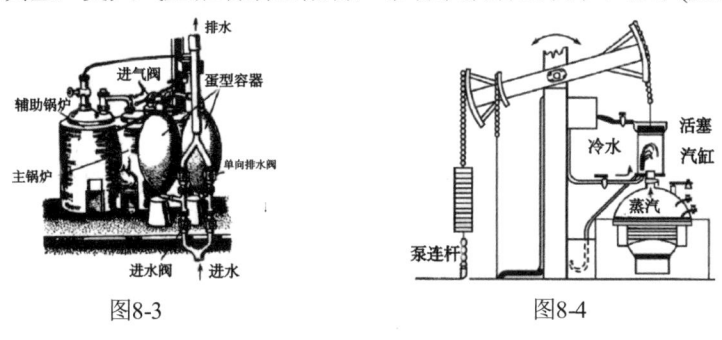

图8-3

图8-4

3. 单向蒸汽机

詹姆斯·瓦特是一位杰出的发明家和机械工程师。瓦特出生于苏格兰格拉斯哥附近的港口小镇格林诺克。瓦特从小就表现出了精巧的动手能力以及数学上的天分。他18岁到格拉斯哥市当徒工,19岁到伦敦的一家仪表修理厂当徒工,20岁成为格拉斯哥大学仪器修理工。瓦特修理精密仪器表现出来的高超技艺,给格拉斯哥大学的教授们留下了深刻印象。正是在这所大学,瓦特开始了他的人生转折,结识了布莱克教授等朋友,经常和他们探究科学方面的问题。1774年,瓦特在修理纽可门机的时候,注意到在用冷水喷入汽缸使蒸汽机冷却的同时,汽缸本身也冷却了下来,重新吸入蒸汽时又被加热,这要消耗很多蒸汽,导致蒸汽机的效率很低。在当时已经提出的潜热和比热理论的启发下,瓦特不仅找到了蒸汽机效率低的原因,也找到了提高蒸汽机效率的途径——要保持汽缸不被冷却。于是,他在汽缸外另加一个凝汽器,以使蒸汽冷却,后来这个容器被称为冷凝器。瓦特对纽可门机进行了根本性改造,制成了新型的单向蒸汽机,动作可靠,耗煤量比纽可门机有了明显的减少。

4. 双向蒸汽机

1782 年，瓦特把单向作用蒸汽机改进为双向作用蒸汽机(见图 8-5)，使效率进一步得到提高，成为许多国家经济部门的通用热机。

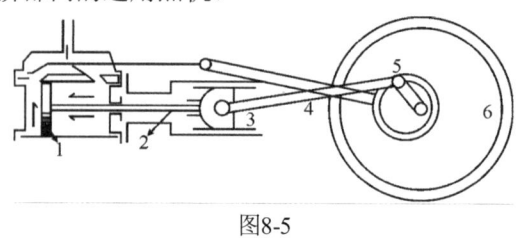

图8-5

1—活塞　2—活塞杆　3—十字头　4—连杆　5—曲柄　6—飞轮

5. 蒸汽机产业

(1) 通用热机。随着蒸汽机的不断改进，应用范围日益扩大，不仅应用于纺织业、采矿业，而且扩大到交通运输、冶金、机械、化学等一系列工业部门，使社会生产力以前所未有的速度和规模发展起来，这又推动了蒸汽时代的技术革命。

(2) 汽船。1807 年，美国发明家富尔顿制造的木制轮船试航成功。该船航行于纽约和奥尔巴尼之间，全程约 150 海里(1 海里=1852m)，速度较以前的帆船快 1/3(见图 8-6)。它的成功试航标志着帆船时代的到来。接着，英国人亨利·贝尔造成了"彗星号"铁制汽船，航行于苏格兰的克莱德河上。1838 年，英国轮船"天狼星"号和"大西方"号完全依靠蒸汽机为动力，横渡大西洋成功。随之英国人就成立了几个大航运公司，经营世界的海洋航运，使英国的海运业进入了一个新的时代。

(3) 蒸汽机车。1814 年，英国发明家史蒂芬森在继承前人成果的基础上，设计成功第一台实用的蒸汽火车机车，这台能牵引 30 多吨货物的机车被用来运煤，速度为 6.5 km/h(见图 8-7)，当时还遭到嘲笑，说它比马车还慢。1825 年，他造出了"旅行号"机车，在由他负责设计的一条刚建成的铁路上运营，成为世界上第一条公共交通铁路。随后，英国出现了铁路建设热潮。

图8-6 　　　　　　　　　图8-7

(4) 转炉炼钢。英国工程师贝塞麦为了炼出合格的钢铁做炮筒，他转而研究冶炼，1856年发明了转炉炼钢新技术。

总之，蒸汽技术革命带动了一系列机械的发动和改进(见表 8-3)，带来了社会生产力的巨大发展。蒸汽动力的广泛运用，带动了纺织工业、冶金工业、煤炭工业、交通运输业、机器制造业的飞跃发展。第一次产业革命发生地英国，成为世界上资本主义工业最先进的国家，机器大工业生产空前地提高了劳动生产率。1770—1840 年的 70 年间，英国工业的平均劳动生产率提高了 20 倍。产业革命是以机器为主体的工厂制度代替以手工技术为基础的手工工厂的革命，它是技术的根本性变革，同时又引起了生产关系的重大变革。工厂制度的确立，完全改变了工人的地位，使资本主义雇佣制度在工业中得到了巩固和发展。

表8-3

年份	内容	国别	发明人	备注
1698	蒸汽水泵	英国	塞维利	通过蒸汽自然冷凝形成真空抽水的设备
1702	大气蒸汽机	英国	纽克门	蒸汽经喷水冷凝，大气压力推动活塞运动
1774	单向蒸汽机	英国	瓦特	蒸汽单向推动，活塞往返式运动的动力机
1782	双向蒸汽机	英国	瓦特	蒸汽双向推动，活塞带飞轮转动的动力机

8.2 法国的崛起

法国几乎与英国同时开始了工业化进程，但是法国总体上仍然是工业化的后来居上者。对于法国来说，英国既是榜样，又是挑战，更是机会。无论是在技术创新方面，还是资金运用方面，或者是工业化模式上，法国都最大限度地借鉴了英国的经验。

法国之所以能够迅速崛起，首先要归功于思想启蒙运动和"百科全书派"的哲学思潮为科学勃兴所做的理论准备。他们中的代表人物伏尔泰、孟德斯鸠、狄德罗、卢梭等高举科学和民主的大旗，点燃了资产阶级革命的烈火。伏尔泰崇尚英国的政治制度和自由思想，要求信仰、言论、出版自由，在政治上代表资产阶级利益，主张开明的君主立宪制，热情宣传牛顿的哲学思想和科学成就。狄德罗是法国《百科全书》的主编；该书作者有启蒙思想家、科学家、律师、医生和工艺师等共 130 余人，被称为"百科全书派"，他们抨击宗教蒙昧主义和封建意识形态，宣扬唯物主义和自然科学知识。卢梭主张在法律面前人人平等，反对君主立宪制，主张建立民主共和国，提出"主权在民"的学说，认为代表全民的立法机构是最高权力机构，有权监督行政。他的平等思想和人民主权观后来成为法国资产阶级革命的指导思想。

启蒙运动为法国资产阶级革命做了思想准备。1789—1794 年的资产阶级大革命以及随后建立的拿破仑政权对科学极为重视，而战争的需要更是不得不求助于科学技术。法国大革命后，资产阶级政府采取的一系列措施扶持科学技术事业，包括以下几个方面。

1. 对科学家委以重任，使各项事业纳入依靠科技进步的轨道

大革命期间和拿破仑时代，也即 18 世纪 90 年代—19 世纪早期(直到 1810 年)，一大批科学家被任命为革命政府的重要官员。例如，数学家蒙日担任过海军部长；数学家拉扎尔•卡诺担任过陆军部长；化学家富克鲁阿担任过火药局长和教育部长。他们理解科学的意义，重视、支持、组织科学的研究、促进了科学的发展。1790 年法国组织了由拉格朗日、拉普拉斯、蒙日等人参加的专门委员会，负责研究统一度量衡的问题。1799 年完成了长度、面积、体积和容量、质量的计量单位，被世界公认，极大地便利了科学技术的交流和经济往来。这些措施并不只提高了科学家们的社会地位，实际上也提高了科学在整个社会中的地位。

2. 强化科研组织，发展科学教育

尽管在大革命初期，在极左思潮影响下，曾经发生过解散大学和科学院以及把一些科学大师如拉瓦锡、巴伊等送上断头台的事件，但是不久战争和动乱造成的经济困难就使法国资产阶级政府认识到科学技术的重要性。1794 年法国国民议会决议实现工业化，并且改造旧的皇家科学机构，使之从宫廷走向整个社会。

科学的职业化使科学在社会中获得重要地位，也是法国在科学建制方面的一项创举。巴黎科学院初步确立了一些制度，如科学教授职位、某些科学系科的设置等，院士成了真正的职业科学家，享有丰厚的薪金和待遇。法国人认为自由是每个公民的神圣权利，而改革后的科学和教育机构更为这种自由提供了充分的保障，如教师、科学家(主要从事教师职业的科学家)可以自由讲课，同时拥有进行科学研究的自由权利，这是当时英国比不上的。

法国以国家的力量兴办科学和教育。在中央集权制度下，整个教育和科学体系都掌握在政府手里。这一做法受到知识分子和科学家的普遍拥护，因为他们看到，严格的国家控制是防止教会势力卷土重来的好办法。革命政权从 1794 年起即着手改革旧的科学机构，并且新建了一些科学教育机构，如 1795 年把巴黎科学院改为法兰西学院，设数理、文学和政治与道德三个学部，拿破仑执政以后，把科学技术看成是富国强兵、称霸欧洲的利器，对法兰西学院进行了改造，加强了数理学部，把原先的皇家植物园改为博物馆(它实际是自然科学研究院，拉马克曾在这里工作过)。与此同时，还创办了两所新型学校：综合技术学校，主要培养民用和军用工程技术干部；高等师范学校，培养高水平的教育职业人员。这些学校对学生实行严格的军事化管理，免费就读；课程按学科体系设置，注重实验与应用；选聘第一流人才任教，尊重他们的办学意见。这一时期建立的理、工、医科和数学的专科学校培养了一大批人才，如著名的科学家萨迪•卡诺、安培、约瑟夫•路易盖-吕萨克等，而且也为外国培养了一批人才，如德国化学家李比希等。法国兴办教育的成就，为近代世界各国之楷模。

3. 大力引进技术，推行拿来主义

法国科学技术发展起步较晚，特别是和英国相比有很大差距。为了迅速赶超英国，法国派出许多留学生出国深造，引进吸收外国的先进科学技术成果，同时注意引进机器，大量招聘外国技工。大革命以后，尽管英国政府禁止机器、图纸和熟练技工出国，但法国政府仍然

采取种种办法将英国的新技术偷运回国,甚至在拿破仑战争和海上封锁时期偷运活动也没停止过。法国政府为了大量引进,还运用国家的力量来奖励来法开业的英国人,为他们开业、办厂提供有利的条件,以优厚的条件招聘熟练的技术工人,充实和提高国内各个工业部门的技术水平。1822—1823 年从英国移入法国的熟练技工就有 1 600 人。在法国的许多工业部门中,如花边业、呢绒业和棉纺织业中都有英国人开业或在法国人开办的企业中劳动。这就使法国在较短时间内完成了工业化进程(见表 8-4)。

表8-4

发明时间	引进时间	引进技术内容
1733 年	1747 年	凯伊移居法国引入飞梭技术
1765 年	18 世纪 60 年代	霍尔克把珍妮纺纱机带到法国
1774 年	1779 年	购得生产瓦特蒸汽机 15 年的特许权
1824 年	1845 年	铁路技术引入法国
1856 年	1858 年	转炉炼钢技术引入法国

19 世纪 50—60 年代,钢铁制造业年均增长率超过 10%,其他部门的增长速度为 3%～6%。这时期国民收入增加 1 倍,工业产值增加了 2 倍,使法国成为经济强国。

8.3 德国的技术与产业革命

1830 年,当英国的产业革命达到高潮时,德国还是一个落后的农业国,依靠出口农产品、进口英国的工业品过日子。但是,这时的德国已经出现了科学革命的高潮,涌现出来一批世界著名的科学家。在 19 世纪 40 年代之前,德国还远比法国、英国落后,可是经过 19 世纪前 50 年的基础科学的全面发展之后,尤其是在 60 年代和 70 年代技术科学的兴盛之后,德国已在理论科学、技术科学,工业生产以及社会经济各方面迅速崛起,后来居上。

8.3.1 化学合成工业的兴起

1. 学术带头人——李比希

德国的崛起首先与化学工业的兴起相联系,这源于德国化学家对有机化学的研究。李比希被誉为"有机化学之父"。他 1820 年进入波恩大学,1821 年转到埃尔兰根大学学化学,于 1822 年获得博士学位,并于当年去法国深造。在法国,巴黎的科学研究和教育的先进水平使李比希大开眼界,特别是受到了法国化学家注重科学实验风气的熏陶。1824 年春,李比希回到了德国,到吉森大学任副教授,一年之后晋升为教授。他着手创建世界上最先进的化学实验室来培养化学人才,制订有组织的研究计划去开辟化学研究的新领域,从而标志着李比希学派的诞生。李比希对德国化学的贡献主要表现在以下三个方面。

1) 奠定了有机化学的研究基础

1825 年，他担任吉森大学的教授后，从基础设施、研究方法、科学理论等方面不断创新，奠定了有机化学的研究基础。他制定了一个新的合理的教育体制，保证那些攻读化学专业的大学生能够获得必要的知识和科研训练。实施这一新体制的第一步是要建立一个化学实验室，从而突破低水平的自然哲学的教学方式。经过努力，1826 年吉森大学化学实验室终于落成了，像这样专门用于教学和研究的实验室在当时还是空前的。他发明了一种装置分析有机化学。他研究的碳氢分析方法在 1830 年发展成为精确的定量分析技术，分析的速度也比以前快得多，这种方法成为化学界的标准分析程序。他提出了有机基团理论、有机多元酸理论，成为有机化学的重要理论。他提出了农业化学的核心理论——物质补偿法则。他认为，植物的栽培致使土壤的肥力逐渐衰退，为了恢复土壤的肥力必须将损失的土壤成分全部归还给土壤，只有这样才能提高农作物的产量。他首次发现植物所需的化学养分氮、磷、钾三大重要元素。从 1846 年开始，德国生产化肥，使农业产量大幅度提高。

2) 培养了一大批化学人才

李比希建立的吉森实验室有职业研究者(并非教授，而是研究者)，有众多的助手即研究生专心致志地工作，直到取得结果。他创造了一套独特的教学方法，不对学生搞"灌装"，而是带领他们一起做实验，一起研究问题，让学生在研究过程中学习。实验室可以同时容纳 22 名学生进行实验，师生们在这里夜以继日地讨论科学问题，进行空前规模的教学和科研活动。吉森化学实验室由此成为欧洲一流的科研基地，成了化学界的"圣地"，这里创造了化学发展史上的奇迹，李比希本人则被称为"有机化学之父"。李比希的学生中有霍夫曼、凯库勒等人，用约翰•齐曼的说法，李比希几乎培育了所有下一代最优秀的化学家。吉森大学的毕业生遍布德国各地，他们把老师的精神和方法带进企业和学校，继续进行科研与教育。他们仿建了一批"李比希"型的实验室，并且大力推动化学工业，20 年内竟使德国成了世界第一的化学工业强国。吉森实验室在科学史上也有重大意义，它标志着科学家组织由学会型结构向专业型结构的过渡。

3) 指明了化学研究的方向

吉森实验室在 19 世纪 40 年代就已经开始关注有机染料的合成。李比希以前的一个学生在法兰克福附近新建了一个蒸馏煤焦油的工厂，并将生产的轻油试样送给李比希，李比希将这项分析工作交给了他的学生霍夫曼。霍夫曼从中分离出两种有机碱，其中一个后来命名为苯胺，它与浓硝酸反应得到深蓝色液体，加热时先变黄，然后变成深绯红色。1856 年，霍夫曼的助手柏琴将煤焦油和氯酸钾混合时，得到了一种紫色的沉淀。随之他在溶液中加入酒精，沉淀溶解了，整个溶液呈现出漂亮的紫色，第一种人工合成染料问世了，这构成了 1860 年后发展起来的合成染料工业的基础。

2. 有机合成化学产业的发展

李比希的再传弟子柏琴发现了苯胺紫后，紧接着，就开设了一家工厂，按照他的研究方法来生产苯胺紫这种新染料。年轻的柏琴很快便成为世界闻名的染料权威和大富翁。受柏琴工作的启发，人们开始有目的地分析天然染料的结构，取得了极大的成功。

1866 年，德国化学家格雷贝、李伯曼分析清楚了天然染料茜素的构成，不久就在实验室里合成了茜素，掌握了人工合成茜素的技术。过了 3 年，他们两人与德国巴登苯胺纯碱公司合作，将实验室技术转化成能够运用于工业生产的工艺，从而开始大量生产人工合成茜素，不久就将天然茜素挤出了市场。

靛蓝是另一种重要的染料，主要是用印度的一种植物做原料提制而成。长期以来一直为印度人所垄断，产量少而价格昂贵。1883 年，柏林大学化学家拜耳在实验室分析出了靛蓝的分子结构。而后为了研制人造靛蓝，德国几十家公司展开了激烈竞争，最终巴登苯胺纯碱公司获胜。这家公司花费 500 余万美元，历时 17 年，终于在 1900 年成功研制出人造靛蓝的生产方法。天然靛蓝的地位彻底改变了，这家公司完全取代了印度的垄断地位，继而垄断了这种染料，生产了几十年。

1871 年，德国煤化学工业技术居世界首位。1873 年，德国染料工业的产量、质量都超过了盛极一时的英国。1900 年，仅合成染料就创汇 1 亿多马克，这相当于每年进口染料所需外汇的两倍多。1913 年，德国生产的染料已经占世界染料产量的 80%，"阴丹士林"成为世界名牌产品。合成染料带动了纺织工业（合成纤维）、制药工业（阿司匹林等）、油漆工业和合成橡胶工业（表 8-5），迅速形成了几十亿马克规模的煤化学工业。德国赫希斯特公司和拜耳公司的产品源源不断地流向世界各地。很多天然制品被化学制品取代，人类进入了"化学合成时代"、人工制品的新世界。

表8-5

发明年份	科研成果	国别	发明人
1856	合成紫色染料	德国	霍夫曼、柏琴
1866	合成红色染料	德国	格雷贝、李伯曼
1866	合成阿司匹林	德国	柯尔贝
1872	合成酚醛塑料	德国	拜耳
1900	合成靛蓝染料	德国	拜耳

由于德国化学工业的兴旺发达，带动了酸碱工业、造纸工业等许多工业的发展。德国的化学公司竞相开发有机化学的研究成果，反映了德国人在 19 世纪下半叶已经充分认识到科学技术的生产力作用。正因为德国人在有机化学特别是合成染料上的卓越成就，使得德国人在 1886—1900 年几乎垄断了全世界的人造染料的生产。

8.3.2 内燃机的发明和产业革命

1. 内燃机的发明

蒸汽机是一种外燃机，在广泛应用中暴露出一系列固有的缺点：以外燃方式工作导致热效率低下，锅炉要承受高压，所以必须要用结实而厚重的材料制造，因此结构笨重体积大，运行也不安全，且操作复杂，不能随意启动和停止。当时蒸汽机的最高效率为10%～13%，18世纪发明的蒸汽汽车就是因为过于笨重而被淘汰，英国在1862—1879年爆炸事故超过1万起。

1876年，德国工程师奥托研制成功了第一台四冲程往复式活塞内燃机，这是一台单缸卧式、四马力(1马力=735.49875W)等容燃烧的煤气机。此机小巧紧凑，热效率可为12%～14%，这是空前的。这种内燃机立即得到了大量推广，性能也不断提高。1880年单机容量可为15～20马力，1893年达到200马力，并且随着工作过程的改善，热效率迅速提高，1886年达到15.5%，1894年超过20%。

1883年，德国工程师戴姆勒制成了第一台现代四冲程往复式汽油机。汽油机具有功率大、重量轻、体积小、效率高的特点，这就决定了它适合作为交通工具上的动力。

1892年，德国工程师狄塞尔发明了柴油机。柴油机结构更简单、燃料更便宜、热效率更高。他采用更高压力来压缩气缸里的空气，使得单靠压缩产生的热就能点着燃料。柴油机开始广泛应用于卡车、拖拉机、公共汽车、船舶及机车，成为重型运输工具无可争议的动力机(见表8-6)。

表8-6

发明年份	内容	国别	发明人
1876	四冲程往复式活塞煤气机	德国	奥托
1883	四冲程往复式活塞汽油机	德国	戴姆勒
1892	往复式活塞柴油内燃机	德国	狄塞尔

2. 内燃机产业革命

内燃机的发明促进了汽车制造业的兴起。1885年，戴姆勒和德国工程师本茨以汽油机为动力分别制成了最早的可供实用的汽车。1913年，第一台装置柴油机的内燃机车诞生，促进了铁路运输技术的革新，以后柴油机和电力机车一道，逐步代替了蒸汽机车。1912年，第一艘柴油机驱动的远洋轮船建成。1903年，美国莱特兄弟，即威尔伯·莱特和奥维尔·莱特驾驶内燃机发动的飞机首次飞上天空。1909年，法国工程师路易·布莱里奥驾驶飞机飞越英吉利海峡。内燃机的发明使农业生产技术发生了重大革命，很快就广泛应用于各种农业耕作机，作为农用耕作机中的动力取代了畜力。内燃机也被广泛应用于军事目的。飞机在初次飞行成功后11年，即1914年就用于第一次世界大战。

8.3.3 电力技术革新和产业革命

1. 电力技术革新

1819年，奥斯特发现了电流的磁效应之后，法拉第对奥斯特的实验装置进行了改进。法拉第试制出了一种能把电能转换为磁能而后再转换为机械能的实验装置，这实际上就是一种最为原始的直流电动机。1831年,法拉第在发现感应电流的实验装置的基础上,试制出一种最初的永磁铁发电机实验模型。

1834年,德国电学家雅可比试制出了第一台实用的电动机。1838年,雅可比在电动机上加转了24个固定的U形电磁铁和12个绕轴转动的电磁铁,研制出了双重电动机,大大提高了电动机的功率。同年,他将这种电动机装载在一艘小艇上,进行了成功的试航。1844年前后,永磁发电机和双重电动机配套使用可以投入实际生产。

1867年,德国著名电学工程师西门子发明了自馈式发电机。他是第二次工业革命的英雄。从青年时代起,他就致力于电力技术的应用研究,曾发明电镀法,并从事电报机的研制和生产。1847年,他创办了以电器设备生产为主的西门子公司,公司附设从事研究和开发的科学实验室,这是历史上最早的工业实验室。

1882年,法国工程师马塞尔·德普勒在德国工厂主的资助下,在慕尼黑博览会上展示了第一条试验输电线路(米斯巴赫—慕尼黑线路),成功地进行了直流远距离输电实验(见表8-7)。

表8-7

发明年份	内容	国别	发明人
1831	永磁铁发电机模型	英国	法拉第
1834	双重式实用电动机	德国	雅可比
1867	自馈式实用发电机	德国	西门子
1882	远距离直流高压输电	法国	德普勒

2. 电力产业革命

以电气化为主要特征的第二次产业革命,是建立在电磁理论基础之上的。通过发电机、电动机、无线电通信等电气化工具的使用,以电力作为生产动力,德国实现了劳动手段的电气化,大大推进了工业化进程。其他资本主义国家的生产也迅速增加。1870—1993年,世界工业生产增长了2.2倍,钢产量增加了50多倍,石油开采增长255倍,铁路增长4倍,世界贸易总额增加3倍多。

8.4 美国的崛起

美国于1776年宣布独立。1860年以前,不论是在其属于英国殖民地期间,或是在独立战争前后,科学和技术的发展水平都是比较低下的,还处于经济落后状态。1860—1890年,美国通过工业技术革命、创新,使产值上升9倍。到1880年,它已经是西方第二经济大国。1890年,跃居世界第一,许多工业产品产量都居世界首位,其黄金储量占到70%,成为世界经济的霸主。美国是如何崛起的呢?

1. **保护知识产权，实现农业机械化**

1787年通过了宪法，以法律的形式规定，国会要促进科学和有用工艺的进步，在有限时间内给发明者以专有权；1790年国会又通过专利法，奖励有用的科学发明和技术创新。在这一系列措施的激励下，美国首先在农业上实现了机械化。

1793年惠特尼发明了轧花机，这个发明使清除棉籽效率提高了1 000倍，从而使美国超过印度，成为最大的棉花出口国。

1831年，麦考密克成功地开发出工作效率颇高的马拉收割机。

19世纪30年代，美国还出现了割草机、播种机、脱粒机、钢犁等一系列农业机械。1869年仅犁的改进专利就有255件。播种机、以蒸汽为动力的联合收割机也得到了应用。

1907年履带式拖拉机的发明，更是给农业带来了重大的变化。1915年，美国首次出售了2.5万台拖拉机，1925年又达到50万台，1944年为260万台，1951年增加到580万台。

1860—1916年，美国农场数目从200万个增加到640万个，可耕地面积从近25亿亩发展到53亿亩(1亩=666.67 m^2)，农场主的农机具资产从25亿元增长到(1920年的)360亿美元。

1859—1919年，小麦产量增加了4.5倍，玉米产量增加近2倍，棉花产量增加近2倍。

2. **基础设施建设先行，实现交通网络化**

1830年，英国的利物浦—曼彻斯特铁路通车的时候，美国也开始铺设自己的铁路：巴尔的摩—俄亥俄铁路。1831年，这条铁路的一部分通车，机车是英国史蒂芬森从英国提供的。美国第一条铁路通车时间仅比英国晚5年。到19世纪中叶，美国的铁路还集中在东北部和大西洋中岸诸州，此后随着1853年纽约—芝加哥铁路的开通，到南北战争前10年，新的铁路线已经将中西部地区的铁路网完全联系起来，芝加哥成为15条铁路的终点站。到1860年，美国的铁路总长达5万km，超过了其他国家铁路里程的总和。1869年，横贯东西的铁路线竣工，它进一步加速了中西部的开发。1881—1883年，美国又铺设了44条贯穿全境的铁路干线。到1915年时，美国铁路网的长度达到 $4.25×10^5$ km，铁轨也全部改为钢轨。

1893年，第一辆在美国制造的汽车进行了试车。美国在汽车发展初期，除了在汽车零部件上的许多创新，在生产方式上的最重大创新要数1913年福特开发的流水生产线，这直接引发了汽车制造业的一场革命。1926年，美国汽车价格猛然降至每辆260美元，从而为汽车进入千家万户创造了条件，最终使美国成为一个"在汽车轮子上的国家"。

1900年，美国在册登记的小汽车还只有8 000多辆，1907年就达到4万辆，1913年达到119万辆，1920年更超过了800万辆，1927年已经达到了2 000万辆。1913年，美国的公路网建设拉开了序幕，横贯大陆的第一条远程公路(林肯公路)开始动工。由于采取了联邦和州两级共建，加上大量使用建筑机械，美国的筑路效率令人惊叹，到20世纪20年代末，全国公路网已经形成。

3. **重视组织创新，实现企业集团化**

小企业是资本主义早期发展阶段的特征。那时还没有资本市场，企业主为了扩大生产，资金只能自筹。但随着生产的发展，新兴工业无论是规模、生产用机器等，还是原材料都需要占用较多的资金，这是个人的力量无法完成的。同时，过分的自由竞争常常迫使商品在毁灭性的竞争中把价格压得太低甚至低到成本以下，只有企业的联合才有力量抵御这种恶果。因为只有大企业才有能力向顾客提供最有利、最可靠的商品，从而能满足顾客自由挑选的需求。大企业出现后可用垄断控制代替自由竞争，抵御上述恶果的出现。这样在1864年前后，在被迫实现现代化和扩大工厂设备的形势下，为了不使自己被无情的竞争吞并掉，出现了独立的工厂相互联合的趋势。联合的形式是各种各样的，有的采用经济协会和利益共同体的合作形式，有的采用卡特尔、辛迪加、康采恩、托拉斯、保护合作协定、参加股份等，还有的完全放弃各经济独立的组织，相互合并，这就形成了大托拉斯组织。

美国的托拉斯首先出现在铁路部门。投资铁路的范德比尔德很早就知道将铁路联合起来是更经济经营的前提。他通过交易所内巧妙的投机交易，成功地把13个铁路公司集中成一个公司，不久，所有的北美铁路成为一个"体系"。为减少浪费，提高经济效益，石油工业资本把采油、炼油、运油、储油联系起来，于1882年成立了石油托拉斯。托拉斯在控制市场、控制价格方面起了重要作用。到1890年，糖业托拉斯、火柴托拉斯、烟草托拉斯、橡胶托拉斯以及其他控制市场的垄断组织相继成立。这些组织不仅控制着银、锌、镍、皮革、盐等原料市场，而且控制着诸如糕饼、糖果之类的消费品市场。到1904年，已有319家托拉斯，它们由过去的5 300家独立企业合并而成。

第一次世界大战爆发后，工厂可以出售大量军需品，这就明显地有利于托拉斯的发展。所以，学术界常把1918年时期称为美国的"大企业时期"。托拉斯促使生产力和生产效率达到了新的高度，提供改善和扩大工厂以及科学实验所必需的资金，降低了生产成本；一些托拉斯的组织者捐款建立私人基金会，给予科学研究机构以财政上的支持。它们对美国的工业和科学技术的发展做出了重大的贡献。

4. 科技与经济相结合

爱迪生的发明创造令美国人骄傲，美国人称他为"发明大王""一代英雄"。爱迪生生活的时代，是美国从落后农业国向工业国过渡，从全盘照搬欧洲技术到建立美国自己技术的时代。爱迪生一生中拥有2 000多项发明，取得了1 093项专利。但是，他创办工业实验室更被人们赞誉为他发明之中的最大发明。1876年，他在美国新泽西州投资2万美元兴建了一个实验室，这是第一个有组织地进行工业研究的实验室。到1910年该实验室申请了白炽灯、电影、留声机等1 328项专利，平均每11天诞生1项专利。这个实验室后来成为美国通用电气公司的研究所。

工业实验室的建立有以下三个前提：一是科学自身发展证实了它对经济发展有直接的促进作用；二是私人实验室的出现证明了实验研究和工业发展有密不可分的联系；三是大公司的出现为工业实验室提供了财政基础。德国的化学工业首先进行了这方面的探讨性尝试，而美国人则把这项事业大大地推进了。爱迪生创办的实验室拥有各种专门人才，包括科学家、数学家、工程师、技术人员、技术工人，从事应用研究和发展工作，拥有各种必需的研究设备、加工车间、图书馆、生产后勤，并拥有充足的研究资金。在爱迪生的出色组织下，该实验室发挥集体的力量共同致力于一项发明。它自创办以来成效显著，被誉为"发明工厂"。其他大公司开始仿效爱迪生的做法，从而开创了工业研究的新时代。

5. 引进与创新相结合

美国引进的先进技术有两个特征：一是创造性，即从来不是单纯的模仿，而是结合本国条件进行改进创新。例如，英国人主要将蒸汽动力用在工厂里，而美国人则首先将蒸汽技术用在交通上，富尔顿于1807年发明了第一艘汽船。电力技术最先发源于英国和德国，而推广应用电力却最先在美国有了结果。二是先进技术和人才是一起引进的。美国能实现这一点，固然和美国的科学技术的领先领域有关，但更重要的是和美国重视人才交流和引进的开放政策有关。作为移民国家，辽阔的土地和自由的生活方式，使美国具有得天独厚的条件。1790年美国人口尚不到400万，而1790—1860年，从西欧流入的移民总数竟高达500万之多。其中不少人是有成就的科学家和熟练的技术工人。这极大地推动了美国的科学技术发展。

6. 管理出效益

1) 流水线制

美国机械工业取得领先地位，重要原因之一是实现了元部件的标准化、系列化生产。1798年，惠特尼完成了步枪零件的标准化生产工作。只要把大批生产的通用标准零件随意组装，就可以大规模成批生产步枪。这一创举，使美国领先完成了专业化、单一产品化和标准化的大规模生产方式，为实现生产管理的科学化拉开了序幕。1908年，美国福特汽车厂的福特，把零部件生产标准化和流水作业线结合起来，大幅度提高生产效率。他的管理方法大量节约了人力、物力，使汽车售价由当时的数千美元一辆降到850美元，从而使他有可能提高工人工资一倍(生产效率提高了4倍)，执行"高工资低价格"政策。

2) 泰勒制

1911年，美国的泰勒发表了《科学管理原理》一书，系统地阐述了有关企业定额管理、作业规程管理、计划管理、专业管理、工具管理等建立在行动分析基础上的一整套理论和方法，为现代管理学奠定了基础。该理论方法被称为"泰勒制"，它通过职工的积极性和管理者责任心的结合，使生产效率空前提高。

3) 系统工程

1930年，美国贝尔电话公司在设计巨大工程时感到固有的传统方法已不能满足要求，提出和使用了系统概念、系统思想和系统方法这类术语。1940年，他们在安排微波通信网时，首创了系统工程学，应用了一套系统分析方法，即按照时间顺序把工作划分为规划、研究、发展、发展期研究及通用工程五个阶段，取得了良好的效果。

8.5 思考与练习

1. 近代英国飞梭织布机、珍妮纺纱机、水力纺纱机、水力织布机、炼焦技术、高温炼钢、蒸汽水泵、大气蒸汽机、双向蒸汽机、蒸汽机车都是谁发明的？
2. 近代德国的李比希、柏琴、奥托、戴姆勒、狄塞尔、西门子、雅可比等有何创新成果？
3. 简述近代英国技术与产业革命主要包括哪几个方面。
4. 简述近代德国技术与产业革命发生的主要方面。
5. 以近代英国技术与产业革命为例，论述科学技术是第一生产力。
6. 以近代德国技术与产业革命为例，论述科学技术是第一生产力。

第 9 章

现代物理学

学习标准:

1. 识记:爱因斯坦、普朗克、玻尔、德布罗意、海森堡、薛定谔在现代物理学中的科学创新;量子力学的基本内容。

2. 理解:光速不变原理、钟慢效应、尺缩效应、质增效应、质能关系式、等效原理;光谱线的引力频移、光线在引力场中偏转、行星近日点的进动;基本粒子的分类及四种作用力的特点。

3. 应用:综述狭义相对论在时空观上的突破、广义相对论在时空观上的突破。

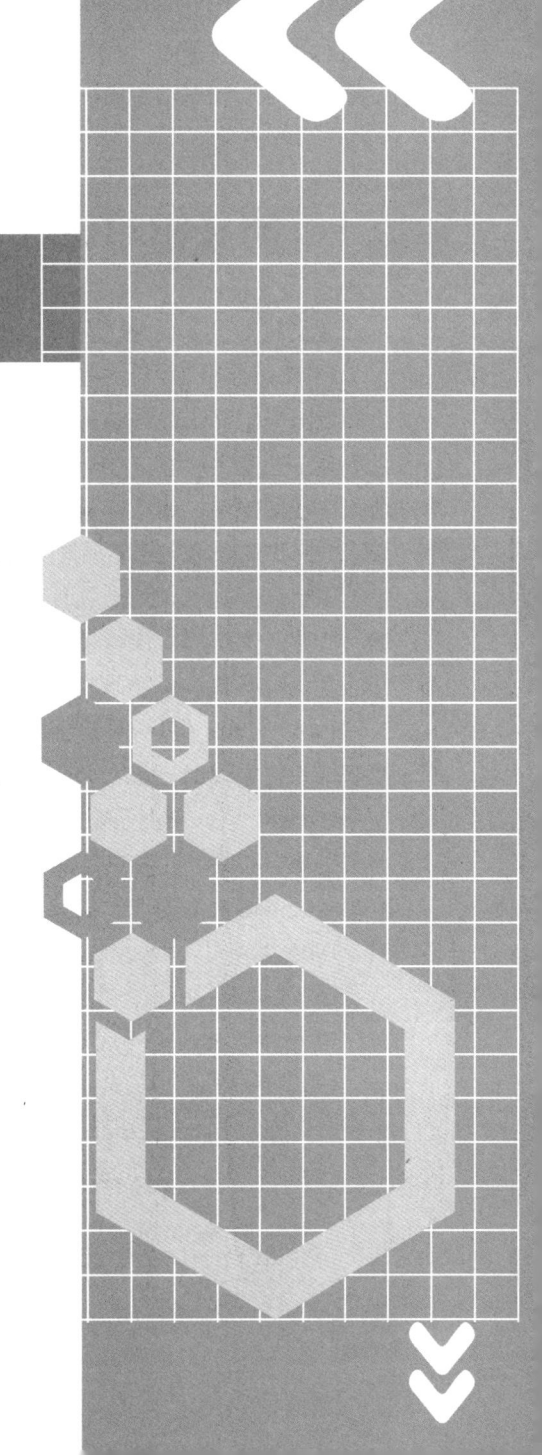

到 19 世纪末，经典科学取得了前所未有的进步和成功。正当人们认为物理学已经达到了顶峰，并陶醉于这种"尽善尽美"的境界之中的时候，出乎意料地爆发了物理学的危机，这场危机是由以太漂移实验和对黑体辐射现象的研究引起的。1887 年，美国物理学家迈克尔逊和莫雷为了寻找地球相对于绝对静止的以太运动的"以太风"，进行了著名的以太漂移实验，但实验结果却同经典物理学理论的预言完全相反，这使得物理学界大为震惊。同时，有关气体比热容的实验结果也与能量均分定理产生了尖锐的矛盾。这两个问题被英国物理学家开尔文在 1900 年 4 月 27 日的英国皇家学会的讲演中称为物理学晴朗天空中的"两朵乌云"。在科学发展的历史的转折关头，产生了自己所需要的英雄和巨人，他们推波助澜，掀起了一场空前的物理学革命，把物理学由经典物理学阶段推进到现代物理学阶段，而相对论和量子力学就是这场物理学革命的最主要的成果，它们构成了现代物理学的两大理论支柱。

9.1　狭义相对论

狭义相对论是由德国科学家爱因斯坦于 1905 年提出的。

1879 年 3 月 14 日，爱因斯坦出生在德国小镇乌尔姆的一个普通家庭。和牛顿一样，幼年的爱因斯坦并未显现出任何天才的迹象，相反他很晚才开口说话，父母因此担心他智力发育不全。他上学后除数学外，其他功课成绩平平。1894 年爱因斯坦家迁到意大利米兰，他一个人留在慕尼黑以完成中学最后一年的学业。1895 年，16 岁的爱因斯坦第一次报考苏黎世的瑞士联邦理工学院，未被录取，于是转学到附近的阿劳中学补习中学课程。1896 年爱因斯坦终于如愿以偿地考入瑞士联邦理工学院，主修物理。1900 年，爱因斯坦顺利通过了毕业考试，然后待业。两年后，谋得了一份瑞士专利局的工作，这使得他不用再为衣食奔波，而且有充分的业余时间从事科学研究了。

1902—1909 在专利局工作的 7 年，是爱因斯坦科学创造的辉煌时期。特别是 1905 年，他取得的科学成就堪称人类智慧的奇迹，这一年他完成了 6 篇论文。

1905 年 3 月，他完成论文《关于光的产生和转化的一个启发性的观点》，该论文刊于德国《物理学年鉴》。文中提出光量子学说，成功地说明了光电效应现象。1921 年，爱因斯坦因此文获得诺贝尔物理学奖。

1905 年 4 月，他完成博士论文《分子大小的新测定法》，以此论文向苏黎世大学申请博士学位，1906 年 1 月获得批准。

1905 年 5 月，他完成有关布朗运动的论文，该论文间接证明了分子的存在。

1905 年 6 月，他完成《论动体的电动力学》，该论文刊于德国《物理学年鉴》。正是在这篇论文中，爱因斯坦提出了举世闻名的狭义相对论。

1905 年 9 月，他完成了有关质能关系式——$E=mc^2$ 的论文，此关系式构成了原子弹的理论基础。

1905 年 12 月，他完成又一篇关于布朗运动的论文。

1909 年爱因斯坦被苏黎世大学聘为副教授，1912 年升为教授，爱因斯坦终于得到了心仪已久的职务。1913 年普朗克邀请爱因斯坦回德国工作，同年普鲁士科学院选举爱因斯坦为院士。1914 年 4 月，爱因斯坦担任威廉皇帝物理研究所所长，兼任柏林大学教授。1932 年 2 月，爱因斯坦去美国工作。1955 年 4 月 18 日，爱因斯坦逝世于美国普林斯顿。

9.1.1 狭义相对论的主要内容

德国物理学家爱因斯坦提出狭义相对论，用以反映高速运动下的规律，即在接近光速情况下的空间、时间、质量与运动的关系。

狭义相对论的主要内容包括两条基本原理和一些重要推论。

1. 两条基本原理

1) 光速不变原理

光速不变原理指在任何惯性系中光速都相同。

经典力学认为，空间向上下四方延伸，同时间无关；时间从过去流向未来，同空间无关。因此就存在绝对静止的参考系，牛顿运动定律和万有引力定律是在这种参照系中描述的。凡是牛顿定律成立的参照系叫作惯性系；而牛顿运动定律不成立的参照系则叫作非惯性系。

在经典物理中，速度合成律为 $v = u \pm v'$。

例如，甲在河里游泳，乙在岸边观望。假定河流的速度为 v'，甲保持速度 u 时而顺流而下，时而逆流而上。在甲看来，无论是顺流，还是逆流，他游泳的速度保持不变；但在乙眼里，甲顺流时游得快，逆流时游得慢，甲的速度变化很大。这是因为按经典力学的速度合成律，甲顺流的速度是 $v = u + v'$，逆流的速度是 $v = u - v'$，所以甲顺流与逆流的速度 v 是不同的。

实验表明，对于光速，则是 c 为不变量。例如，太阳光以速度 c 射向地球，地球以速度 v_0 自转。对于地球人看来，按经典力学的速度合成律，黎明到中午，地球逆太阳光而行，光速应慢一点；中午到黄昏，地球顺太阳光而行，光速应快一点。迈克尔逊-莫雷实验表明：光速是不变量。

牛顿的速度合成律($v = u \pm v'$)和光速不变的事实是矛盾的，但又都是正确的。显然需要一个更完整的理论能把二者统一起来。

狭义相对论的速度合成律为 $v = \dfrac{v' + u}{1 + \dfrac{v'u}{c^2}}$；当 $v' \to c$ 时，$v \to c$，光速不变。

当 v' 远小于光速时，$v'u/c^2 \to 0$，则 $v = u \pm v'$。它就成为经典力学中的速度叠加公式。这说明经典力学是研究宏观物体低速机械运动的现象和规律的科学。

例如：在地球上看飞机上发射火箭，如果飞机的速度是 1 声速，火箭的速度也是 1 声速，那么火箭的速度为 1 声速+1 声速=2 声速；如果飞机和火箭以光速运行，在地球上看来，火箭的速度不是 1 光速+1 光速=2 光速，而是 1 光速。

2) 狭义相对性原理

狭义相对性原理指物理规律在任何惯性系中都一样。

光速在任何惯性系中都相同,可以推出,在所有惯性参照系中,物理定律具有相同的形式。这意味着,如果你在一个惯性参照系中观察物理现象,然后在另一个惯性参照系中观察相同的物理现象,你将发现物理定律在两个参照系中是相同的。这个原理强调了物理定律的普适性,即物理定律不依赖于观察者的运动状态。狭义相对性原理是狭义相对论的基石,它为相对论的建立提供了理论基础。

2. 重要推论

根据狭义相对论,可以得出以下推论。

1) 运动的钟变慢(钟慢效应)

由狭义相对论的基本原理推出:当一个以速度 v 相对于观测者运动的钟经过了 $\Delta t'$ 时,静止的钟所指示的时间为

$$\Delta t = \frac{\Delta t'}{\sqrt{1-\frac{v^2}{c^2}}}$$

如果横轴是物体的运动速度,纵轴表示当运动钟走过 1s 时静止的钟走过了多少。从公式可以推出,只有当运动速度非常接近光速时,静止者看到的运动者的寿命延长效应会变得很大。当运动速度趋近光速时,静止者看到运动者的寿命趋向无限大。

光速是一个极限值。例如,对于以 $0.6c$ 速度运动的钟,其走过 1s 时,静止的钟已走过了 1.25s。从图 9-1 中可以看到,只有当运动速度非常接近光速时,静止者看到的运动者的寿命延长效应才会变得很大;当运动速度趋近光速时,静止者看到运动者的寿命趋向无限大。

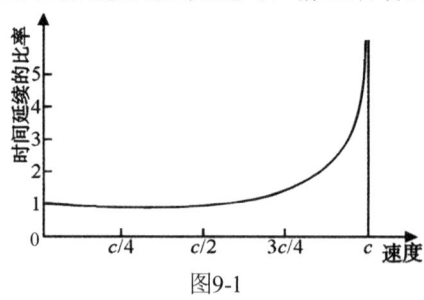

图9-1

一只钟相对于观察者静止时,它走得最快;如果它相对于观察者运动,它就走得慢。运动速度越大,走得越慢。寿命也是一种钟。我们平常说一代人的时间,就是在用寿命来度量时间。有一种粒子,叫作 μ 子。它的寿命很短,从产生到衰变,只有大约百万分之二秒(2×10^{-6} s)。按这一寿命计算,即使以光速运动,也只能走过 $2\times10^{-6}\times c=600$ m 的距离。而实际宇宙线的观测表明,在高空中产生的 μ 子也能到达地面,它们走过的距离远远大于 600m,这是为什么?利用运动钟变慢的相对论效应,不难解开这个谜。在 20 世纪 60 年代,人们已用 μ 子寿命做实验,验证了爱因斯坦提出的运动物体的时间膨胀效应是正确的。随着粒子物

理学的发展，人们发现并获得的高速粒子越来越多，由实验检验相对论时间膨胀效应的次数日益增多，所有的有关实验都证实了相对论效应是正确的。

结论：一只钟相对于观察者静止时，它走得最快。如果它相对于观察者运动，它就走得慢。运动速度越大，走得越慢(当 $v \rightarrow c$，$\Delta t \rightarrow \infty$)。

2) 运动的尺缩短(尺缩效应)

由狭义相对论的基本原理推出：一把静止时长度为 L_0 的尺子，当它相对于观测者以速度 v 运动时，其长度就成为

$$L = L_0 \sqrt{1 - \frac{v^2}{c^2}}$$

一把 1m 长的尺子在运动过程中长度的变化如下：

当速度达到光速的一半时，收缩 15%。当速度达到 26 万 km/s 时，收缩 50%，也就是原来 1m 长的尺子，现在只有 50cm 了(见图 9-2)。

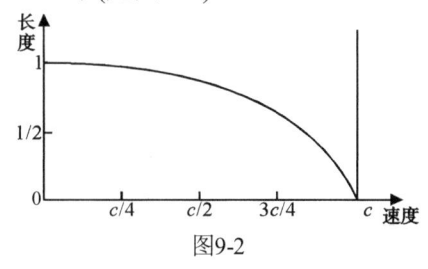

图9-2

结论：一个物体相对于观察者静止时，它的长度测量值最大。如果它相对于观察者运动，则沿相对运动方向上的长度要缩短。速度越大，缩得越短。(当 $v \rightarrow c$，$L \rightarrow 0$)。

3) 质增效应

由狭义相对论推出

$$m = \frac{m_0}{\sqrt{1 - \frac{v^2}{c^2}}}$$

称为质增效应。其中，v 是物体的运动速度；m_0 是物体静止时的质量。在相对论力学中，物体在高速运动时质量随着速度的增加而迅速增加(见图 9-3)。也就是说，速度越大则越难加速，那么就存在物体运动速度的光速极限。事实上，现代微观带电粒子(电子、质子等)的加速实验已完全证实了这一点。

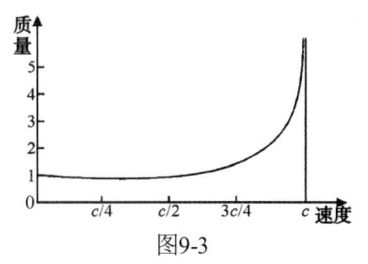

图9-3

结论：在相对论力学中，物体在高速运动时质量随着速度的增加而迅速增加(当 $v \to c$，$m \to \infty$)。

4) 质能关系公式

由狭义相对论的基本原理推出 $E = mc^2$。

在牛顿力学中，当一个力 F 沿物体运动方向对一个物体作用时，这个力要对物体做功。功转换成物体的动能。作用时间越长，物体走过的距离越长，物体的运动速度也就越大，即表示物体的动能越大。可是，按照狭义相对论，当 F 对物体作用时，最后并不增加物体的速度(因加速度趋于零)，那么力 F 做的功转换成什么能量了呢？

参见图 9-3，当物体运动速度 v 接近光速 c 时，外力 F 的作用虽然不再使 c 有明显变化，但是却会使物体的惯性质量 m 有所增加。作用时间越长，惯性质量 m 就越大(因 m 无上限)。所以，这个物体能量的增加是和它的惯性质量 m 的增加相联系的。也就是说，惯性质量的大小应当标志着能量的大小。这是狭义相对论的又一个极其重要的推论。

9.1.2 狭义相对论在时空观上的突破

经典力学中有三个普遍的基本物理概念——质量、空间和时间，质量可以作为物质的量的一种度量，空间和时间是物质存在的普遍形式。经典力学认为，空间向上下左右四方延伸，与时间无关；时间从过去流向未来，与空间无关。因此，就存在绝对静止的参照系，即以太参考系。

狭义相对论从根本上否定了以牛顿为代表的脱离物质运动的绝对时空观。狭义相对论里的钟慢效应和尺缩效应，表明时间、空间与物质的运动是不可分割的；通过爱因斯坦的质能关系使人们认识到，质量概念和能量概念表示的是物质的属性，而不是物质的本身；质量与能量相当，恰好说明物质与运动的不可分割的联系。按照辩证唯物主义的观点，没有运动的物质与没有物质的运动同样是不可思议的。一个"静止"的物体，仅仅是相对于所选用的参考系没有整体的运动而已，在它的内部，存在着多种形式的运动。

9.2 广义相对论

正当人们忙于理解狭义相对论的时候，爱因斯坦却独自踏上了艰难的探索之路，终于在1915 年完成了广义相对论。

广义相对论的建立较之狭义相对论要漫长而艰难得多，为此爱因斯坦几乎单枪匹马付出了 8 年艰辛的劳作。其最初的思想产生于 1907 年。1913 年在好友格罗斯曼的帮助下，运用黎曼几何建立了初步的广义相对论方程，但其中引入了一个错误的假设。1915 年爱因斯坦修正了该错误，11 月他先后向普鲁士科学院提交了四篇论文，标志着广义相对论的完成。1916 年初，爱因斯坦以《广义相对论基础》一文用尽可能简单的形式向物理学家们系统全面地介

绍了广义相对论的物理思想和数学方法，最后还给出了三个可验证的推论，后来这些推论都得到了辉煌的证实。1916 年底他又写了一本科普小册子《狭义与广义相对论浅说》，用通俗的语言向一般大众介绍了相对论的思想。

1916 年秋，爱因斯坦在《关于辐射的量子理论》一文中，提出了受激辐射概念，这一思想后来得到了进一步深化和发展，成为现代激光技术的理论基础。

9.2.1 广义相对论的主要内容

1. 两条基本原理

1) 等效原理

等效原理指一个加速运动系统所看到的运动与存在引力场的惯性系统所看到的运动完全相同。

这个原理可以形象地描述成：在地球引力场中以 g 为加速度下落的人的感觉，与失重情况下相同；而当一艘太空船以大小为 g 的加速度前进时，其中的宇航员的感觉，与在地球上的人一样。

假如，有一个密闭的物理实验室，这个实验室的顶上安了一根钢丝绳，可以提着它向上走。现在，用一枚多级火箭把这个爱因斯坦升降机发射到遥远的宇宙空间。假定它远离一切天体，因此升降机、升降机里的实验人员、弹簧秤等都没有受到引力的作用，处于失重状态。弹簧秤和秤钩上挂着的砝码悬在空中，实验人员也飘浮着，如图 9-4 所示。假定有一个外力，拉着升降机向上做匀加速直线运动，加速度刚好等于地面上的重力加速度，即 a=9.8 m/s^2。这时，实验人员觉得自己恢复了重量，又站到地板上了。弹簧秤上的指针也指出砝码的质量是 2 kg。一切都和地面上的情况一样，如图 9-5 所示。

图9-4 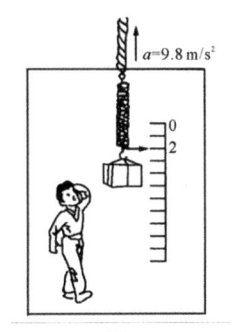　　　　　　　　　图9-5

于是实验人员以为，自己从远离一切天体的宇宙空间回到了具有引力的地面上了(实际还在宇宙空间)。这时，在一个非惯性系(升降机向上做匀加速运动)里描述的物理过程的规律就和一个内部存在一均匀引力场上的惯性系(地球表面)所描述的物理过程的规律完全等效。这样就把运动的相对性原理从惯性系推广到非惯性系。

2) 广义相对性原理

广义相对性原理指物理规律在一切参照系中都成立，即无论在惯性系中还是在非惯性系中，物理学规律的数学形式都是相同的。

广义相对性原理是对狭义相对性原理的推广，狭义相对性原理只适用于惯性参考系，而广义相对性原理则适用于所有参考系，包括非惯性参考系。这意味着，无论参考系如何运动，物理规律的形式都保持不变。

2. 重要推论

1) 行星近日点的进动

按照牛顿力学，一个单独绕太阳运转的行星，它的轨道应当是一个精确椭圆，并且轨道的近日点也是固定的。但是水星轨道的问题是，它的近日点不是固定的。已知其他行星的引力，以及太阳系里小行星带的引力，加在一起使水星轨道受到一个很小的附加影响，它使得轨道产生进动，即近日点随着时间逐渐"前移"，在 300 万年内移动一周，如图 9-6 所示。但是，除了所有已知的引力影响，还有一个解释不了的附加进动，称为"异常进动"。根据天文学家们的观测，这个异常进动是 43 弧秒每世纪。

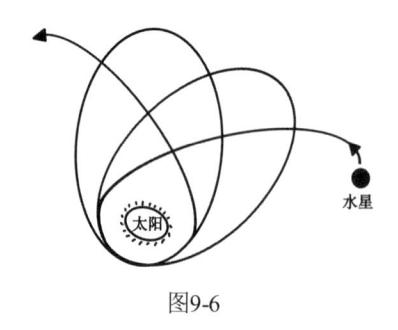

图9-6

爱因斯坦用广义相对论产生的时空曲率，算出了这个异常进动值，正好是 43 弧秒每世纪。之后，其他一些行星的这种近地点"异常"进动也被测量出了。在观测误差范围之内，它们的值也同样与广义相对论算出的值相吻合。

2) 光谱线的引力频移

根据广义相对论，引力场会使时钟变慢。一个原子可以被看作一个简单的钟，它里面的电子以极准确的频率绕着原子核旋转。因此在原子中，电子的振荡频率变低，辐射出的光的频率也随之变低。所以，引力场很强的恒星发出的光谱线，应该向低频端，也就是红端移动。一个在太阳表面的氢原子发射的光，到达地球时，我们将发现它的频率比地球上氢原子发射的光频率要低一点，即红移了。这是因为太阳表面的引力场比地球上的强。总之，当光从引力场强的地方传播到引力场弱的地方时，频率都要变低一些。在相反情况下，则要变高一些。1960 年以后，在地面实验室中定量地检验了引力红移理论。庞德等人在一个 22.6 m 高塔的底部放一个 ^{57}Co 的 γ 光源，在塔顶放一个 ^{57}Fe 的接收器。当 ^{57}Co 所发射的 γ 射线到达顶部时，将发生微小的红移。实验测量结果与理论预言非常一致。1959 年观测太阳光谱，1971 年观测一种密度很大的白矮星的光谱，都进一步证实了引力红移现象。按照爱因斯坦的预言，太阳上的原子(更准确地说，是离子，即带电荷的原子)中的电子，它们的振荡频率比地球上的要稍微慢一些。振荡频率的变慢，可以在离子的辐射中显示出来，也就是辐射的波长会变长一些，这已经在实验中得到了验证。虽然这个效应对于太阳来说很小，但是对于白矮星来说，就变得很显著。白矮星的质量和太阳差不多，但是半径却小很多，因此它表面处的引力

场比太阳要强许多倍。已经在地球上接收到从白矮星的离子发出的光,由于引力场的这个效应,光辐射已经明显地红化。

3) 光线在引力场中偏转

一切物体在引力场附近时,都不可能走直线,因为引力的作用要使它们的轨道偏向引力源。根据等效原理可以判断,光在引力场中传播时,也会有类似的现象。引力场的空间不是平直的,不是欧几里得空间,而是弯曲的黎曼空间。光线在引力场中的偏转角的公式为

$$\alpha = 4G_0 M/c^2 \Delta$$

式中,G_0 是万有引力常数;M 是星体的质量;c 是光速;Δ 是光线距星体中心的最短距离。将这个公式应用于擦过太阳边缘的星光光线,偏转角是 1.75″。当没有太阳时,星光以直线传到我们的地球,但当太阳出现在星体与地球之间时,光线发生弯曲,我们将看到星体的位置移动到虚线的方向,即如图 9-7 所示。当太阳出现在星体与地球之间时,星光就会发生弯曲。

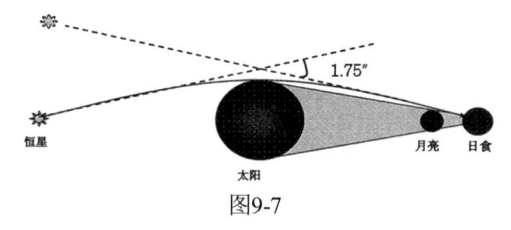

图9-7

1919 年 5 月 29 日,英国天文学家爱丁顿和克罗姆林分别在非洲和南美洲观察日全食时发现太阳附近恒星位置的变化,得出光线通过太阳边缘时分别弯曲了 1.61″±0.31″和 1.98″±0.12″的结论。他们在西非的普林西比岛上拍摄了日全食时太阳附近的星空照片,然后与太阳不在这个天区时的星空照片相比较:太阳周围那十几颗星星,都向外偏转了一个角度,星光拐弯了。与爱丁顿同时观测日全食的还有赴南美洲索布拉尔的远征队,他们拍的照片之中,有 7 张和爱丁顿的照片是一致的。爱丁顿经过反复计算、核对,排除一切误差、干扰,最后他完全有把握认为,日全食的观测,精确地证实了爱因斯坦的广义相对论。

9.2.2 广义相对论在时空观上的突破

爱因斯坦在广义相对论中指出,在引力场中,空间的性质不再服从欧几里得几何,而是遵循非欧几何。由于物质的存在,空间和时间会发生弯曲,而引力场实际上是一个弯曲的时空。有引力场存在时,时空是弯曲的黎曼空间,弯曲的程度取决于物质的分布;物质密度越大,引力场越强,空间弯曲得越厉害。这样就可将引力看作弯曲时空本身,而不再是物体相互作用下的规律。物质造成了时空的弯曲,弯曲又决定了引力场内物体的运动。

在牛顿眼里,时间均匀流逝,空间平直广延,物质、时空和运动各行其道。

在爱因斯坦眼里,"物质告诉时空怎样弯曲,时空告诉物质怎样运动"。物质、运动和时空三者之间有不解之缘。从绝对时空的观点看,月球围绕地球运动的轨道是一个椭圆,维持这种运动的力量是万有引力。从相对论的观点看,物质、运动和时空之间有一体的关系,由于地球的质量使其周围的空间弯曲,月球只不过是在弯曲了的空间中沿最短的路径做匀速

运动而已。至此,牛顿理论体系中的所有基本概念——时间、空间、物质、运动、质量、能量、引力等及其相互之间的关系,都被爱因斯坦赋予了全新的含义。而这种新的含义不但引起了一场物理学革命,而且直接深刻地影响了天文学,引发了人类宇宙观的一次革命。

9.3 量子力学

开尔文所谓"经典物理学晴空中的两朵乌云",其中黑体辐射的"紫外灾难"问题,则导致了量子力学的诞生。

9.3.1 量子力学的基本内容

1. 微观粒子的基本特征

1) 量子性

量子性是指微观客体在运动变化中具有不连续性和突变性。

一个物体能全部吸收投射在它上面的辐射而无反射,这种物体称为绝对黑体。

在一定温度下,当空腔与内部的辐射处于平衡时,腔壁单位面积所发出的辐射能量与其吸收的辐射能量相等。实验测出平衡时辐射能量密度按波长分布的曲线,其形状和位置只与黑体的温度有关,而与空腔材料或形状无关。

1896 年维恩由热力学的讨论,加上一些特殊的假设得出一个分布公式,维恩公式为

$$\rho(v) = BV^3 e^{\frac{-Av}{T}}$$

公式与实验结果在短波部分与实验曲线相吻合,但在长波方面出现了偏差。

1900 年瑞利和金斯根据经典电动力学和统计物理学也得到一个黑体辐射能量分布公式

$$\rho_v(v) = \frac{c_1}{c_2} TV^2 = \frac{8\pi v^2}{c^3} kT$$

公式在低频部分与实验曲线相吻合,高频时能量密度趋于无限大,而实验却显示出能量密度趋向于零。这就是著名的紫外灾难。

为了消除黑体辐射中的"紫外灾难",德国物理学家普朗克于 1900 年用插值方法试图调和维恩公式和瑞利-金斯公式,提出能量子的概念。

普朗克得到

$$\rho_v \mathrm{d}v = \frac{8\pi h v^3}{c^3} \cdot \frac{1}{e^{\frac{hv}{kT}} - 1} \mathrm{d}v$$

结果发现,每一点都与实验非常吻合。

当处于低频波段时，$h\nu \ll kT$，那么分母中的指数函数可以展开为 $h\nu/kT$ 的幂级数(麦克劳林公式)，并略去高次项就得到瑞利-金斯公式。

$$e^x = 1 + \frac{x}{1!} + \frac{x^2}{2!} + \frac{x^3}{3!} + \cdots, \quad -\infty < x < \infty \text{(麦克劳林公式)}$$

$$\rho_\nu(\nu) = \frac{8\pi h\nu^3}{c^3} \cdot \frac{1}{e^{\frac{h\nu}{kT}} - 1} = \frac{8\pi\nu^2}{c^3} \cdot \frac{h\nu}{\left(1 + \frac{h\nu}{kT} + \cdots\right) - 1} \approx \frac{8\pi\nu^2}{c^3} kT$$

当处于高频波段时，$h\nu \gg kT$，那么分母中的指数项远大于 1，所以分母中的 1 可以略去，这样就得到

$$\rho_\nu(\nu) = \frac{8\pi h\nu^3}{c^3} \cdot \frac{1}{e^{\frac{h\nu}{kT}} - 1} \approx \frac{8\pi h\nu^3}{c^3} \cdot \frac{1}{e^{\frac{h\nu}{kT}}} = \frac{8\pi h\nu^3}{c^3} e^{-\frac{h\nu}{kT}}$$

实际上这就是维恩公式(参见图 9-8)：$\rho(\nu) = B\nu^3 e^{\frac{-A\nu}{T}}$。

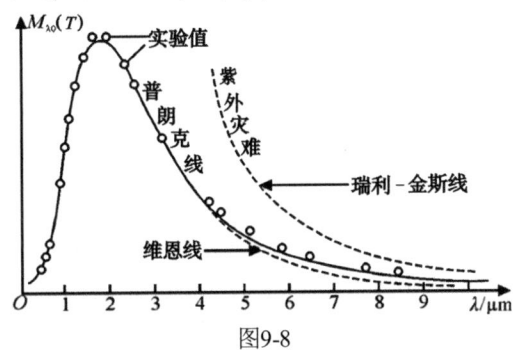

图9-8

这说明普朗克的公式已经包含了他们两者的公式，并且给出了两公式之间的过渡方式。
普朗克发现要解释上列公式，需要做三个假设：
(1) 辐射黑体中分子和原子的振动可视为线性谐振子，这些线性谐振子可以发射和吸收辐射能。谐振子的能量不能取任意值，只能是某一最小能量 ε 的整数倍，即 ε, 2ε, 3ε, $\cdots$。
(2) 谐振子吸收或发射的能量正比于 ν。
(3) 吸收或发射频率为 ν 的电磁辐射，只能以 $h\nu$ 的整数倍，即 $E=nh\nu$，其中 $n=1, 2, 3, \cdots$。
2) 概率性
概率性是指由于微观客体运动时没有确定的连续轨道，而只能估计在某个时刻某个范围内出现微观粒子的可能性大小，即概率的大小。
玻尔根据对应原理思想，定量地求出了氢原子能级公式为

$$E_n = -\frac{2\pi^2 me^4}{h^2 n^2}, \quad n = 1,2,3,\cdots$$

3) 波粒二象性
波粒二象性是指微观客体不仅具有粒子性，而且具有波动性(见图 9-9)。

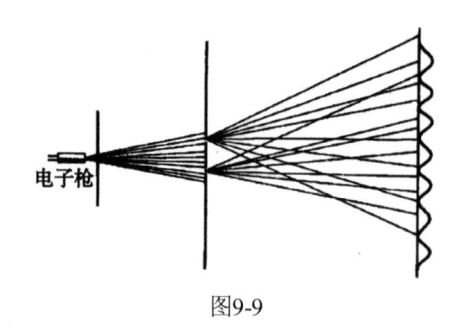

图9-9

德布罗意于1923年9月10日在法国科学院《会议通报》上发表了有关物质波的第一篇论文《波和量子》。他认为，一个能量为 E，动量为 p 的粒子与频率为 v 和波长为 λ 的波相当；仿照爱因斯坦关系，粒子的能量、动量与相应的频率和波长的关系为：

因为 $E=hv$，$c=v\lambda$，$p=mc$，$E=mc^2$，$E=mc^2=pc$

所以 $hv=pc$，$hv=pv\lambda$，$p=\dfrac{h}{\lambda}$（微观客体不仅具有粒子性 p，而且具有波动性 λ）。

4）不确定性

不确定性是指由于微观粒子没有确定的连续轨道，对共轭正则物理量(如动量与位置、时间与能量)不可能同时测准。

海森堡发现，要确切地知道粒子的位置，必须用一束光射到这个粒子上，通过光波的反射才能知道粒子的位置，光波越短，测量的结果越精确。但是波长越短，越容易扰动粒子，结果使粒子以一种不可测的方式改变了速度。也就是说，对位置测量的越精确，那么对其速度的扰动就越大，反之亦然。从电子的衍射现象可以理解微观粒子的不确定性(见图9-10)。

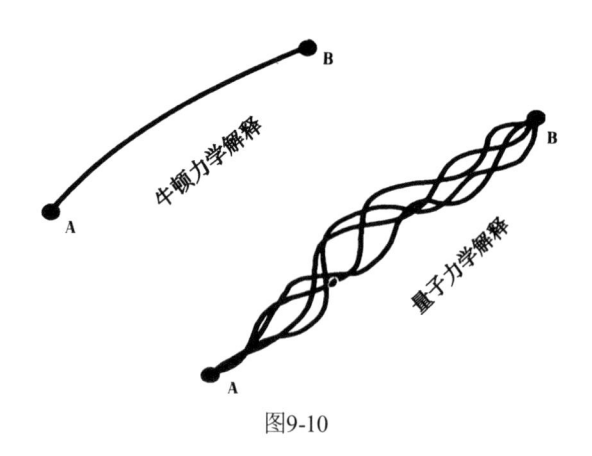

图9-10

9.3.2 量子力学的数学形式

1. 矩阵力学

1925年海森堡在玻尔等人的帮助下，创立了量子力学的一种形式体系——矩阵力学。矩阵力学从所观察的光谱的分立性入手，它的基本概念是粒子，它采用的是矩阵代数方法。

2. 波动力学

1926年，薛定谔采用解微分方程的方法，从经典理论入手，将经典力学和几何光学加以对比，提出了对应于波动光学的波动方程，从而创立了量子力学的第二种形式体系——波动力学。

1926年薛定谔在认真研究了海森堡的矩阵力学之后，与诺依曼一起证明了波动力学和矩阵力学在数学上的等价性。从此之后两者合二为一，形成非相对论量子力学的理论体系。

9.3.3 量子力学对经典决定论的冲击

经典力学认为，一切物体(包括微观客体)运动变化服从确定的因果联系，从前一时刻的运动状态可以推断以后各时刻的运动状态。在数学上，可以用各种方程式特别是微分方程式表述。量子力学的研究结果表明，由于微观客体的运动在本质上是一种非连续的过程，致使微观客体具有量子性、概率性、波粒二象性和不确定性，而这些性质是和宏观客体截然不同的。量子力学的这些研究成果对经典物理学中的机械决定论产生了巨大的冲击。这里要加以说明的是，虽然薛定谔方程也是微分方程，系统的初始状态与以后各时刻的状态有密切关系，但它所涉及的是波函数，所求得的各种值是概率值。

量子力学是研究微观粒子如电子、原子、分子等运动规律的理论，它是现代物理学的又一重要基础理论，极大地推动着现代科学技术的迅猛发展，如原子能技术的开发、激光的问世、大规模集成电路的建立等，无一不以量子理论为前提。在哲学上，量子力学不但揭示了波粒二象性是自然的基本矛盾，为对立统一规律提供了新的证明，而且进一步揭示了连续性与间断性、偶然性与必然性等之间的辩证关系，宣告了机械论自然观的破产。这些都充分说明了量子力学在科学上和哲学上的极为重要的作用和意义。

9.4 基本粒子

人们常把比原子核小的物质单元，包括电子、中子、质子等粒子统称为基本粒子。"基本"只是相对而言，不能把基本粒子看作是物质的最简单元。有很多事实已经表明基本粒子还有它的结构，科学家们只不过沿用这一传统的术语罢了。

9.4.1 奇妙的基本粒子家族

人类发现的第一个基本粒子是电子。自从电子被发现以后，1906年英国科学家欧内斯特·卢瑟福做了著名的α粒子散射实验，即让一束平行的α粒子穿过极薄的金箔时，他发现穿过金箔的α粒子，有一部分改变了原来的直线射程，而发生不同程度的偏转，还有少数α粒子，好像遇到某种坚实的不能穿透的东西而被折回。而这个带正电荷的部分在原子中所占的体积很小。因此，卢瑟福提出了原子内部存在着一个质量大、体积小、带正电荷的原子核，电子在原子核外绕核做高速圆周运动。后来通过粒子撞击的方法发现了基本粒子。中子被发现后不久，美国物理学家安德森在宇宙射线中发现了另外一种粒子——正电子。它的质量和电荷的大小都与电子相同，但带相反符号的电荷，电子用 e 表示，正电子用 e^+ 表示。现在人们把凡是质量、寿命等性质与一种粒子完全相同，但电荷等相反的粒子统称为这种粒子的反粒子。比如正电子是电子的反粒子，反质子是质子的反粒子。反粒子是基本粒子物理学中的一个重要的基本概念。

对于非放射性元素来说，它们的原子核是稳定的，这说明核力是很强的力。日本物理学家汤川秀树为了说明核力的性质，于 1935 年曾预言过有一种传递核力的粒子——π 介子的存在。经过一段曲折的过程后，1947 年人们才在宇宙射线中发现了这种 π 介子。到这一年，人们一共发现了 14 种基本粒子，其中质子、中子和电子构成一切稳定的物质，光子是电磁力的传递者，π 介子是核力的传递者，各司其职。另外，还有不少粒子，如反质子、反中子等都是先从理论上预言而后才在实验中发现的。人们常把到这一时期发现的基本粒子称为第一代基本粒子。

1950 年前后，人们又发现了许多与过去已知粒子的性质十分不同的粒子，它们有许多奇怪的特点，其中最古怪的一点就是"生得快，死得慢"。这些粒子产生于高能粒子的碰撞中，碰撞经历的时间约为 10^{-24} s，而它们的平均寿命则有 10^{-19} s。所以，人们称这些粒子为奇异粒子，也称第二代基本粒子。

1960 年前后，人们发现了大量的寿命非常短的粒子——共振态粒子，这些粒子的寿命竟可短到 $10^{-22} \sim 10^{-24}$ s。它们的运动速度即使接近光速，在其寿命期内也只能跑 $10^{-13} \sim 10^{-11}$ cm 的路程。这样短的路程是无法直接测出来的。人们把共振态粒子称为第三代基本粒子。现已发现的共振态粒子多达几百种，它们成了基本粒子中的主要组成部分。

如此众多的基本粒子的性质是各不相同的，以下几种性质最为重要。

(1) 在基本粒子大家族中，除了最轻的光子的质量为零，其他各种粒子都具有一定的质量。粒子的质量都是指它们静止时的质量。

(2) 在已发现的数百种粒子中，除极少数是稳定的外，其他的都不稳定，它们在产生后的一定时间内自动转化成其他种类的粒子，就是说都具有一定的寿命。大体上说，寿命在 $10^{-8} \sim 10^{-10}$ s 范围内的粒子都已算长命的了。现在已知的寿命最短的粒子，其寿命约为 10^{-24} s。

(3) 除不带电的中性粒子外，所有的粒子所带电荷都是电子电荷的整数倍。

(4) 它们都像陀螺一样绕着自身的一根轴线快速自转。自转的快慢用称为"自旋"的物理量来表示。质量、寿命、电荷和自旋是基本粒子的最重要的性质。

9.4.2 基本粒子的相互作用

基本粒子间存在着多种相互作用。所谓相互作用，从通俗的意义上来说就是"力"。到目前为止，人们已认识到物理世界存在着引力相互作用、电磁相互作用、弱相互作用和强相互作用四种相互作用(见表 9-1)。

表9-1

相互作用	强度比	主要宇宙作用
引力	10^{-38}	把行星、恒星、星系结合起来
弱力	10^{-13}	作用于所有基本粒子
电磁力	10^{-1}	把原子结合起来
强力	1	把原子核结合起来

1) 引力相互作用

牛顿发现了万有引力定律，并用大量事实说明，所有物体都同与它们质量成正比、距离二次方成反比的力相互吸引。万有引力是一种长程力(非常大)。引力虽然主宰着宏观天体的运动，但因微观粒子的质量极其微小而对它们的影响甚微(是强力的 $1/10^{-38}$)。在目前的实验所能达到的能量标度上，微观粒子间的万有引力作用可以忽略不计。

2) 电磁相互作用

电磁相互作用是使同号电荷相互排斥而异号电荷相互吸引的一种长程力(非常大)。作用力的强度约是强力的 $1/10^{-2}$。原子得以构成并保持其稳定性，全靠电磁力起作用。分子的形成则是靠电磁力的剩余作用。一切化学力都是剩余电磁力，即本质上是电磁力，包括人类在内的所有生物的存在形式，全是由电磁力约束的。

3) 弱相互作用

弱力的作用是改变粒子，而不对粒子产生推和拉的效应。

弱相互作用是短程相互作用，力程大约为 10^{-17} cm。实验测得 B 衰变的强度比电磁相互作用弱得多(作用力强度约是强力的 $1/10^{-13}$)，于是把这种相互作用称为弱相互作用。这种核的反应是原子核里面的中子衰变成一个质子，同时放出一个电子，还会放出一个质量大约为零的中性微粒子，从而变成另一种原子核。

4) 强相互作用

强力是把夸克(夸克是一种参与强相互作用的基本粒子，也是构成物质的基本单元)结合在一起的力。

核力被认为是一种力度很强、力程像核的尺度一样短的吸引力。核力与电荷无关，从而能将质子和中子束缚在一起。表征强相互作用强度的物理量是个随反应能量变化而变化的量。

一般来说，强相互作用的强度是电磁相互作用强度的 100 倍以上，它是一种短程力，力程大约为 10^{-13} cm，在此力程之内，强相互作用的强度超过这些粒子之间的所有其他的相互作用。

9.4.3 强子的内部结构

直接参与强相互作用的粒子统称为强子，它们占已发现的基本粒子总数的95%。最常见的强子是质子和中子。原子和原子核有内部结构，强子(如质子、中子)是否也有内部结构呢？

近数十年来的实验提供了不少间接的证据，表明强子有其内部结构。比如用高能电子轰击质子，发现轰击前后电子的飞行方向发生改变，从而证实了质子电荷是有一定分布的。再比如种类众多的强子可以按它们的性质排列成一个有规则的表，与化学元素周期相似，这显然也是强子内部有某种结构的表现。那么，组成强子的结构是什么呢？

最早探索这个问题的物理学家是日本的坂田昌一，他于1956年提出了强子的复合模型。坂田认为，质子、中子和超子可以作为强子的三种基础粒子，所有的强子都是由这三种基础粒子与它们的反粒子构成的复合体。尽管坂田模型在某些方面遇到了困难，但它却使基本粒子有层次的观点具体化了，对基本粒子的结构研究起到了开创性作用。

1964年美国的盖尔曼又提出了另外一个模型——"夸克模型"。这个模型用具有一定的对称性质的上夸克(u)、下夸克(d)、奇夸克(s)置换了坂田模型中的三种基础粒子，这样所有的强子都可以认为是由夸克以及它们的反夸克所组成的。通常粒子的电荷总是基本电荷e的整数倍，但夸克却具有分数电荷，以此为线索，人们可以去寻找自由夸克，即独立存在、不组成基本粒子的夸克。自从夸克概念提出后，人们至今还未找到自由夸克。很多人认为，这是夸克禁闭造成的。正如带电粒子之间通过交换光子发生作用一样，夸克之间是通过交换"胶子"而发生作用。与电磁相互作用不一样的是夸克之间的距离变大时它们的作用也变大，所以就造成了夸克禁闭。

如果根据相互作用的特点来进行分类，基本粒子可分为夸克、轻子和传播子三大类。

1. 夸克

夸克是参与强相互作用、电磁相互作用及引力相互作用的基本粒子。

夸克带有分数单位电荷；夸克都是自旋为1/2的费米子(自旋是物体对于其质心的旋转)。恩里科·费米是意大利裔美国科学家，被誉为核时代的首席建筑师之一。费米子是一类基本粒子，其命名是为了纪念费米在量子力学和粒子物理学领域的开创性贡献。目前已发现的夸克有6种，分别是上夸克(u)、下夸克(d)、奇夸克(s)、粲夸克(c)、底夸克(b)和顶夸克(t)，如图9-11所示。

图9-11

组成 1 个重子需要 3 个夸克，组成 1 个介子需要 1 个夸克和 1 个反夸克。

例如：n=(udd)；p=(uud)；k^0=(ds′)；π$^-$=(du′)；π$^+$=(ud′)。

2. 轻子

轻子参与弱相互作用、电磁相互作用及引力相互作用。

如图 9-11 所示，属于轻子的有电子 e、电子中微子 v_e、μ 子、μ 子中微子 v_μ，τ 子、τ 子中微子 v_τ，以及相应的反粒子，共 12 种。

3. 传播子

传播子是传送各种相互作用的微观粒子。萨特延德拉·纳特·玻色是一位杰出的印度物理学家，他的工作对量子力学的发展产生了深远影响。玻色子是以他的名字命名的，以纪念他对量子统计学和量子力学的贡献。

传递强相互作用的胶子共有 8 种，质量为零，电中性，自旋量子数为 1，它们可以组成胶子球。传递弱相互作用的是中间玻色子有 W$^+$、W$^-$和 Z^0，自旋量子数为 1。W 玻色子质量约为 80.4GeV。Z 玻色子有一个，不带电，质量约为 91.2GeV。传递电磁相互作用的是光子，质量为零，电中性，自旋量子数为 1，只有 1 种(见图 9-11)。引力相互作用的传播子叫引力子，质量为零，电中性，自旋量子数为 2，只有 1 种。

2024 年 3 月 28 日，南京大学物理学院杜灵杰教授团队在《自然》杂志上发表了首次在凝聚态物质中观察到引力子激发(引力子模)研究成果。这一发现标志着实验上首次探测到类引力子，为量子引力领域开辟了新的研究方向。

9.5 思考与练习

1. 爱因斯坦、普朗克、玻尔、德布罗意、海森堡、薛定谔对现代物理学有何科学创新？
2. 简述光速不变原理、钟慢效应、尺缩效应、质增效应、质能关系式、等效原理。
3. 简述光谱线为什么发生引力频移。
4. 简述光线为什么在引力场中偏转。
5. 综述狭义相对论和广义相对论在时空观上的突破。
6. 量子力学的基本内容有哪些？
7. 什么是基本粒子？如果按照相互作用的特点来分类，基本粒子分为几类？

第 10 章

现代天文学

学习标准：

1. 识记：伽莫夫、夫琅和费、基尔霍夫、彭齐亚斯和威尔逊、哈勃在天文学上的创新成果；恒星的亮度、视星等、光度、绝对星等的概念；天文学的距离单位。

2. 理解：宇宙元素的丰度、恒星光谱的红移、宇宙背景辐射、宇宙年龄获得的依据；大爆炸标准模型的演变过程；原恒星、主序星、红巨星、白矮星、中子星、黑洞的成因。

3. 应用：综述赫罗图的重要意义。

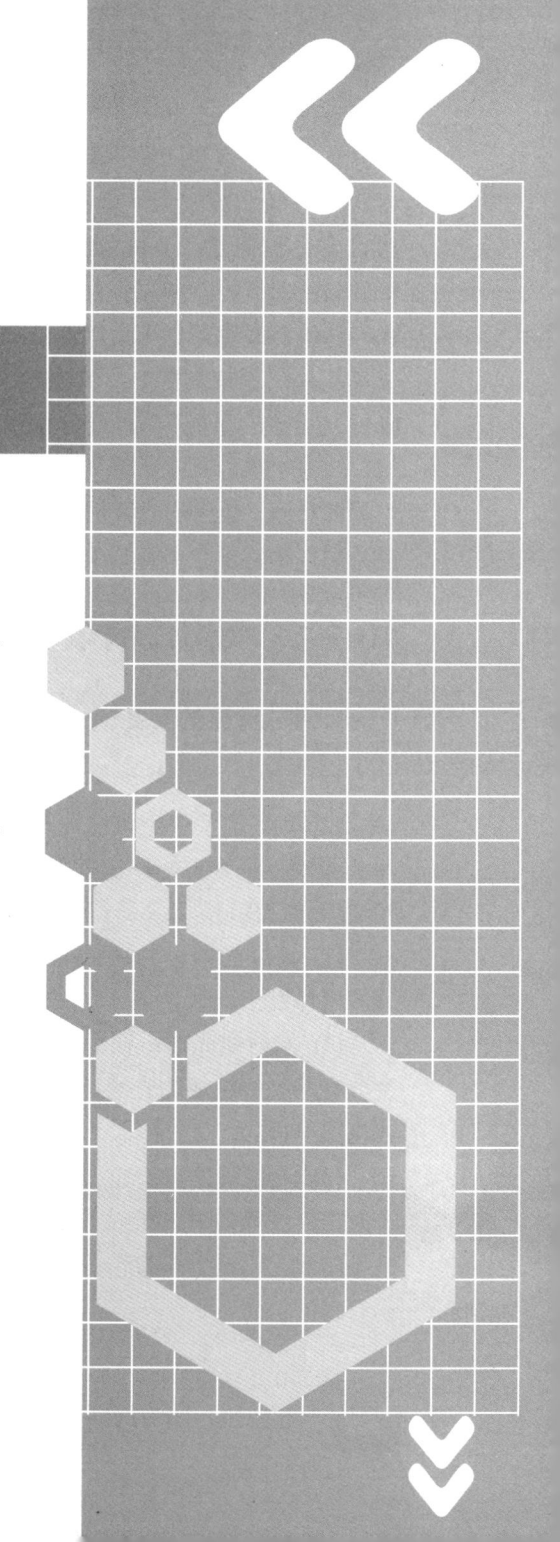

20 世纪中叶以来，天文学有了突破性的进展。由于现代物理学的发展和各种观测仪器的出现，引起了一系列天文观测的新发现和各种新的分支学科的诞生。关于宇宙起源与演化的讨论也进入了新的时期，许多科学假说引起了人们的关注。

10.1 宇宙大爆炸理论

乔治·伽莫夫是一位核物理学家和宇宙学家，出生于敖德萨市(现乌克兰)。1922 年至 1923 年，他在敖德萨的新罗西亚大学数理系学习，随后转往列宁格勒大学物理系。1928 年至 1929 年在哥本哈根大学理论物理研究所担任研究人员，师从著名物理学家尼尔斯·玻尔。1934 年移居美国，被聘为华盛顿大学教授。一生正式出版《宇宙的产生》(1952)、《物理学基础与新领域》(1960)等 25 部著作。1946 年伽莫夫正式提出大爆炸理论，认为宇宙由大约 100 亿年前发生的一次大爆炸形成。爆炸之初，物质只能以中子、质子、电子、光子和中微子等基本粒子形态存在。宇宙爆炸之后的不断膨胀，导致温度和密度很快下降。随着温度的降低、冷却，逐步形成原子、原子核、分子，并复合成为通常的气体。气体的主要成分是氢气，约占 75%；其次是氦气，约占 25%。气体逐渐凝聚成星云，星云进一步形成各种各样的恒星和星系，最终形成我们如今所看到的宇宙。宇宙还在膨胀，宇宙背景冷却到 3K。该理论成为现代宇宙学中最有影响的一种学说，被称为宇宙大爆炸标准模型。

10.1.1 大爆炸的依据

1. 宇宙元素的丰度

1814 年，德国物理学家夫琅和费用分光镜发现在太阳光的谱带(连续谱)中含有数百条暗线(谱线)，谱带中橙黄色区域的双重暗线(D 线)的位置与金属钠的化合物受热后所产生的两条明线的位置相同。由此开启了恒星光谱分析的研究。科学家们先后发现了三种类型的光谱(见图 10-1)。

(1) 连续光谱：在高压下的炽热固体、液体或者气体发出连续光谱。

(2) 发射线光谱：在低压下的炽热气体，产生分立的亮线组成的光谱。气体不同，产生的亮线也不一样。

(3) 吸收线光谱：通过低压的气体来观察一个发出连续光源时，可以看到连续光谱上叠加了几条暗线，暗线的位置恰好是低压的炽热气体发出亮线的位置。

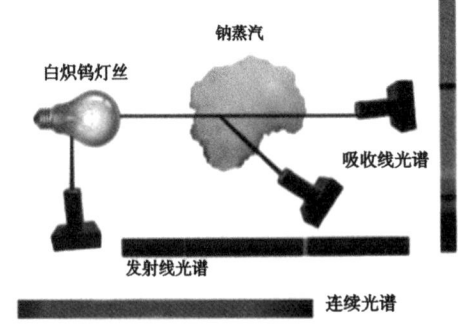

图10-1

1858年德国物理学家基尔霍夫发现了产生这三种光谱的原因，于次年提出了以下两条定律。

(1) 每一种元素都有自己的光谱。

(2) 每一种元素都能吸收它能够发射的谱线。

将所拍的恒星线光谱和已知元素谱线波长表相对照，便可确认天体的化学成分。同时，还可根据光谱线的强度确定各元素的含量。恒星光谱的一个重要特征是具有大量的吸收线，这些吸收线代表着恒星大气中各种不同的化学元素。每一种元素，都有它自己的特征光谱，就像不同的人有不同的面貌一样。

通过光谱分析可以了解恒星的化学成分。几乎所有恒星的表层大气中都具有大致相同的化学成分，氢和氦两种元素占了总量的95%以上，其中氢占75%左右。此外，还有钾、钠、钙、镁、铁、氧化钛等元素和一些化合物。

2. 星系光谱的红移

声音的频率越大，音调越高。比如 C 调：1(262Hz)，2(294Hz)，3(330Hz)，4(349Hz)，5(392Hz)，6(440Hz)，7(494Hz)。大家都知道这样一个事实，一列火车，汽笛长鸣，加速地从我们身边呼啸而过。当火车朝我们开来时，汽笛声越来越尖，一旦擦身而过，又迅速地低沉下去。火车一停，汽笛声也随之稳定下来。这说明声源和观测者只要有相对的运动，声波的频率就会发生变化。在互相接近的情况下，频率变高；互相分离时，频率变低，这种现象叫多普勒效应。多普勒效应是由克里斯蒂安·安德烈亚斯·多普勒发现的，是一切种类波所共有的现象，也适用于光波和电磁波。测定光的多普勒效应的最好办法，是观测它的谱线的变化。

大多数恒星的光谱里，在紫外线部分都有两条暗线，这是被钙气吸收所致。令人诧异的是，同实验室比较，遥远星系光谱里的这两条暗线却不是处在它们应处的位置上，而是稍稍移向低频端(即红端)。这种现象称为"红移"(见图10-2)。星系距离越远，谱线"红移"越显著，甚至使这两条应处于紫外线部分的暗线，移到了红光一端。这种某频率谱线的位移现象，说明该天体远离观察者而去。20世纪60年代，世界各地的天文观测者测量到约 28 000 个星系的光谱，除少数(靠近银河系的那些星系)外，全都具有支持膨胀宇宙的红移。

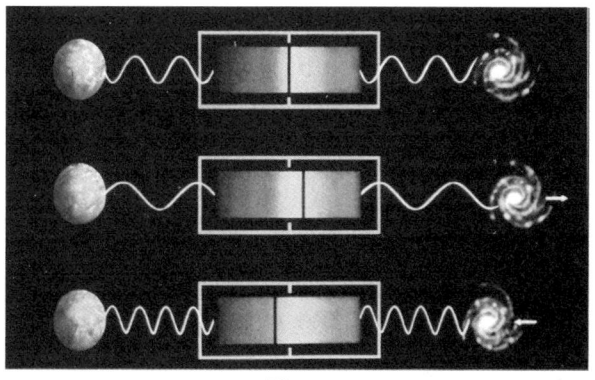

图10-2

3. 宇宙背景辐射

微波即波长在 10m～1mm 的电磁波。现代一般认为短于 1mm 的电磁波(即亚毫米波)也属于微波范围。20 世纪天文学的另一重大发现是微波背景辐射。

1964 年美国贝尔电话实验室的彭齐亚斯和威尔逊用一架卫星通信天线在 7.35cm 波长处探测到一种来自宇宙深处的强度与方向无关的背景信号。为了降低噪声，他们甚至清除了天线上的鸟粪，但依然有消除不掉的背景噪声。他们认为，这些来自宇宙的波长为 7.35cm 的微波噪声相当于辐射温度 2.728K(见图 10-3)。1965 年他们将 2.728K 订正为 3K，并将这一发现公诸于世。普林斯顿大学皮布尔斯等认为这就是他们寻找的宇宙背景辐射。

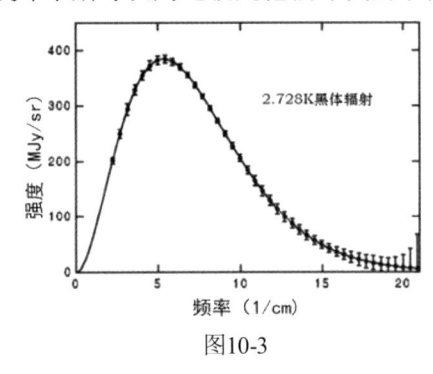

图10-3

宇宙微波背景是宇宙背景辐射之一，为观测宇宙学的基础，因其为宇宙中最古老的光，可追溯至再复合时期。

宇宙充满了热力学温度为 3K 的能用地面射电望远镜和人造卫星上的仪器探测到的辐射之海。黑体辐射是光与物质平衡的产物，由此推断宇宙演化中存在着物质与辐射相平衡的阶段。微波背景辐射作为"大爆炸宇宙"的重要遗迹，被作为"大爆炸"理论的最重要实验证据之一而载入天文学发展的史册。彭齐亚斯和威尔逊两人因此获得 1978 年诺贝尔物理学奖，皮布尔斯也因此分享了 2019 年的诺贝尔物理学奖。

4. 宇宙的年龄

如果宇宙有开端，那么它就有年龄。逆时间顺序追溯宇宙演化的历史，第一个推论是越早的宇宙密度越高，直至无穷。让我们把密度为无穷的时刻作为时间的零点，即定义为 $t = 0$，那么今天的宇宙必有一个有限的年龄。宇宙中一切天体的年龄都不应超过宇宙年龄所确定的上限。从理论上讲，广义相对论为宇宙膨胀过程提供了明确而简单的方程式，因此宇宙年龄易于解出。

美国天文学家埃德温·哈勃发现，宇宙星系红移的速度与红移度成正比(见图 10-4)：$V=H_0D$，H_0 为哈勃常数。研究表明，宇宙的年龄可用哈勃常数 H_0 的倒数表示为 $\frac{1}{H_0} = \frac{D}{V} = t$。

解出的结果表明宇宙的年龄可用哈勃常数 H_0 表示，宇宙年龄约为 H_0 的倒数。由对室女座 10 颗脉冲星观测得到的哈勃常数的值为 50～100km/s/Mpc，确定的宇宙年龄为 120 亿～160 亿年。

图10-4

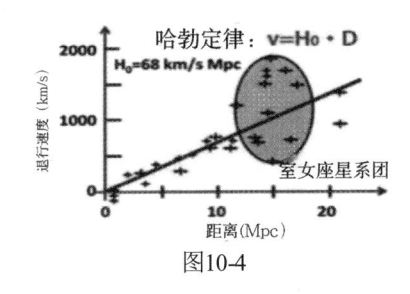

利用放射性同位素含量测定年代的方法，人们测量了地球上最古老的岩石，测量了阿波罗号宇航员从月球上带回来的土壤、岩石样品，测量了来自星际空间的陨石，发现它们的年龄均不超过47亿年。恒星的年龄可从它们的发光速率与能源储备来估计，由此获悉最老恒星的年龄已超过100亿年。利用球状星团在赫罗图上的分布测得的老年星团年龄为120亿～180亿年。总之，用不同方法对宇宙年龄的估算值与标准模型绘出的很接近，上限都为 10^{10} 年数量级。现在普遍认为，估计宇宙年龄为100亿～150亿年。这些结果与宇宙年龄的理论值符合得很好。这无疑对宇宙学理论是很大的支持。

10.1.2 大爆炸标准模型

20世纪70年代以来，粒子物理学家与宇宙学家提出了"宇宙大爆炸起源模型"，联手勾画的宇宙起源与演化的图景如下。

大爆炸宇宙论认为，宇宙起源于一个高温、高密度的"原始火球"的大爆炸，爆炸之后经过降温、变稀和膨胀，逐步演化成今天看到的天体系统。它首先确定如下几条假定：第一条，在大尺度上宇宙是均匀的、各向同性的；第二条，宇宙早期的物质是粒子的理想气体；第三条，宇宙的膨胀是绝热进行的。根据这些假定和其他有关理论，大爆炸宇宙论向人们展示了自大爆炸开始至今的演化过程。

宇宙"始"于约100亿年前的大爆炸。起初不仅没有任何天体，也没有粒子和辐射，只有一种单纯的真空状态以指数函数形式急剧膨胀着。自然界中已知的四种相互作用，即万有引力相互作用、强相互作用、电磁相互作用和弱相互作用那时是不可分的。这四种强弱悬殊、性质各异的基本力，目前完全控制了我们的宇宙。

1. 四种作用力的分化

随着宇宙的膨胀和降温，真空发生一系列相变(可由水变为冰这种相变去理解真空相变)。

(1) 大爆炸后 10^{-44} s，宇宙温度为 10^{32} K，发生超统一相变，引力相互作用首先分化出来，但弱、电磁、强三种相互作用仍不可分。此时粒子产生，夸克和轻子可以互相转变。

(2) 大爆炸后 10^{-36} s，宇宙温度为 10^{28} K，大统一相变发生，强相互作用与弱、电磁相互作用分离，物质与反物质间的不对称(即质子、电子等物质多于反质子、正电子等反物质)的现象开始出现。

(3) 大爆炸后 10^{-10} s，宇宙温度为 10^{15} K，弱电相变发生，弱相互作用与电磁相互作用分离。

经过这几种相变完成了四种相互作用逐一分化的历史(见图10-5)。

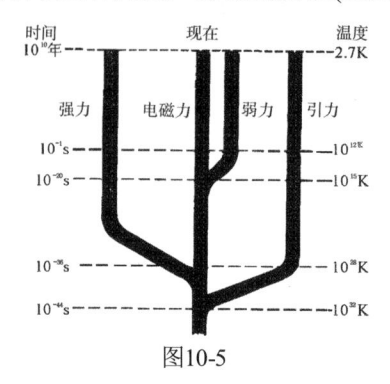

图10-5

2. 从微观粒子到星系

(1) 大爆炸后1s，宇宙温度降至10^{10}K，进入辐射为主的阶段。10s时，温度降为5×10^9K，几乎所有能量均以辐射(光子)形式出现，辐射密度大于物质密度。

(2) 大爆炸后3min，宇宙温度为10^9K，宇宙膨胀为约一光年的实体，是原子核合成的时期，有近1/3的物质合成氦核，就是说此时构造各种物质元素的材料已制备完毕。

(3) 大爆炸后7×10^5a，宇宙温度降为3 000K，物质复合成原子，物质密度大于辐射密度，物质变得透明，物质复合的结果使重子数与光子数保持恒定。

(4) 大爆炸后10^8a，宇宙温度为100K，星系形成。

(5) 大爆炸后10^9a，宇宙温度为12K，出现类星体。

(6) 目前，宇宙年龄为10^{10}a，宇宙温度降为2.7K，我们观测到的宇宙已达到10^{10}l.y.，现在宇宙仍在继续膨胀着(见图10-6)。

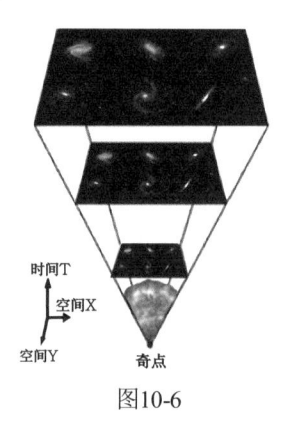

图10-6

宇宙大爆炸模型已成为举世公认的一种"标准宇宙模型"。按标准宇宙模型，在热平衡的"宇宙场"阶段，中子与质子的数量相等。随着宇宙的膨胀，二者比例降低，3 min时为1∶6，此时中子与质子形成氘核的核反应开始。核反应继续进行就生成氦。氦同氢的质量分别占25%和75%(即 1∶3)，就是说元素形成时，其他元素的分量很少，宇宙中几乎全是氢和氦。从太阳系、其他恒星、星际介质、不同星系以及宇宙射线观测和研究中获得的数据表明，宇

宙中氦的含量在 22%～25%，而氢与氦的质量比约为 3∶1，理论值与观测值接近。另外，同一时期合成的氘、锂、铍、硼等轻元素尽管数量比氢、氦少得多，但理论给出的丰度值与实际观测也较接近。这种普适性对"大爆炸宇宙"模型是有力的支持。它的最大困难是承认宇宙有一个开端，时间有起点。从数学上讲，爆炸发生一瞬间，宇宙的密度和温度为无限大，是一个奇点，这是一切以广义相对论引力场方程为基础的模型都会碰到的难题。

10.2 宇宙演化模型

1922 年，俄国科学家弗里德曼等人，对爱因斯坦的宇宙模型进行了动态分析，提出了三种可能的宇宙模型(见图 10-7)，认为宇宙的演化取决于物质的平均密度 ρ_0 与临界密度 ρ_c 的比值。

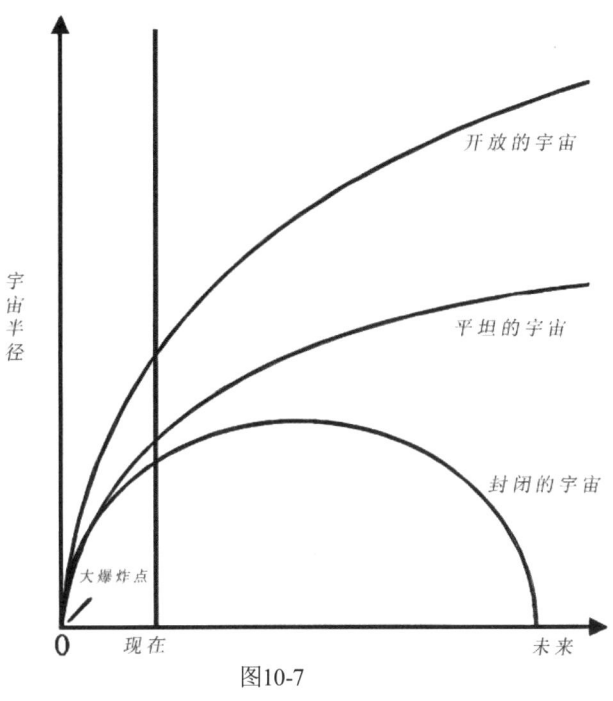

图10-7

(1) 开放模型：若 $\rho_0 < \rho_c$，宇宙膨胀，而且将一直膨胀下去。

(2) 封闭模型：若 $\rho_0 > \rho_c$，宇宙膨胀到一定程度，将会转而收缩。收缩到一定程度，再转而膨胀。按照这种方式重复下去。

(3) 平坦模型：若 $\rho_0 = \rho_c$，为有界无边的宇宙，为前面两种模型的过渡状态。

计算出的临界密度为 $\rho_c = 10^{-29}$g/cm^3。目前观测到的 $\rho_0 = 10^{-30}$g/cm^3。可观测到的物质约占 10%，暗物质约占 90%。如果是这样，宇宙就属于平坦模型。若考虑中微子有质量，且为 10eV，那么宇宙的质量将大大增加，物质的平均密度 ρ_0 可能超过临界密度 ρ_c，宇宙可能为封闭宇宙模型。

10.3 赫罗图

10.3.1 距离单位

(1) 天文单位：规定地球到太阳的平均距离为一个天文单位，用 1 AU 表示。1 AU=1.496×10^8km。

(2) 光年：定义光在宇宙真空中沿直线经过一年时间的距离为 1 光年，用 1 l.y.表示。1 l.y.=9.4607×10^{12}km。

(3) 秒差距：指的是从某天体看太阳系时正交于视线上 1 AU 的距离所张的角度为 1 角秒时的距离(见图 10-8)。1 pc(秒差距)=2.06×10^5AU(天文单位)=3.26 l.y.(光年)。

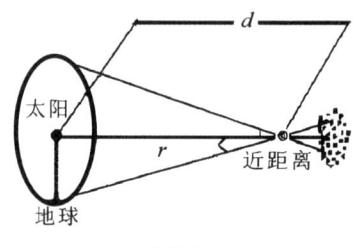

图10-8

10.3.2 亮度和光度

1. 恒星的亮度

恒星的亮度是指我们从地球上看到的恒星发出的光线的强弱程度，即恒星的明暗程度。表示天体亮度等级的叫作视星等。当人们用眼睛直接观察恒星时，会看到恒星有的亮些，有的暗些。古代的天文学家们很早就开始了根据恒星亮度划分恒星等级的工作，这就产生了恒星的星等概念。天文学家把天上的恒星分成 6 等，以肉眼看来最亮的星为 1 等星，肉眼勉强可见的暗星为 6 等星。这样一来，恒星的星等值越高，星就越暗，而比 1 等星更亮的太阳、月亮、行星等的星等值只能以负值来表示了。

19 世纪时，天文学家们发现，从 1 等星到 6 等星，亮度相差大约 100 倍。1～6 之间有 5 个间隔，$\sqrt[5]{100}$=2.512。所以，任意两个星等相差 1 等的恒星，星等值高的要比星等值低的暗 2.512 倍。而天狼星由于比肉眼可见最暗的恒星亮 100 多倍，因此它的星等就被重新确定为 1.4 等，而不是原先的 1 等。

今天，我们观测到的暗星远远超过了 6 等，通过现代大型光学望远镜，可观测到 25 等以上的暗星，而哈勃太空望远镜可观测的极限星等超过了 28 等。前面说到的星等是与在地球上看到的恒星亮度有关的星等，我们称之为视星等或相对星等。

2. 恒星的光度

恒星的光度表示恒星本身的发光强度。表示天体光度等级的叫作绝对星等。恒星的亮度遵从光的反二次方定律，即接收到的光强度与光源到观察者距离的二次方成反比(见图10-9)。例如，若有两颗亮度本来相同的恒星，一颗离我们远些，一颗离我们近些，那么我们用肉眼来看它们的亮度时，将会看到一颗暗一些，一颗亮一些。在考虑了距离因素以后，天文学家制定了绝对星等系统。这个系统把所有的恒星都放在一个标准距离上考虑，这一距离是 10 pc(秒差距)，即 32.62 l.y.(光年)(见图10-10)。

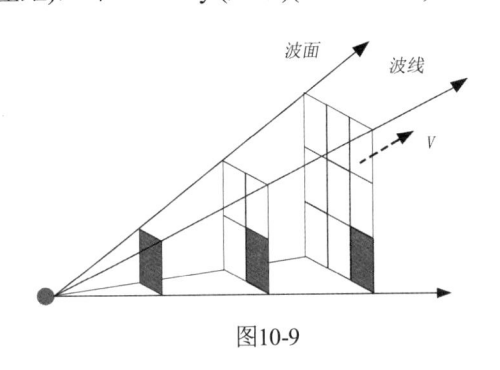

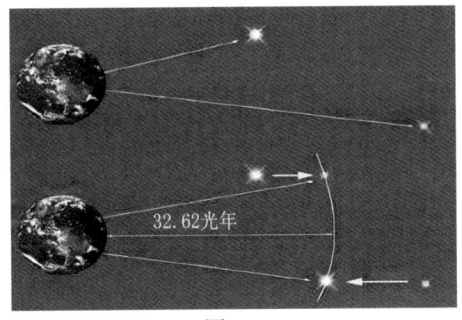

图10-9

图10-10

用 M、m 和 r 分别代表绝对星等、视星等和地球到所考察恒星的距离，它们之间有以下关系：$M=m+5-5\lg r$。r 以秒差距为单位。在 M、m、r 这三个量中，只要知道其中任意两个，就可以通过公式求得第三个。这个公式非常有用，许多恒星的绝对星等 M 或距离 r 就是用它计算得出的。

有了绝对星等之后，就可以比较不同恒星的真实亮度(即光度)了。比如，天狼星的绝对星等是+1.4，太阳的绝对星等是+4.75，则天狼星要比太阳亮 20 多倍。太阳的视星等是-26.74，绝对星等是 4.75，仅是恒星世界中的普通一员。

10.3.3 恒星的颜色

恒星一般呈现出某种颜色，如红色、黄色、白色、蓝色等。在可见光中，红光波长最长(0.7μm)，蓝光波长最短(0.4μm)。

(1) 根据 $\lambda v=c$ 公式，式中 λ 为光的波长，v 为光的频率，c 为光速。在真空中，光速 c 是一个不变的量，得出波长较短的光，有较高的频率。

(2) 按照维恩位移定律：$\lambda T=2.9\times 10^{-3}$。式中波长 λ 的单位是米(m)，温度 T 的单位是 K。若发光体是黑体，该发光体的温度越高，其光强最大值处的波长越短。

例如，蓝色的星温度约为 10 000 K，红色的星温度约为 3 000 K，黄色的星温度居中，约为 6 000 K。太阳就属于黄色的恒星。安妮·坎农创建了现代恒星分类方案，即哈佛分类法。哈佛分类法就是按恒星表面的温度从高到低将恒星划分为 O 型、B 型、A 型、F 型、G 型、K 型、M 型等，当光谱型从 O 型变到 M 型时，恒星的主要发光颜色也就由蓝色变成红色。

10.3.4　赫罗图的发现

1905年,丹麦人赫茨普龙根据他对恒星照片的研究,发现了恒星颜色和光度之间的关系,提出了绝对星等的概念。1914年,美国人罗素发表了同样的研究成果。按照他们的发现,用反映恒星颜色的光谱型和反映恒星真实亮度的光度作图,就会在图上得到不同的恒星序列。这种恒星光谱型和光度的分布规律图称为赫罗图(见图10-11)。

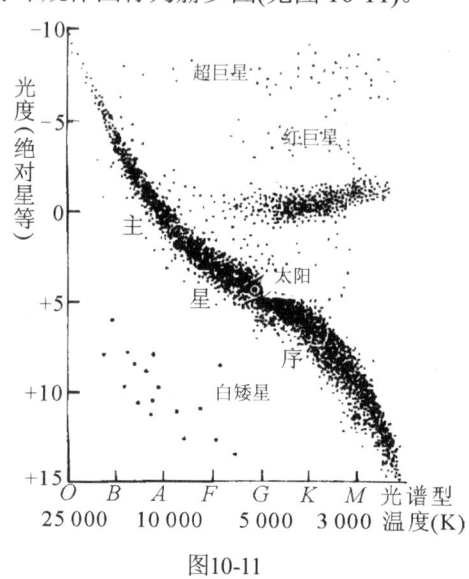

图10-11

在赫罗图上发现,有90%以上的恒星分布在图中的左上方到右下方的对角线的狭窄带区内。这一区域称为"主星序",位于其上的恒星称"主序星"。主星序的右上角,有一个几乎成水平走向的"巨星系"。由于恒星内部的温度更高,放热核聚变主要在中心进行。于是在其中心形成一个氦核,在其周围则是氢燃烧的壳层。当中心温度不足以引起氦燃烧时,引力会使氦核收缩,收缩过程中释放的引力能一部分使核的温度升高,另一部分转移到外部使恒星膨胀而形成巨星。赫罗图的上部,有一些分散的星,称为"超巨星序"。主序星的下面是"亚矮星",再下面则是"白矮星序"。研究表明,赫罗图能显示恒星各自的演化过程,能估计星团的年龄和距离,是研究恒星演化的重要手段,也是天体物理学和恒星天文学的有力工具。

由赫罗图我们可以推测恒星的一生。我们的太阳在赫罗图上就处于主星序的中部。它是一颗中等质量、中等温度也恰好是中年的恒星。它大约在50亿年前形成,又大约在50亿年后可能变成巨星,其半径也许会扩大到目前半径的160倍。那时水星将被太阳吞并,不过也许人类早已不存在,或者乘着"诺亚宇宙方舟"逃避到另一个适合人类生存的星球。

10.4 恒星的起源和演化

恒星是构成星系的基本单元，是将宇宙原始物质合成各种重元素的熔炉。研究恒星的形成与演化是研究银河系结构和演化的基础。在从星际弥漫物质到恒星的演化链上，恒星的形成是最关键的环节。

10.4.1 原恒星阶段

17 世纪牛顿和 18 世纪初康德等倡言的散布于空间中的弥漫物质(称为星云)可以在引力的作用下凝聚成太阳和恒星的假说，经过历代天文学家的努力已逐渐发展成为相当成熟的理论。20 世纪 60 年代确立了恒星从星际分子云中形成这一现代学说，成为恒星形成研究的主要成就。尽管星际物质的密度很低，约为 10^{-19} kg/m³，但它们的分布很不均匀。巨大分子云中密度较高的部分在自身引力的作用下会变得更密。密度越大的气体间的引力也越大，从而进一步增加了其密度。引力做功转化成热，使分子云密度增加的同时温度也不断增高。当气体密度与温度达到一定值时(一些偶然情况也可使气体云变得十分稠密)，向内的引力足以克服向外的压力，大分子云将急剧收缩，聚向中心形成一个密度大的核心天体，称为云核。如果气体云起初有足够的旋转，则在核心天体周围会形成类似太阳系样子的气尘盘。引力势能转换为热能而使中心天体炽热发光。这就是原恒星阶段(见图 10-12)。

图10-12

10.4.2 主序星阶段

盘中物质在引力作用下不断落向原恒星，原恒星在不断收缩过程中，当引力能转换的热能使中心温度达到 10^7 K 时，就足以触发恒星中心氢聚变为氦的热核反应，从而放出巨大的核能，此时恒星不断向外辐射出大量能量，即我们所说的一颗恒星诞生了。恒星主要是依靠内部气体粒子热运动的压力与自身物质之间的巨大引力相抗衡的。如果恒星的能源仅来自引力能，恒星便不会维持多久。对太阳这样的恒星，引力能仅能维持辐射 2 000 万年左右，而太阳至今已有 50 亿年了。维持恒星不断发光发热的能源，绝大部分是恒星内部的核聚变反应提供的。质量轻的原子核经核聚变生成质量较大的核，生成核的质量一般都小于反应前元素质量的和，这称为质量亏损。按爱因斯坦质能关系，一定质量 m 联系的能量 E 是质量乘以光速的二次方，即 mc^2。与亏损质量相联系的能量也这样计算，它在聚变反应中以粒子动能的形式释放出去。这是一个巨大的能源，如太阳，对应 $1 m^2$ 表面积的功率就相当于 6.3×10^7 W 的动力站。对于太阳大小的恒星，核能能够维持其辐射约上百亿年。每四个氢聚变成一个氦($4H^1 \rightarrow He^4$)放出 247 MeV 的能量。恒星形成后最初阶段的光和热就是核聚变提供的，氢弹的能源也如此。可以说，恒星最初是以每秒爆炸数百万颗氢弹获得能量的。

　　核燃烧使恒星内部物质产生向外的辐射压力，当辐射压力与引力达到平衡时，恒星的体积和温度就不再明显变化，进入一个相对稳定的演化阶段，称为主序星阶段，沿赫罗图对角线分布的主序星称为主星序(见图 10-13)。可以说，主序星阶段是恒星的壮年期。恒星在这一阶段停留的时间最长，是其生命的主要部分。包括太阳在内的迄今发现的恒星 90% 处在这一阶段。一个恒星这一时期的长短取决于它的质量。对于太阳质量的恒星，产能速率约为 2×10^{-4} J/(kg•s)，该时期约为 100 亿年。质量比太阳大的恒星这一时期倒比太阳的短。这是因为它的核反应比太阳的激烈、产能率高［可高达 0.1 J/(kg•s)］，从而发光发热也快。因此，对于许多大质量恒星来说，核燃烧的主序星阶段仅能维持几千万年。

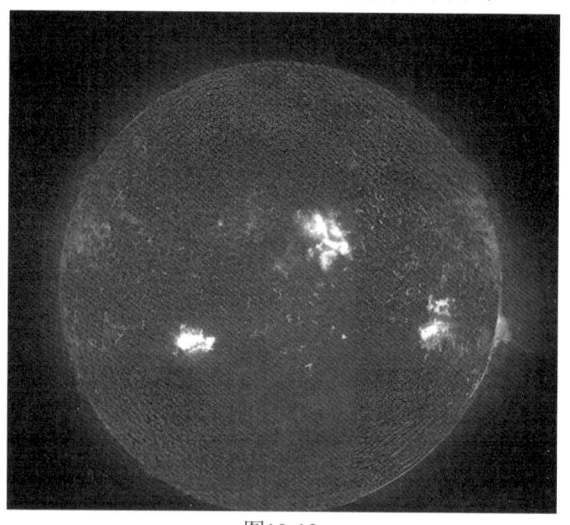

图10-13

10.4.3　红巨星阶段

　　恒星中的核燃烧不仅发生于氢到氦的转变，还有氦到碳再到其他较重元素的逐级转变。但发生这些转变的温度要求越来越高，温度要高达 10^8 K 甚至几十亿 K。当恒星核心部分氢完全转变成氦后(对 7 个太阳质量的恒星大约用 2 600 万年)，恒星的内部将要发生新的变化。一方面，星核由于辐射能力下降在引力作用下将收缩，收缩过程中引力做功产生的热将恒星核心温度再次提高，达到引发氦生成碳的程度，引发新一轮核反应。另一方面，外面壳层的氢也会开始燃烧。可以想象，同时有两个不同的核聚变发生，情况将是复杂的。当氦燃烧完毕后，恒星核心又会类似地进行新一轮核反应(见图10-14)。这样的过程一直会进行到合成铁时为止。

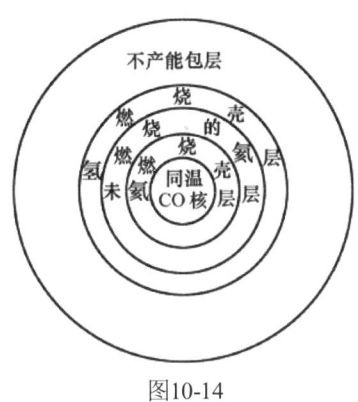

图10-14

即：当温度大于 10^8K 时，$3He^4 \rightarrow C^{12}$；$C^{12}+He^4 \rightarrow O^{16}$；$O^{16}+He^4 \rightarrow Ne^{20}$；$Ne^{20}+He^4 \rightarrow Mg^{24}$。

当温度大于几十亿 K 时，$Mg^{24}+He^4 \rightarrow Si^{28}$；$Si^{28}+He^4 \rightarrow S^{32}$；$S^{32}+He^4 \rightarrow Ar^{36}$；$Ar^{36}+He^4 \rightarrow Ca^{40}$；…；$Gr^{48}+He^4 \rightarrow Fe^{52}$。

这一阶段恒星核心经历几个不同的核聚变反应，恒星也经历多次收缩、膨胀，其光度也发生周期性的变化。此阶段可称为恒星的"更年期"。红巨星、红超巨星就是这一阶段后期的产物。如果太阳变成一颗红巨星，它可膨胀到水星、金星甚至地球轨道那么大。造父变星被认为是处在红超巨星阶段的恒星。

10.4.4 恒星的结局

恒星内部的热核反应的持续时间总是有限的，但是恒星自身物质之间的巨大引力却永远存在，这就出现了恒星结局的问题。随着恒星内部热核反应的停止，尽管恒星外层部分会出现膨胀、爆发等复杂的变动，核心部分却必定在引力作用下发生急剧的收缩，即所谓引力坍缩。这种坍缩是会被某种新形式的压力所阻挡，还是无限制地进行下去呢？这个问题，尽管是 20 世纪的两大物理理论——量子力学和相对论携手作答，并且有了不少重要的进展，却还远未彻底解决。

1. 白矮星

量子力学预言了具有极高密度的物质状态——简并态的存在。如果恒星的质量不超过 1.44 个太阳质量，则简并电子气体压力能够抵抗住引力坍缩，使星体稳定下来。这就是白矮星，其密度约是水的 1 万～100 万倍。这是恒星演化的第一种结局。其实在红巨星阶段，白矮星就可能在其核心中埋藏着了。第一颗被发现的白矮星是双星系统天狼星 A 的伴星天狼

B(见图 10-15)。随着白矮星的渐渐冷却它会越来越暗,直至变成所谓的"黑矮星"。

稳定白矮星的质量上限为 1.44 个太阳质量,称为钱德拉塞卡极限。按照目前的计算,所有在形成时质量不超过 8 太阳质量的恒星,在漫长的演化生涯中都会丢失掉大部分质量,最后成为白矮星。

2018 年,欧洲航天局的盖亚卫星(Gaia)在第二次数据发布中,发现了约 26 万颗高置信度的白矮星候选体。

图10-15

2. 中子星

初始质量更大的恒星,其晚期核心的引力坍缩会更厉害。一种可能的结局是,电子被挤进原子核内,与质子结合成中子,并且达到简并态。恒星的外层则随即出现超新星爆发而被炸散。剩下的只是一个由简并中子气压力支撑的核心,这就是中子星,如图 10-16 所示。

中子星几乎完全由中子组成,其大小只有同质量年轻恒星的百万分之一。直径为数千米的中子星质量就可以超过整个太阳。

对于中子星的预言是在 20 世纪 30 年代末做出的。1967 年夏天,英国剑桥大学的天文学家安东尼•休伊什和他的女博士生乔瑟琳•贝尔•伯内尔发现了一个奇特的电波源,发射的短脉冲是严格周期性的。经过半年多的反复观测,他们在《自然》杂志上公布了这一发现,他们猜想这是外星人发来的联络信号,因此给这个电波源起名为"小绿人",不久又发现了其他几个"小绿人"。后来知道,这是一种未知星体发射来的电磁波,称其为脉冲星。脉冲星是一类特殊的中子星,有发射脉冲的窗口,发射的脉冲就像探照灯的光一样,中子星高速旋转,这些"探照灯"扫过地球,我们就收到了脉冲(见图 10-16)。脉冲星对研究宇宙中星体的演化历史和验证广义相对论有关引力波的预见有很高价值。

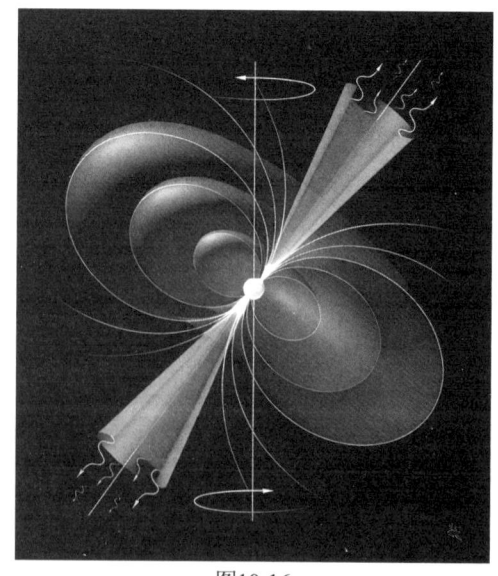

图10-16

中子星物质的密度可达到甚至超过 10^{17} kg/m³，在中子星上，每立方厘米物质足足有一亿吨重甚至达到 10 亿吨。其他物理条件，如强引力、高温度、强磁场等的极端程度也都远超过白矮星，更是地球实验室里绝不可能仿制的。中子星的最大可能质量，尚没有精确确定，现有的估算值是 1.44～2.44 倍的太阳质量。

我国宋史记载宋仁宗至和元年(1054 年)出现的"客星"是我国古书记载的 90 个超新星爆发事例中资料最详尽的一个。它最亮时比金星还要亮。这颗超新星的遗迹就是著名的蟹状星云，它以 1 100 km/s 的速度向外膨胀着。900 年后英国天文学家在那个位置发现的脉冲星，就是那次爆发剩余的星核——中子星。到 2025 年 1 月为止，已记录的中子星数量超过 3 700 颗。这些中子星主要是通过检测其脉冲非热辐射被发现的，这些辐射的波长范围从无线电波到伽马射线。

3. 黑洞

如果恒星在经过各种形式的质量损失特别是超新星爆发之后，其核心剩余的质量大于 2.44 个太阳质量，就没有任何力量能够阻止引力坍缩。根据奥本海默在 1939 年的说法，大质量的天体坍缩到某一临界体积时，会形成一个封闭的边界，强大的引力使界外的物质和辐射只能进入，不能逸出，消失在黑暗中，这便是所谓黑洞。

目前，研究 X 射线的天文学家已普遍赞同这种看法：X 射线源天鹅座 X-1 可能是个黑洞。

20 世纪 60 年代，天文观察家吃惊地发现来自 3C273 光源的红移达 16%，而典型的星系红移要小得多，约为 1%，接着又发现了许多更大红移的辐射"星"。在宇宙学中红移用来测量距离，所以这些星体不可能是星，而是以前所不知的、非常遥远的、看起来像星系的客体，即所谓的"类星体"。"类星体"是一种非常明亮的活动星系核，由超大质量黑洞(SMBH)通过吸积周围物质释放出巨大的能量。能被观察就说明它产生的能量非常惊人，现有的理论都不能很好地解释其产生能量的机制，天文学家想到，这也许就是黑洞(见图 10-17)。

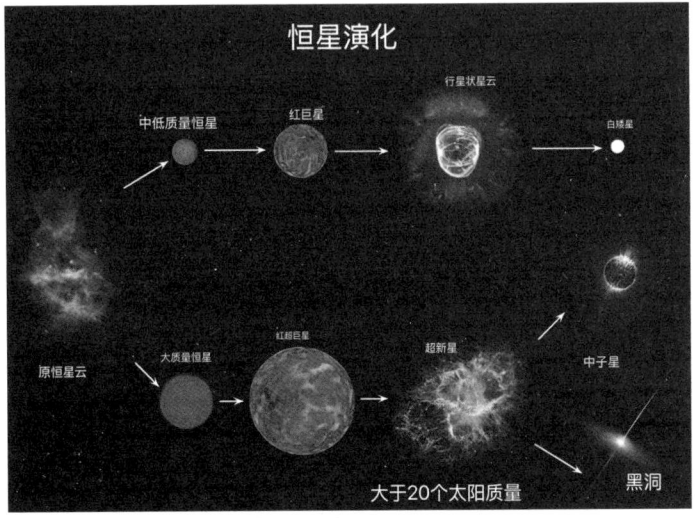

图10-17

黑洞是恒星演化的第三种结局。截至 2025 年，科学家们已经确认了大约 60 个黑洞存在于银河系中，发现"类星体"的数量已达数百万个。随着技术的进步和新的巡天项目的开展，未来有望发现更多"类星体"，为宇宙学研究提供更丰富的数据资源。

10.5　思考与练习

1. 解释恒星的亮度、视星等、光度、绝对星等的概念。
2. 伽莫夫、夫琅和费、基尔霍夫、彭齐亚斯和威尔逊、哈勃在天文学上有何创新成果？
3. 简述宇宙元素的丰度、恒星光谱的红移、宇宙背景辐射、宇宙年龄的重要意义。
4. 简述大爆炸标准模型的演变过程。
5. 天文学上的距离单位有哪几种？它们之间如何换算？
6. 赫罗图有何重要意义？
7. 原恒星、主序星、红巨星、白矮星、中子星、黑洞是如何形成的？

第 11 章

现代化学

学习标准：

1. 识记：量子数、主量子数、角量子数、磁量子数、自旋量子数的取值范围及作用；单糖、双糖、多糖、蛋白质、核酸、核苷酸的组成；德鲁德、科塞尔、路易斯在化学键方面的创新成果。

2. 理解：原子核外电子的排布规律；理解蛋白质的多样性、核酸的多样性；DNA 和 RNA 的区别。

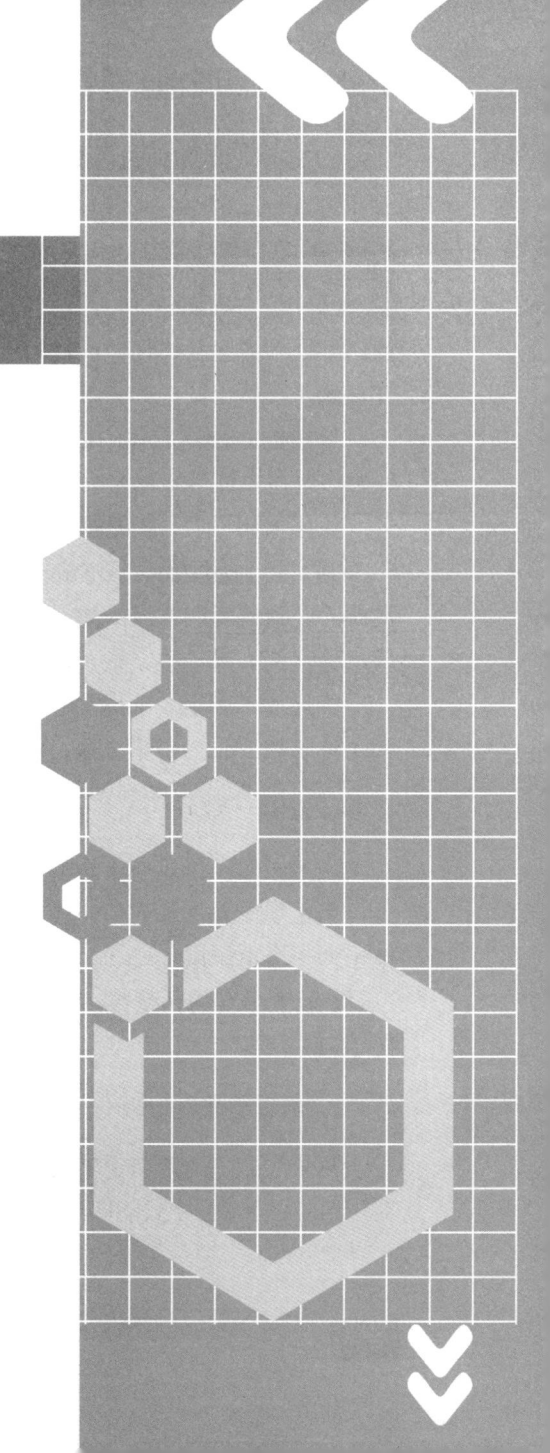

如果说 19 世纪由于经典科学的全面发展而被称为"科学的世纪"，那么以物理学革命为先导，20 世纪的科学面貌则发生了根本的变革。就理论形态的自然科学本身而言，几乎在所有领域，都提出了冲破超越传统观点的新思想、新理论。下面着重从原子的结构、元素周期律的本质、化学键和生命的基本化学组成四个方面介绍现代化学的发展。

11.1 原子的结构

11.1.1 四个量子数

1926 年，奥地利的科学家薛定谔提出了微观粒子运动所服从的二级偏微分方程：

$$\frac{\partial^2 \psi}{\partial x^2} + \frac{\partial^2 \psi}{\partial y^2} + \frac{\partial^2 \psi}{\partial z^2} = -\frac{8\pi^2 m}{h^2}(E-V)\psi$$

薛定谔方程的建立，给我们提供了系统与定量处理原子结构、分子结构的可能性和可靠性。方程中既包含体现微粒性的物理量 m，也包含体现波动性的物理量 ψ。解这个偏微分方程，就是要解出其中的 E 和 ψ。

解得的 ψ 不是具体的数值，而是包含三个常数(n,l,m)和三个变量(r, θ, φ)的函数式 $\psi_{n,l,m}(r, \theta, \varphi)$。在球坐标系下：$x = r\sin\theta \cdot \cos\varphi$；$y = r\sin\theta \cdot \sin\varphi$；$z = r\cos\theta$。

给出一组参数，就能解出波函数。数学上可以得到许多个解，但其物理意义并非都合理。

为了得到合理解，三个常数项只能按一定规则取值，很自然地得到前三个量子数。有合理解的函数式就叫作波函数，它们以 n、l、m 的合理取值为前提。n、l、m 只能取某些整数值，称它们为量子数。量子数是指表示微观运动状态的一些特定的不连续的数字。

描述原子中电子的运动状态需要有四个量子数：n、l、m_l、m_s。其中：n 为主量子数；l 为角量子数；m_l 为磁量子数；m_s 为自旋量子数。

1. 主量子数 n

主量子数在确定电子运动的能量时起头等重要的作用。

当主量子数增加时，电子的能量随着增加，电子离核的平均距离也相应增加。n 相同的电子为一个电子层。

n 取大于 0 的正整数。例如，当 $n=1, 2, 3, 4$ 时，对应的电子层符号为 K, L, M, N(见图 11-1)。

2. 角量子数 l

角量子数 l 确定原子轨道的形状，并在多电子原子中和主量子数一起决定电子的能级。对于给定的 n 值，l 只能取小于 n 的正整数。

例如，当 l=0，1，2，3，4 时，相应能级的符号为：s，p，d，f，g。s 为球形，p 为哑铃形，d 为花瓣形(见图 11-2)，f 轨道更为复杂。

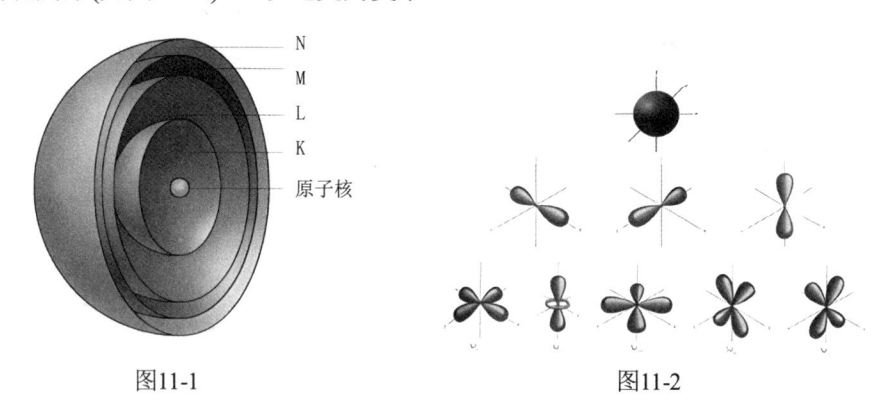

图11-1

图11-2

3. 磁量子数 m_l

磁量子数 m_l 决定原子轨道的空间取向。某种形状的原子轨道，可以在空间取不同的伸展方向，而得到若干空间取向不同的原子轨道数。角量子数决定磁量子数的取值，共有(2l+1)个值。磁量子数可以取值：m_l=0，±1，±2，±3，…。

磁量子数 l 和角量子数 m_l 的关系和它们确定的空间运动状态：s 为 1 个轨道；p 为 3 个轨道；d 为 5 个轨道(见图 11-2)；f 为 7 个轨道。

4. 自旋量子数 m_s

自旋量子数用 m_s 表示。

原子中电子除了以极高速度在核外空间运动，还有自旋运动。电子有两种不同方向的自旋，即顺时针方向和逆时针方向的自旋(见图 11-3)。它决定了电子自旋角动量在外磁场方向上的分量。通常取值为±1/2，用↑和↓符号表示，称为自旋量子数。

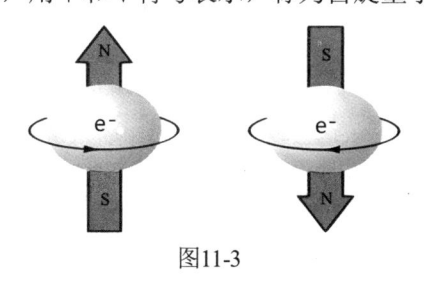

图11-3

11.1.2 多电子原子中的电子分布规律

1. 核外电子运动的可能状态数

每个主壳层上允许容纳的电子数最多为 $Z_n=2n^2$。其中，n 为量子数。如 n＝2 的 L 壳层上最多容纳电子为 8 个(见表 11-1)。

表11-1

主量子数n	电子层符号	角量子数l	原子轨道符号	磁量子数m_l	轨道空间取向数	电子层中轨道总数	自旋量子数m_s	状态数 各轨道	状态数 各电子层
1	K	0	1s	0	1	1	±1/2	2	2
2	L	0	2s	0	1	4	±1/2	2	8
2	L	1	2p	+1, 0, −1	3	4	±1/2	6	8
3	M	0	3s	0	1	9	±1/2	2	18
3	M	1	3p	+1, 0, −1	3	9	±1/2	6	18
3	M	2	3d	+2, +1, 0, −1, −2	5	9	±1/2	10	18
4	N	0	4s	0	1	16	±1/2	2	32
4	N	1	4p	+1, 0, −1	3	16	±1/2	6	32
4	N	2	4d	+2, +1, 0, −1, −2	5	16	±1/2	10	32
4	N	3	4f	+3, +2, +1, 0, −1, −2, −3	7	16	±1/2	14	32

2. 实际电子排布情况

实验表明实际电子排布情况如下。

(1) 泡利不相容原理：在一个原子中不可能有两个电子有完全相同的运动状态，即不可能有完全相同的一组量子数(n, l, m_l, m_s)。

(2) 能量最小原理：在原子系统内，每个电子总是趋向于占有最低的能级。如果有 n 个相同的轨道，则电子在成对前分别平行填充各轨道；当原子中每个电子能量最小时，整个原子的能量最低，此时原子处于稳定状态。

(3) 每种原子的最外层最多排布 8 个电子；次外层最多能排布 18 个电子；外数第三层最多能排布 32 个电子。

核外电子严格按能量排布。通过实验总结出原子轨道能量相对大小的经验公式：$E=n+0.7l$。其中，n 为主量子数；l 为角量子数。

能量计算结果见表 11-2。比如 $n=3$，计算出 3d 轨道的能量是 4.4，大于 4s 轨道的 4.0，因此 3d 轨道的电子实际排布在第 4 能级层，而不是理论上的第 3 能级层。同理，第 5 能级层的原子轨道是 5s 4d 5p；第 6 能级层的原子轨道是 6s 4f 5d 6p(见表 11-3)。

表11-2

原子轨道	$n+0.7l$	能级层
1s	1.0	1
2s	2.	2
2p	2.7	2
3s	3.0	3
3p	3.7	3

(续表)

原子轨道	n+0.7l	能级层
4s	4.0	4
3d	4.4	
4p	4.7	
5s	5.0	5
4d	5.4	
5p	5.7	
6s	6.0	6
4f	6.1	
5d	6.4	
6p	6.7	
7s	7.0	7
5f	7.1	
6d	7.4	

表11-3

周期	能级组	能级组内的原子轨道	元素数目	电子最大容量
1	I	1s	2	2
2	II	2s 2p	8	8
3	III	3s 3p	8	8
4	IV	4s 3d 4p	18	18
5	V	5s 4d 5p	18	18
6	VI	6s 4f 5d 6p	32	32
7	VII	7s 5f 6d(未完)	26(未完)	未满

11.2 元素周期律的本质

依据上述电子在原子核外的排布规律，人们才揭示出元素周期律的深层本质。

元素在周期表中的位置，或者说元素的性质和周期性变化是由原子的电子层结构的周期性变化决定的，而原子核外电子的总数等于原子核内的质子数或电荷数，即等于原子序数。因此，元素的性质是随原子序数的增加而呈周期性变化的，而不是像过去认为的那样是由于原子量的增加而呈周期性变化的，两者的区别明显表现在同位素概念方面。

元素性质随着元素原子序数的递增而呈周期性变化的规律叫作元素周期律。

具体地讲，把电子层数目相同的各元素，按原子序数递增的顺序从左到右排成横行，再把不同横行中最外层电子数相同的元素，按电子层数递增的顺序由上而下排列成纵列，就可以得到元素周期表(见表11-4)。

表11-4

元素周期表

具有相同的电子层数的元素，按照原子序数递增的顺序排列的一个横行称为一个周期。周期的序数就是该周期元素具有的电子层数。元素周期表有七个周期，除第一周期只有氢和氦，第七周期尚未填满外，每一周期的元素都是从最外层电子数为1的碱金属元素开始，逐渐过渡到最外层电子数为7的卤族元素，最后以最外层电子数为8的稀有气体元素结束。前三周期含有的元素较少，称为短周期；后三周含有的元素较多，称为长周期；最后一个周期还没排完，称为不完全周期。

第六周期中，57号元素镧(La)到71号元素镥(Lu)，共15种元素，它们原子的电子层结构和性质十分相似，总称镧系元素。第七周期中，89号元素锕(Ac)到103号元素铹(Lr)，共15种元素，它们原子的电子层结构和性质也十分相似，总称锕系元素。为了使元素周期表的结构紧凑，将全体镧系元素和锕系元素分别按照周期各放在同一个格内，并按原子序数递增的顺序，把它们分两行另列在表的下方。在锕系元素92号元素铀(U)以后的各种元素，多数是人工核反应制得的，这些元素又叫作超铀元素。

周期表有18个纵列，除第8、9、10三个纵列叫作第Ⅷ族外，其余14个纵列，每个纵列标作一族。族又有主族和副族之分，由短周期元素和长周期元素共同组成的族称为主族；完全由长周期元素组成的族称为副族。主族元素在族序数(完全用罗马数字表示)后标字母A，

如ⅠA、ⅡA……，副族元素在族序数后面标字母B，如ⅠB、ⅡB……，主族及ⅠB、ⅡB副族元素的族序号就是最外层电子数。

稀有气体在周期表最右方第 18 纵列，除氦外，其他元素的原子最外层都是 8 电子稳定结构，化学性质非常不活泼，在通常情况下难以与其他物质发生化学反应，故称为稀有气体或惰性气体，因它们的化合价为 0，因而叫作 0 族。

同一周期的元素，从左到右，其金属性依次减弱，非金属性逐渐增强，直至惰性气体。它反映了原子内部结构由量变到质变的飞跃；而同一族的元素，由于最外层电子数目相同，其化学性质极为相似，但由于它们处在不同的周期，最外层电子离原子核的距离也依次增加，作用力削弱，从而导致在周期表中从上到下，同一族的元素呈现出金属性质的增强或化学活泼性递增的特点。由此可见，元素周期律深刻反映了元素之间的内在联系，特别是反映了原子核外电子的排列分布情况，对于人们认识原子结构和发现新元素等有重要的指导意义。

11.3 化学键

物质是由分子组成的，分子是由原子组成的。反过来说，若要使分子分解成原子，需要耗费很大的能量，这说明分子中的原子之间存在着强烈的化学结合力，我们将其称为化学键。

化学键的理论，是随着 20 世纪初电子的发现，特别是量子力学理论的建立发展和完善起来的。

1900 年德国物理学家德鲁德等人为解释金属的导电、导热性能提出了金属键假设；1916 年德国化学家科塞尔提出了离子键理论，同年，美国化学家路易斯提出了共价键理论。此后人们便开始运用这些模型来解释原子化学结合力问题。化学键有三种基本类型：离子键、共价键和金属键。

1. 离子键

离子键，顾名思义，是由于离子之间通过静电相互作用而形成的化学键。一般而言，若两个元素一方容易失去电子而呈阳性，另一方易于得到电子而呈阴性，两者通过化学反应形成化合物时即形成离子键。例如，食盐即氯化钠分子中，碱金属钠元素的最外层只有 1 个电子，失去这个电子后就形成最外层有 8 个电子的稳定结构，而卤族元素氯最外层有 7 个电子，它获得一个电子后，最外层就形成了具有 8 个电子的稳定结构(见图 11-4)。因此，当两者相互作用时，钠原子的一个电子转移到氯原子一边，从而形成了钠的正离子和氯的负离子，正负离子通过静电吸引作用而形成化合物。

阴阳离子间的静电作用力是很强的，要破坏离子键需要很多能量。离子化合物有其自身的特点：室温下离子化合物多呈固态，且硬而脆；大多数有较高的熔点和沸点，如 NaCl 的熔点是 801℃，MgO 的熔点是 2 852℃；大多数离子化合物易溶于水，其水溶液或熔融状态的离子化合物中离子可以自由移动,可以导电,而离子化合物在固态时虽然有阴阳离子,但不能自由移动,因此不能导电。

2. 共价键

若某些物质的分子由相同元素的原子组成,如氢气(H_2)、氧气(O_2)等,离子键理论就不适用了,这时就需要用共价键理论来解释。这个理论认为,像 H_2、O_2 等分子中,每个原子都不可能完全失去和得到一个电子,于是每个原子就各贡献出一个或多个电子,从而形成一个或多个电子对,两个原子就依靠这些共用电子对结合在一起,这时,对每个原子来说,加上共用电子对,就可以使最外层电子形成稳定的结构。例如 HCl,氢原子和氯原子各提供一个电子,两个电子配对后共属于两个原子所有,使得氢原子和氯原子都具有了稳定的电子层结构,于是两个原子就依靠这个共用电子对而结合成氯化氢分子,即 H∶Cl(见图 11-5)。有些原子之间,可以用 2 对电子、3 对电子,从而形成共价双键、共价三键等。

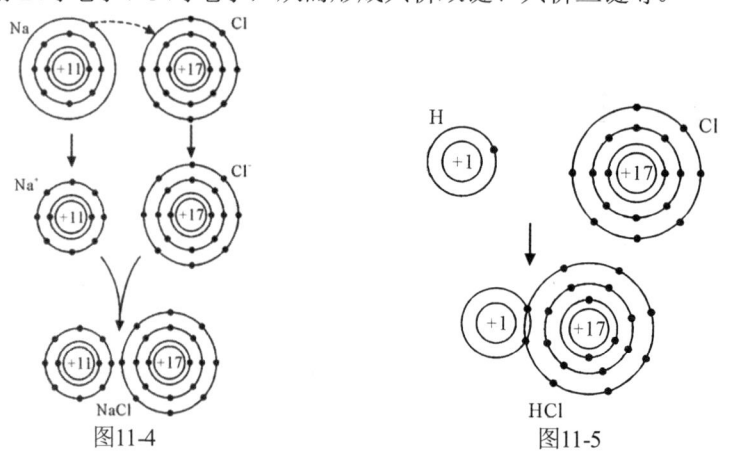

图11-4 图11-5

以共价键形成的物质可以有两种晶体类型,即原子晶体和分子晶体。在原子晶体中,原子之间由共价键联系着。由于共价键有方向性和饱和性,以典型的原子晶体金刚石为例,每个碳原子可以和 4 个碳原子形成共价键,组成正四面体。属于原子晶体的物质,单质中除金刚石外,还有可做半导体的单晶硅和锗,它们都是ⅣA 元素。在化合物中,碳化硅(SiC)、砷化镓(GaAs)属于原子晶体。原子晶体一般有很高的熔点和很大的硬度,在工业上常被选为磨料或耐火材料。尤其是金刚石,由于碳原子半径较小,共价键的强度较大,要破坏 4 个共价键或扭歪键角,将会受到很大阻力,所以金刚石的熔点高达 3 550℃。原子晶体的延展性很小,有脆性。

绝大多数共价键组成的化合物都是分子晶体,分子内原子间是以共价键结合的,而分子之间有分子间作用力,有些分子晶体中还存在氢键。由于分子间力较弱,分子晶体的硬度较小、熔点较低,一般低于 400℃,并有较大的挥发性,如碘片、萘晶体等。分子晶体是由电中性的分子组成的,固体和熔融状态都不导电,是绝缘体。但某些分子晶体含有极性较强的共价键,能溶于水产生水化离子,因而能导电,如冰醋酸。分子晶体的性质还会因分子间力的大小不同和有无氢键的存在而有差异。

3. 金属键

金属键是由自由电子及排列成晶格状的金属离子之间的静电吸引力组合而成的化学键。

在 100 多种元素中，金属占 80% 以上，金属单质有许多共同特性：能导电、导热，富有延展性，有金属光泽等。例如，金属镁原子核外有 12 个电子，在镁金属最外层的 2 个电子不完全固定地属于哪个原子，而是流动于整个金属晶体中，这些能流动的电子取名为自由电子。自由电子和金属阳离子之间产生没有方向性的"胶合"作用力，这种力就是金属键。形象地说，"好像把金属原子或离子沉浸在自由电子的海洋中"(见图 11-6)。

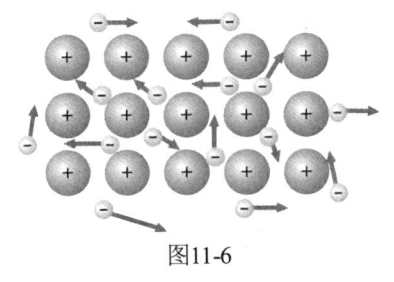

图11-6

金属键没有方向性和饱和性。金属键在一块金属晶体的整个范围内都起作用，电子和金属阳离子之间的作用力相当强，因此要断开金属键就比较困难，所以大多数金属都有较高的熔点和沸点。由于自由电子具有流动性，当金属受到外力锻压时，金属原子间容易相对滑动，所以金属一般有较好的延展性。自由电子能吸收可见光，使金属不透明，又能把各种波长的光大部分再发射出来，因而金属通常具有光泽。金属具有较好的导电性，也与自由电子有关。这是由于在外加电场的作用下，自由电子可以沿着外加电场方向定向移动形成电流。金属的导热性也取决于自由电子的运动。电子在金属中运动，会不断地和原子或离子发生碰撞而产生能量的交换。所以，当金属的某一部位受热使原子或离子的振动加强时，就将热能通过自由电子的运动传递给邻近的原子和离子，使热运动扩展开来，这样很快金属的整体温度就一样了。

11.4 生命的基本化学组成

11.4.1 糖类

糖类广泛存在于生物体内，是生物体的主要能源物质。糖类按它们的组成可以分为单糖、双糖和多糖。

1. 单糖

单糖是最简单的糖，最常见的单糖是葡萄糖，它的分子式为 $C_6H_{12}O_6$(见图 11-7)。葡萄糖是生物体的直接能源物质，细胞生命活动所需要的能量主要靠葡萄糖提供，1g 葡萄糖彻底氧化可释放出17138J的热量。许多植物果实中富含葡萄糖，人的血液中也含有葡萄糖。除葡萄糖外，高等动物和人类乳汁中的半乳糖、蜂蜜和鲜果中的果糖等都属于单糖。

图11-7

2. 双糖

双糖是由两个单糖分子脱去一分子水缩合而成的，分子式为 $C_{12}H_{22}O_{11}$。植物中最重要的双糖是蔗糖和麦芽糖(见图11-8)，动物中主要是乳糖，它们都溶于水，便于在生物体内运输。当生物体需要能量时，它们又可水解成各自组成的单糖。

图11-8

3. 多糖

多糖是由许多个单糖分子脱水缩合而成为链状或分支链状结构的大分子。植物中最重要的贮藏多糖是淀粉；动物中最重要的贮藏多糖是糖原。当生物体生命活动需能量时，淀粉和糖原都可经过水解，最终成为葡萄糖。纤维素是重要的结构多糖，植物细胞的细胞壁主要成分是纤维素，它们依赖纤维素的支撑，保持生物体的形态和坚韧性(见图11-9)。

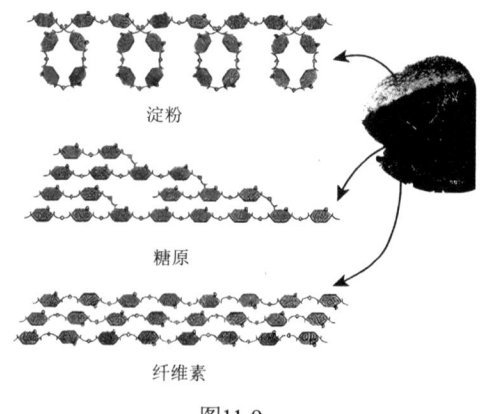

图11-9

11.4.2 脂类

脂类是生物体的重要组成成分,广泛分布于动植物体内。脂类均不溶于水,而溶于乙醚、氯仿、丙酮等脂溶剂中。

脂类主要包括脂肪、类脂和固醇。

1. 脂肪

脂肪是动植物体内的储能物质。在动物的脂肪组织和油料作物种子里,脂肪的含量特别高。脂肪的功能是氧化供能,1g 脂肪彻底氧化,可释放出 38 874J 的热能,比糖的热能高一倍多,因此脂肪是生物体内最经济的储能物质。在人体和动物体内,脂肪组织广泛分布于皮下和各内脏器官的周围,可减少相互摩擦、撞击等,起着保护和缓冲机械撞击的作用。脂肪组织不易导热,还能起到保温和隔热作用。

2. 类脂

生物体内最重要的类脂是磷脂。磷脂是构成细胞膜的基本原料。每个磷脂分子都有一个亲水性头部和疏水性尾部。当磷脂分子被水包围时,便会自动排列为双层分子的膜,在膜的两侧是亲水性头部,而疏水性尾部则朝向膜的内面。所以,磷脂在细胞里参与膜结构的形成(见图 11-10)。

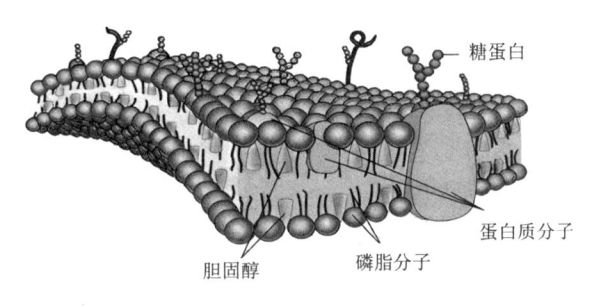

图11-10

3. 固醇

人体和动物中最重要的固醇类是胆固醇。胆固醇在紫外线照射下,在体内能转变成维生素 D、肾上腺皮质激素和性激素,调节人体和动物的生长、发育和代谢等重要生理过程。但如果体内胆固醇含量过高或胆固醇代谢失调,会使动脉硬化、血管阻塞,引起高血压、心脏病和中风。人类食物中的蛋黄、肥肉、猪内脏、鱼肝油、带鱼、虾、蟹等胆固醇含量较高,而瘦猪肉、牛奶、蛋白、植物油等胆固醇含量较低。

11.4.3 蛋白质

蛋白质是生命最基本的物质之一。组成生物体的有机物中,蛋白质的含量较高,约占身体干重的 50%。蛋白质是细胞中结构最复杂的生物大分子,连接最简单的蛋白质的相对分子质量也有 6 000 左右,大的蛋白质其相对分子质量可达几百万以上。组成蛋白质的单体是氨基酸。

1. 氨基酸

现已知组成蛋白质的氨基酸有 20 种,这 20 种氨基酸在结构上具有共同的特点,即每种氨基酸至少含有一个氨基和一个羧基,并且都连接在同一个碳原子上。

2. 肽键

当两个氨基酸相互连接时,脱去一分子水,缩合形成肽键,这样两个氨基酸分子就连接成二肽。二肽分子中还有一个自由的氨基和一个自由的羧基,都可以分别与其他氨基酸脱水缩合成三肽、四肽……多个氨基酸脱水缩合形成多肽,由于多肽是链状结构又称多肽链(见图 11-11)。

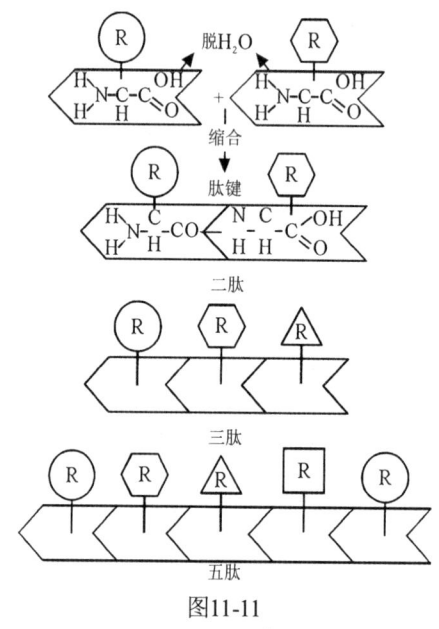

图 11-11

3. 蛋白质的多样性

蛋白质分子是由一条或几条多肽链聚合而成的,它包含着上百个乃至上千个氨基酸。由于氨基酸的种类和排列的顺序不同,构成了蛋白质的多样性,就像 26 个英文字母,可以拼出成千上万个单词一样。同时,蛋白质分子中的多肽键可以不同的方式折叠,又构成了蛋白质复杂而多样的空间结构,这也是构成蛋白质多样性的原因。

不同的蛋白质,其功能不同。例如有构成细胞和生物体的蛋白质,牛奶中有贮藏养料的乳蛋白,红细胞有运输 O_2 和 CO_2 的血红蛋白、构成肌肉的肌蛋白、催化机体所有生化反应的酶蛋白,调节生理功能的多种激素也是蛋白质。

4. 酶

酶是活细胞所产生的具有催化功能的蛋白质。生物体内一切代谢反应，只有在酶的催化下才能顺利而迅速地进行。在催化过程中，酶本身的化学性质和数量并未改变。

11.4.4 核酸

核酸是生物的遗传物质。核酸最初是从细胞核中提取出来的，呈酸性，故名核酸。生物体内存在两大类核酸：一类是脱氧核糖核酸，简称 DNA，主要存在于细胞核中；另一类是核糖核酸，简称 RNA，主要存在于细胞质中。核酸也是生物大分子，相对分子质量差别很大，小的 2.5 万，大的可达到 3 000 万。

1. 核苷酸

核酸是由许多核苷酸组成的多核苷酸链(见图 11-12)。把 DNA 和 RNA 放在酸或碱的环境中，在酶的作用下水解，可以分别得到 4 种核苷酸。每个核苷酸由 3 种成分组成：一个五碳糖、一个磷酸和一个含氮碱基。在 DNA 中，五碳糖都是脱氧核糖，含氮碱基有 4 种，即腺嘌呤(A)、鸟嘌呤(G)、胞嘧啶(C)和胸腺嘧啶(T)。在 RNA 中，五碳糖都是核糖(比脱氧核糖多一个氢原子)，含氮碱基也是 4 种，所不同的是尿嘧啶(U)替代了 DNA 中的胸腺嘧啶，其他 3 种两者相同(见图 11-13)。

图11-12

图11-13

2. 核酸的多样性

DNA 核苷酸和 RNA 核苷酸虽然都各只有 4 种，但由于它们的组合不同、排列顺序不同，使 DNA 和 RNA 分子具有极大的多样性。在 DNA 分子中，通常包含着几千万乃至几亿个核苷酸。在 RNA 分子中，一般也包含着不止 1 000 个核苷酸，即使最小的 RNA 分子，也有 80 个以上的核苷酸。如以 1 000 个核苷酸计算，单体核苷酸有 4 种，2 个核苷酸的排列组合有 $4^2=16$ 种，3 个核苷酸的排列组合有 $4^3=64$ 种，1 000 个核苷酸的排列组合就有 4^{1000} 种。生物学家把 DNA 和 RNA 中不同核苷酸的排列顺序，比喻为它们所蕴藏的信息，这种信息几乎是无穷无尽的。

在种类繁多的生物界中，每一种生物的细胞核里，都有着自己特有的 DNA(见图 11-14)。在细胞分裂时，DNA 把自己蕴藏的信息从一个细胞传递给分裂产生的两个子细胞，从亲代传给子代。所以，核酸对指导各种蛋白质的合成和控制生物体的生长、遗传、变异等现象起着决定性的作用。蛋白质和核酸都是生命活动最主要的物质基础。

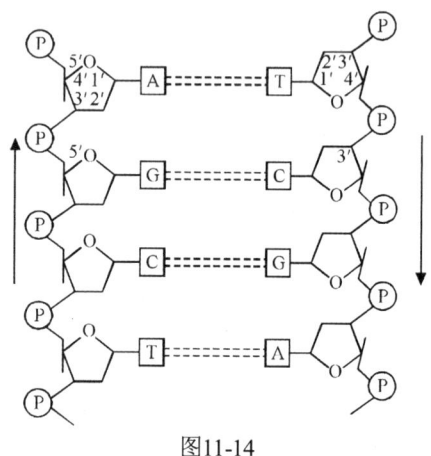

图11-14

11.5 思考与练习

1. 量子数、主量子数、角量子数、磁量子数、自旋量子数的取值范围及作用是什么？
2. 德鲁德、科塞尔、路易斯在化学键方面分别有何创新成果？
3. 画出原子序数 1~18 元素的原子核外电子分布图。
4. 单糖、双糖、多糖、蛋白质、核酸、核苷酸是由什么组成的？
5. 蛋白质和核酸为什么具有多样性？
6. DNA 和 RNA 有何区别？

第 12 章

现代生物学

学习标准：

1. 识记：同源染色体、等位基因、非同源染色体、非等位基因的概念；遗传学中的转录、翻译和中心法则；尼伦伯格、克里克对现代生物学的创新成果。

2. 理解：分离定律、自由组合定律、连锁和交换定律；遗传密码的特点。

3. 应用：综述遗传定律的意义。

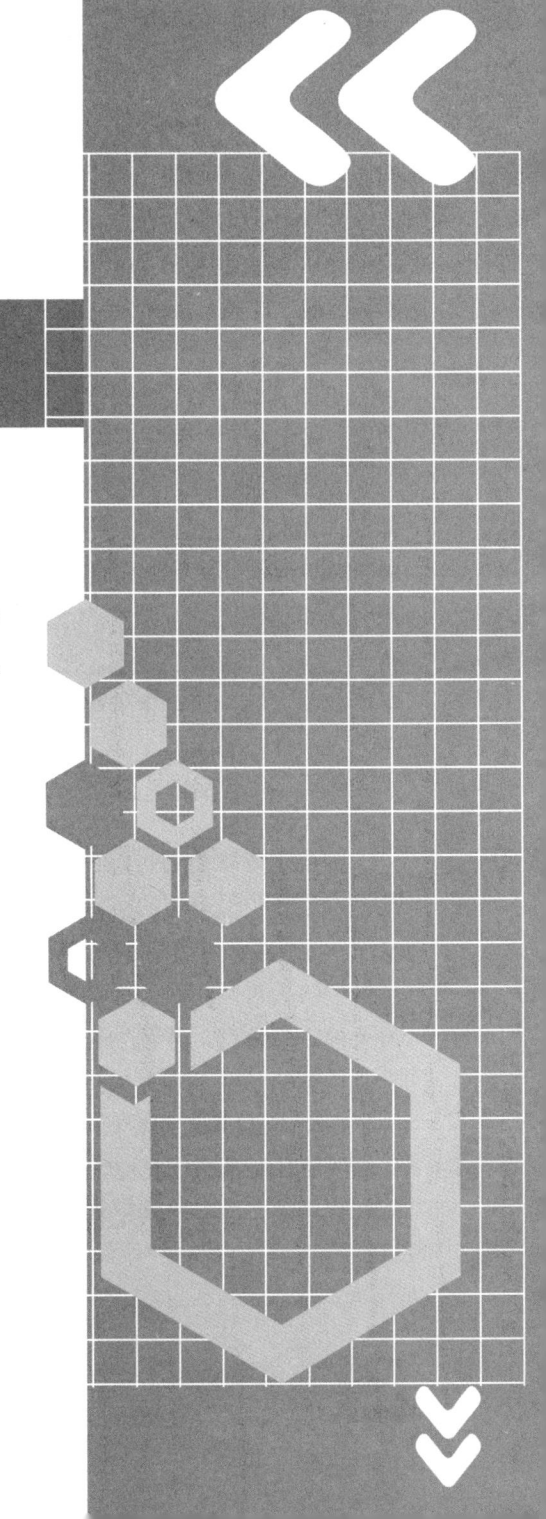

在现代科学发展过程中，生物学取得了令人瞩目的成就。化学、物理学、数学向生物学领域的广泛渗透，为分子生物学的产生和发展奠定了基础。现代遗传学的发展，分子生物学的兴起，DNA 双螺旋结构的建立，被视为 20 世纪自然科学的重大突破，也被看作生物学发展的一个新的里程碑。

12.1 孟德尔定律

格里高尔·约翰·孟德尔是现代遗传学的奠基人，被誉为"现代遗传学之父"。孟德尔出生于奥匈帝国西里西亚(现属捷克)海因策道夫村。1840 年考入奥尔米茨大学哲学院，主攻古典哲学，同时学习了数学。1843 年，因家贫而辍学的孟德尔进入布隆城奥古斯汀修道院。1850 年，孟德尔被派往维也纳大学深造。1856 年，他从维也纳大学回到布鲁恩，开始了长达 8 年的豌豆实验。1866 年，他的论文《植物杂交实验》在《布尔诺自然研究学会会刊》上发表，发现了生物遗传的分离定律和自由组合定律。但是很遗憾，他的论文虽然十分重要，却没有引起人们注意。当时，生物学界讨论的热点是达尔文的进化论，孟德尔的工作一直遭到冷遇。

直到 1900 年，生物学界重新发现了孟德尔。这要归功于荷兰人德弗里斯、德国人柯林斯和奥地利人丘歇马克。他们在各自独立准备发表植物杂交遗传研究成果前，都去查阅过去的文献，都十分意外地发现了孟德尔的文章。他们三人在 1900 年发表了各自的研究成果，都提到了孟德尔，并且都不约而同地把发现的桂冠戴在孟德尔头上，把自己的工作说成是对这位已故天才的发现的证实。在 20 世纪的科学史上，这三个人的做法，不但表现了尊重他人成果的科学道德，而且也为生命科学的发展提供了一个崭新的出发点。

12.1.1 分离定律

孟德尔定律是通过豌豆的杂交实验发现的。由于豌豆是严格的自花授粉植物，因此都是纯系，是一种很理想的实验材料。其雌雄蕊被花瓣所包围，外来花粉不容易混杂进来，这样就使杂交实验的结果不致因其他花粉进入而受到干扰。不同品系的豌豆常具有对比鲜明、易于区分的相对性状，如紫花和白花，圆滑种子和皱缩种子等；不同品系的豌豆可以杂交，所得杂种完全可育，并且生长期短、易于栽培。

孟德尔从纯系豌豆中挑选出在植株高矮、花的颜色等 7 对相对性状上呈鲜明对比的植株进行杂交(通过人工授粉)。他追踪观察这些性状在杂种后代的分离情况，并对观察结果进行仔细的统计分析(见图 12-1)。由于他是在考察单个性状的遗传，不是像他的前辈们那样笼统地观察植株全部性状的遗传，这就使他有可能从中得出某些带规律的结论。

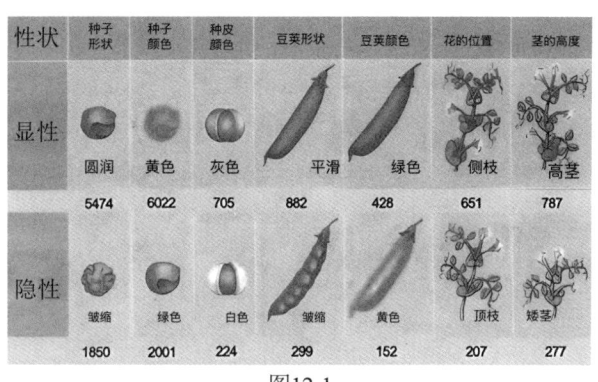

性状	种子形状	种子颜色	种皮颜色	豆荚形状	豆荚颜色	花的位置	茎的高度
显性	圆润	黄色	灰色	平滑	绿色	侧枝	高茎
	5474	6022	705	882	428	651	787
隐性	皱缩	绿色	白色	皱缩	黄色	顶枝	矮茎
	1850	2001	224	299	152	207	277

图12-1

1. 一对相对性状豌豆的遗传实验

孟德尔选择了纯种紫花豌豆和白花豌豆作为亲本，进行一对相对性状的杂交试验，子一代(用 F_1 表示)全部是紫花。然后将子一代种下，让它自交(白花传粉)，得到的子二代(用 F_2 表示)中，性状出现了分离，有紫花也有白花，它们的比例是 3∶1。随后，他对其他 6 种相对性状的豌豆一一做了杂交试验，都得到了相同的结果：第一，所有 F_1 植株的性状表现一致，都只表现一个亲本的性状，而另一个亲本性状没有表现，他把一对性状中表现出来的称为显性性状，没表现出来的称为隐性性状；第二，在 F_2 的群体中，既出现了显性性状的个体，又出现了隐性性状的个体，孟德尔把这种现象称为性状分离，显性和隐性性状比为 3∶1。

2. 假设

他认为，性状是由遗传因子(现在叫"基因")决定的，一种特定的性状出现，受一对基因控制。每个生物体细胞中的基因都是成对存在的，其中一个来自母本的雌配子，一个来自父本的雄配子。当形成配子时，成对的基因彼此分离，分别进入配子中，这样每个配子只含一个基因，或来自母本，或来自父本。因此，纯种只能产生一种配子，杂种就可产生两种配子，但两种配子的数目相等，雌雄配子结合是随机的。杂种体细胞中成对的基因成员，虽然不相同，但并不融合。

按照孟德尔的假说，合子和合子发育而成的个体，含有成对的基因，每一对基因可以是相同的，也可以是不同的。如果是相同的，如 AA，这一对因子就是纯合子；如果不相同，如 Aa，就是杂合子。在形成配子时，一对基因相互分离，各到不同配子中去，每个配子只有该等位基因中的一个基因。在受精时，不同配子间的两个等位基因又以同等的机会互相结合。正是这样一个简单的机制，给 3∶1 这一实验结果做出了合理的解释。

3. 验证

为了证实这一假说，孟德尔设计了一种称为回交的实验来进行检验：如果将 F_1 的杂种 Aa 反过来和隐性亲本 aa 杂交(测交)，按上述理论，Aa 可产生两种配子，即 A 和 a；而隐性亲本只产生一种配子 a，两者交配应产生两种后代，即 Aa 和 aa，而且这两种后代的株数之比应为 1∶1。实验结果完全证实了这样的预测(见图 12-2)。当年，孟德尔为验证杂种的遗传组成用的是回交,就是杂种与隐性亲本交配,回交结果完全符合他的预测。后人提出测交来测知杂合子的遗传组成。这一部分是孟德尔学说的精要部分。

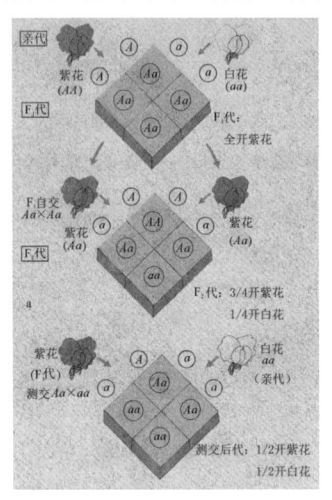

图12-2

4. 分离定律

在杂合体的状态下,位于一对同源染色体上的等位基因,彼此互不影响,保持相对的独立性。在形成配子时,等位基因随同源染色体的分离而分开,分别进入不同的配子中去,独立地随配子遗传给后代。

12.1.2 自由组合定律

1. 两对相对性状豌豆的遗传实验

孟德尔用豌豆进一步进行了两对相对性状杂交的遗传分析工作。他把具有两对性状的豌豆,如种子颜色是黄色而形状是圆滑的植株和种子是绿色而皱缩的植株杂交。植株所结的种子F_1都是黄色和圆滑的,这是因为黄、圆两种性状是显性,在杂合子中都能表现出来,而绿、皱两种性状是隐性,在杂合子中不能表现出来之故。但在F_2中,隐性性状表现出来了。F_2共有4种类型,即黄圆、黄皱、绿圆、绿皱。他得到的各类型植株的数目为:黄圆,315;黄皱,101;绿圆,108;绿皱,32。其比例趋近于一个简单整数比 9:3:3:1。

如果把圆滑和皱缩这一相对性状暂时撇开而只考察黄色和绿色,那么,产生黄色种子的植株数为416,产生绿色种子的植株数为140,两者的比例约为3:1。同样,产生圆滑种子和产生皱缩种子的植株数分别为423和133,两者的比例也约为3:1。这就是说,各对性状的遗传都是服从上述的分离定律的。

2. 假设

假定这两对等位基因在遗传的传递中彼此是独立的,这样 9:3:3:1 的比例就不难解释了。如 Y 代表黄色基因,y 代表绿色基因;R 代表圆基因,r 代表皱基因。纯种黄圆的亲代基因型为YYRR，绿皱的基因型为yyrr，它们分别只能产生一种配子，即YR和yr。F_1杂种基因型为YyRr，表现型为黄色圆形的豌豆。F_1形成配子时，Y与y要彼此分离，R与r也要彼此分离。如果这两对等位基因的分离是独立进行的，或者说，一对等位基因的分离并不受另一对等位基因的影响，那么，Y和R配合到同一配子中去的机会同Y和r配合的机会是相同的。同样，y和R配合的机会同y和r配合的机会也是相同的。因而配子应有4种，即YR、Yr、yR、yr，它们的比例应为1∶1∶1∶1。雌、雄配子都是如此。

F_1自交，4种雌配子与4种雄配子随机结合，可能形成16种组合，4种表型，即黄圆、黄皱、绿圆和绿皱，其比例恰为9∶3∶3∶1(见图12-3)。

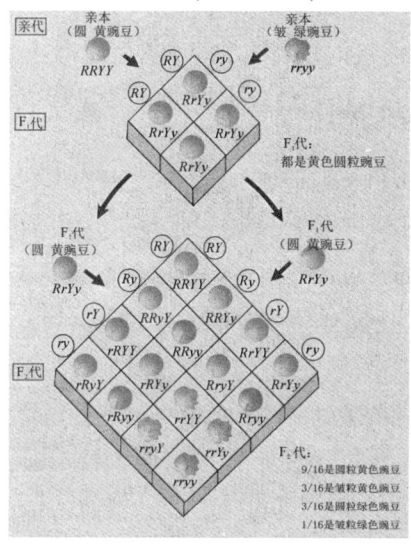

图12-3

3. 验证

这种解释同样可以用测交的方法来检验。将F_1植株和隐性个体(它只能产生一种配子yr)测交，所生后代应有4种表型，即黄圆(YyRr)、黄皱(Yyrr)、绿圆(yyRr)、绿皱(yyrr)，比例应为1∶1∶1∶1。实验结果和预测相符(见图12-4)。这证明，非等位基因在配子形成时可以自由组合到不同生殖的细胞中。

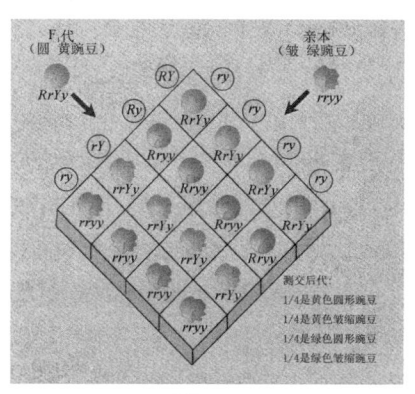

图12-4

4. 自由组合定律

具有两对(或更多对)相对性状的亲本进行杂交，在 F_1 产生配子、等位基因分离的同时，非同源染色体上的非等位基因表现为自由组合。

孟德尔的遗传定律和他关于基因(因子)的概念构成现代遗传学的奠基石。在孟德尔以前，长期流传着一种"混合"的遗传概念。按照这种概念，不同的亲本性状在杂种后代中彼此"融合"或者"稀释"。孟德尔证明了来自不同亲本的等位基因在合子中和在合子发育而成的个体中并不融合，在个体产生配子时，它们彼此分离而分别进入配子中去。来自不同亲本的非等位基因也没有融合，而是可以独立地自由组合。这就是说，孟德尔证明了遗传性状是由一种独立存在的遗传因子(颗粒)决定的，从而推翻了旧的"融合"概念。

12.2 摩尔根定律

托马斯·亨特·摩尔根是一位美国进化生物学家、遗传学家和胚胎学家。摩尔根出生于肯塔基州的列克星敦。1886 年毕业于肯塔基州立学院，随后进入约翰斯·霍普金斯大学攻读研究生课程。1890 年获得博士学位。毕业后，摩尔根先后在布林莫尔学院和哥伦比亚大学任教。1904 年赴哥伦比亚大学任实验动物学教授，并创建了以果蝇为实验材料的研究室。摩尔根取得了性别决定和伴性遗传的大量论据，证实了基因位于染色体上，于 1933 年赢得了诺贝尔生理学或医学奖。

每条染色体上载有许多基因，这些基因是怎样遗传的呢？孟德尔只解释了不同对的等位基因在不同对同源染色体上的遗传规律。摩尔根和他的学生发现了不同对的等位基因在同一对同源染色体上的遗传规律，并提出了基因的连锁和交换规律。

12.2.1 两对相对性状果蝇的杂交实验

1. 雄果蝇的完全连锁实验

摩尔根选用了灰身残翅的雄果蝇与黑身长翅的雌果蝇杂交，F_1 不论雌雄果蝇，都是灰身长翅，说明灰身(B)对黑身(b)是显性，长翅(V)对残翅(v)是显性，这样亲本的纯种灰身残翅的基因型为 BBvv；纯种黑身长翅的基因型为 bbVV。F_1 灰身长翅的基因型为 BbVv。让 F_1 的雄果蝇 BbVv 与双隐性黑身残翅基因型为 bbvv 的雌果蝇测交，如按自由组合规律，F_1 应产生 4 种配子，F_2 应有 4 种后代。但实验结果不是这样，F_2 中只出现两种亲本的类型，即灰身残翅(Bbvv)和黑身长翅(bbVv)，它们的比例为 1∶1，没有出现重组类型(见图 12-5)。摩尔根及其合作者又做了另一组实验：让灰身长翅(BBVV)和黑身残翅(bbvv)杂交，同样 F_1 全部为灰身长翅。

图12-5

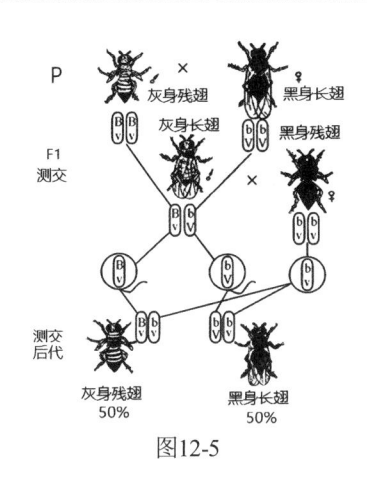

让 F_1 雄果蝇与双隐性黑身残翅测交时，F_2 也只出现两种亲本的性状，而没有新的重组类型。经多次实验后，摩尔根认为 B 和 v、b 和 V；B 和 V、b 和 v 总是联系在一起的，而且 B 和 V 这两对非等位基因位于同一对同源染色体上，这种现象称为完全连锁。

2. 雌果蝇的不完全连锁实验

如果用子一代的雌果蝇代替雄果蝇与双隐性(bbvv)的雄果蝇进行测交，情况就不同了，后代出现了4种类型，但其比例不是1∶1∶1∶1；而是和亲本相同的2种类型多，新生的2种类型少，即灰身残翅和黑身长翅各占41.5%，灰身长翅和黑身残翅只各占8.5%(见图12-6)。这是因为，灰身(B)与残翅(v)之间虽然是连在一起的，但是在减数分裂的联会时，四分体之间发生了染色体片段的交换。染色体越长，发生基因交换的概率越大。因此，雌果蝇 X 染色体上的基因发生了重组，出现了少数灰身长翅与黑身残翅的配子，受精后产生了灰身长翅及黑身残翅的新类型后代。

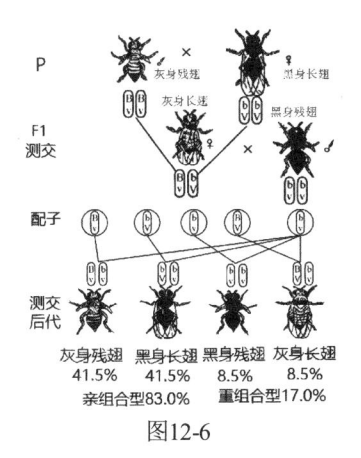

图12-6

12.2.2 连锁和交换定律

位于同一条染色体上的基因一般将一起遗传而不彼此分开，每条染色体都有一个基因连锁群；不同染色体之间可以发生片段交换，从而破坏连锁。

12.3 遗传密码

蛋白质虽然有成千上万种，但组成它们的基本单位都是 20 种氨基酸，每种蛋白质都是由 20 种氨基酸按一定的顺序连接起来的多肽。

不同的蛋白质是由氨基酸的种类和顺序不同来决定的。可是，RNA 只有 4 种核苷酸或 4 种碱基，这样就产生了一个问题：4 种核苷酸是如何来决定 20 种氨基酸的？也就是说，RNA 分子中 4 种核苷酸所携带的遗传信息，是怎样翻译成蛋白质分子中 20 种氨基酸的排列顺序，从而来决定蛋白质的特异性的？如果把复杂的问题简单化，基因决定蛋白质的问题，我们不妨这样认识：就是把由 4 个字母组成的"DNA 语"如何翻译成由 20 个字母组成的"蛋白质语"。可以设想，4 个碱基等于 4 个字母，要由这 4 个字母拼出 20 个密码来，再由这 20 个密码译成不同的字(氨基酸)来组成不同的句子(蛋白质)，然后再由这些句子构成一篇生物体这样的有意义的大文章。

mRNA 的 4 种碱基按理应该产生决定蛋白质中 20 种氨基酸的密码。如果把 4 种碱基看作 4 个字母，4 个单一的字母只能表示 4 种氨基酸，这显然是不够的，因为有 20 种氨基酸；如果密码是每次取 2 个字母组成，那密码的数目也仅有 $4^2=16$ 个，这还是不够的；要是 3 个字母一组的话，那密码的数目则为 $4^3=64$ 个。这样就可能出现两种情况：一是有些密码不能代表任何一种氨基酸；二是有些氨基酸将有好几个密码来代表。遗传学家们正是这样来思考问题的。克里克证明，决定一个氨基酸的密码子是由 mRNA 上 3 个相邻的碱基组成的，而碱基排列是从某一点开始，以三联体形式一个一个阅读的。布伦纳、雅各布和梅塞尔森又证明，蛋白质是在非专一的核糖体上合成的，它使 mRNA 的碱基排列翻译成氨基酸的排列顺序。而美国的生物化学家马歇尔·沃伦·尼伦伯格则进一步弄清了怎样的三联体决定怎样的氨基酸，做出了破译遗传密码的伟大功绩。通过科学家艰辛的努力，全部的密码子在 1967 年终于被破译了(见图 12-7)。

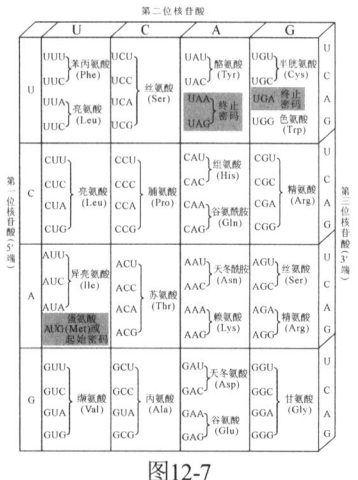

图12-7

通过密码子图，我们就可以查出是哪三个碱基决定哪种氨基酸。有的氨基酸只有一个密码子，比如蛋氨酸(AUG)、色氨酸(UGG)；但大多数氨基酸都有两种以上的密码子，如天冬氨酸和天冬酰胺各有两个密码子，而精氨酸和亮氨酸则各有 6 种密码子。这些决定同一氨基酸的不同密码子称为兼并密码子。此外，密码表中有 UAA、UAG 和 UGA 这样三个无义密码子，它们不代表任何氨基酸，转译多肽链时，遇到无义密码子，转译则停止。如果碱基突变，在 mRNA 某一部分出现不应该出现的无义密码子时，会使转译产生的多肽链不完全而没有活性。从图中还可以看出，AUG 不但是蛋氨酸的密码，也是"起步"信号，转译时从 AUG 起读。总结起来，遗传密码有如下特点。

(1) 密码的连续性：中间无标记。
(2) 密码的简并性：有的氨基酸由几个密码控制。
(3) 密码的专一性：氨基酸与密码有对应关系。
(4) 密码的通用性：小到细菌，大到人类，三联体密码是通用的。

这一遗传密码图是以大肠杆菌为材料获得的，但其后的研究表明，遗传密码在生物界具有统一性。从原核生物到真核生物、从单细胞生物到多细胞生物、从植物到动物，遗传密码都是相同的。

12.4 中心法则

1951 年，美国人沃森来到了卡文迪许实验室，遇到了研究晶体结构的英国人克里克。当时克里克认为蛋白质可能是遗传物质，沃森则深信 DNA 是遗传的物质基础。他俩开始了合作，并于 1953 年开始分析 DNA 晶体结构。经过计算和思考，最后建立了 DNA 的双螺旋结构模型。他们的论文《核酸的分子结构》发表在 1953 年 4 月英国的《自然》杂志上。这篇论文的发表立刻引起科学界的轰动，被视为分子生物学诞生的标志。

根据分子遗传学的研究，英国物理学家克里克于 1958 年提出了著名的"中心法则"。"中心法则"认为，细胞的遗传信息存储在 DNA 的核苷酸的顺序中，把这些遗传信息传递给控制性状的蛋白质，需要经过转录和翻译两个步骤。

12.4.1 转录

转录是指以 DNA 的一条链为模板，按照碱基互补配对原则，合成 RNA 的过程。这一步在细胞核中进行，是把 DNA 所携带的遗传信息，像录音机的翻录那样，转录到 RNA 上。其实，与蛋白质合成直接有关的并不是 DNA，而是 RNA。DNA 是控制者，它所携带的遗传信息必须通过一种传递信息的媒介物才能间接地指令蛋白质的合成。这种传递信息的物质就是信使 RNA(mRNA)。这是由法国生物学家雅各布和莫诺在 1960 年提出假说，并由雅各布及英国的布伦纳和美国的梅塞尔森共同发现和确定的。DNA 是怎样将遗传信息转交给信使 RNA

的呢？是通过碱基互补配对原则。先是一个 RNA 聚合酶分子沿 DNA 分子移动，引起双链的局部解旋。在 RNA 聚合酶分子范围内，游离的核糖核苷酸以 DNA 的一条链为模板，按照碱基互补配对原则，形成一段与 DNA 互补的 RNA 单链。由于 RNA 没有碱基 T 而有碱基 U，因此在合成 RNA 时，就以 U 代替 T 配对：

DNA…—A—T—G—C…

RNA…—U—A—C—G…

最后，当 RNA 聚合酶移至适当的一个地点时，新生的 RNA 分子便从 DNA 分子上解旋脱离，形成信使 RNA，此时 DNA 的两条单键又重新恢复至双链(见图 12-8)。这样，DNA 模板上的遗传信息便准确无误地传递到了 mRNA 上。

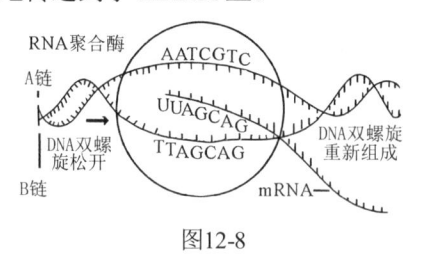

图 12-8

12.4.2 翻译

翻译是指以信使 RNA 为模板合成具有一定氨基酸顺序的蛋白质的过程。这一步在细胞质中进行。mRNA 在 DNA 模板上合成后，便从核孔中出来到了细胞质里，与核糖体结合起来，并作为蛋白质合成的模板展开在核糖体上。核糖体是将氨基酸合成为蛋白质的"装配车间"，作为原材料的氨基酸"存放"在细胞质的基质中，要把它送到核糖体的 mRNA 模板上，才能将其组装成蛋白质。

为此，克里克于 1956 年提出假说，认为在细胞中还存在着一种能转运氨基酸的转接分子。这种转接分子既能跟氨基酸结合，又能跟 mRNA 的碱基结合，是两者之间的媒介。次年，霍格兰等人发现了这种转接分子，这就是转运 RNA(tRNA)。tRNA 一方面能识别特定的 mRNA 的核苷酸顺序，另一方面又能识别氨基酸。tRNA 折叠成复杂的三叶状(见图 12-9)，在这个三叶上，三个碱基的专门顺序与 mRNA 的碱基顺序互补。这是决定蛋白质组成的氨基酸正确序列的关键，而氨基酸顺序又是蛋白质的决定因素。

tRNA 具有高度的专一性，每种 tRNA 只能转运一种与自己相应的氨基酸。具体过程是：细胞质中被激活酶活化的各种氨基酸，与各自相应的 tRNA 结合，被携带着运送到核糖体内之后，便按照核糖体中 mRNA 模板上的碱基排列顺序，根据碱基互补配对原则，一个一个进行配对。实际上，是核糖体在 mRNA 上移动，每移动 3 个碱基，就上去 1 个 tRNA，带上 1 个氨基酸。氨基酸被带上模板后，相互连接，形成肽链。与此同时，tRNA 也离开了 mRNA，重新回到细胞质中再去搬运相应的氨基酸。当核糖体移动到 mRNA 的终止符号时，就再没有 tRNA 转运的氨基酸与其结合了，所形成的具有一定氨基酸顺序的肽链脱离 mRNA，自行折叠盘曲，成为有空间结构的蛋白质(见图 12-10)。

图12-9

图12-10

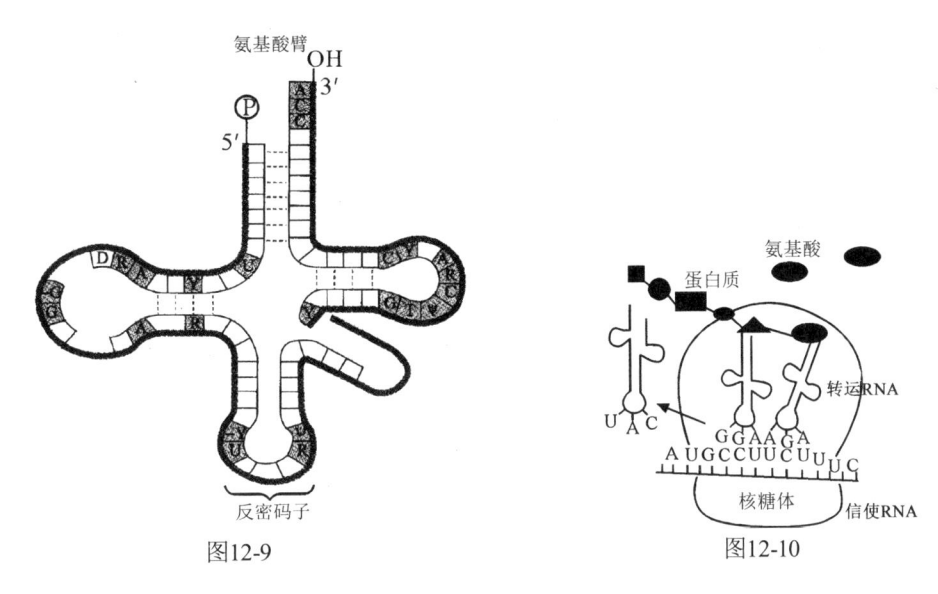

作为将氨基酸组装成蛋白质的装配车间，核糖体是一种分子量很大的粒子，每一核糖体由两个亚单位组成，而且往往有好几个核糖体同时在 mRNA 上移动。在蛋白质的整个合成过程中，它不仅使 tRNA 能正确地阅读 mRNA 上的遗传信息；而且还为其提供了结合的位置，使各种 tRNA 可以把各自携带的氨基酸，逐个地转送和连接到伸长中的多肽链上，增加了多肽合成的效率和速度。就这样，子代以 DNA 为模板合成 mRNA，再以 mRNA 为模板，以 tRNA 为运载工具，使氨基酸在核糖体中按照一定的顺序排列起来，合成了与亲代一样的蛋白质，从而显现出与亲代同样的性状。所以说，DNA 是生物性状的控制者，而基因是有遗传效应的 DNA 片段，这也说明了是基因控制着生物的性状。这样一来，DNA 分子上的遗传特异性，通过 mRNA 的中间媒介，进而决定了蛋白质的特异性。

12.4.3 中心法则

这种遗传信息从 DNA 到 RNA，再从 RNA 到蛋白质的转录和翻译过程，以及遗传信息从 DNA 到 DNA 的复制过程，就是分子遗传学中的"中心法则"。

后来的科学研究发现，很多 RNA 病毒，如脊髓灰质炎病毒、流感病毒、双链 RNA 噬菌体以及多数的单链 RNA 噬菌体等，它们在宿主细胞内也可以进行复制。这种复制并不通过 DNA，它是以导入的 RNA 为复制的模板的，即以 RNA 为模板合成 RNA。不仅如此，还发现了引起肿瘤的某些单链 RNA 病毒，它们还能以病毒 RNA 为模板，反向地合成 DNA，使遗传信息反过来从 RNA 流向 DNA，即所谓逆转录。应该说，这些发现都是对"中心法则"的重要补充。由于这些新的发展，对原来中心法则中遗传信息的传递方向做了一些修正。两种遗传信息的传递方式，转录是普遍的，逆转录是比较罕见的。逆转录对于肿瘤的研究有着极为重要的意义。

12.5 思考与练习

1. 解释同源染色体、等位基因、非同源染色体、非等位基因。
2. 简述分离定律。
3. 简述自由组合定律。
4. 简述连锁和交换定律。
5. 简述遗传学中的转录、翻译和中心法则。
6. 尼伦伯格、克里克对现代生物学有何创新成果？
7. 遗传密码有何特点？

第13章

现代地学

学习标准:

1. 识记: 霍尔、修斯、魏格纳在地学中的创新成果; 赫斯、勒比雄、威尔逊在现代地学中的创新成果。

2. 理解: 地槽、地台的概念和区别; 大陆漂移说的基本观点; 大陆漂移说运动的动力; 海底扩张说的基本观点; 板块边界的划分; 板块构造的演化过程。

3. 应用: 综述板块构造理论的重要意义。

地球这颗蔚蓝色的星球，我们可爱的家园，是迄今为止在茫茫宇宙中所发现的唯一适合人类生存的行星。有历史记载以来，人类便从未停止过对它的探索。

今天，认识地球、了解地球已成为每一个人的愿望，而地学的研究就是要为我们揭开地球的神秘面纱。地球科学经历了18世纪的萌芽、19世纪的百家争鸣、20世纪现代全球构造理论的统一阶段。

20世纪，地质学领域产生了一系列重要的革命性学说，不断提供了与人类生活最密切的地体演绎的生动图景，对人类自然观的形成和深化产生了重大影响。大陆漂移说、海底扩张说、板块构造说三个学说的诞生，奠定了近现代地学的理论基石，标志着地学革命进入了一个新的历史时期。现代地学理论是在槽台说的基础上诞生的，在此一并介绍。

13.1 槽台说概述

美国地质学家霍尔著有《北美大陆的地质历史》《纽约地质(第四部分)》等，1859年首先提出地槽的概念。

1885年，奥地利地质学家修斯在《地球的面貌》一书中第一次提出"地台"的概念。以后逐渐形成了地槽-地台学说。该学说从诞生之日起至20世纪60年代，一直在大地构造学说中占据着统治地位。

13.1.1 地槽

地槽是地壳上巨大狭长的或盆地状的沉积很深厚的活动地带(见图13-1)。

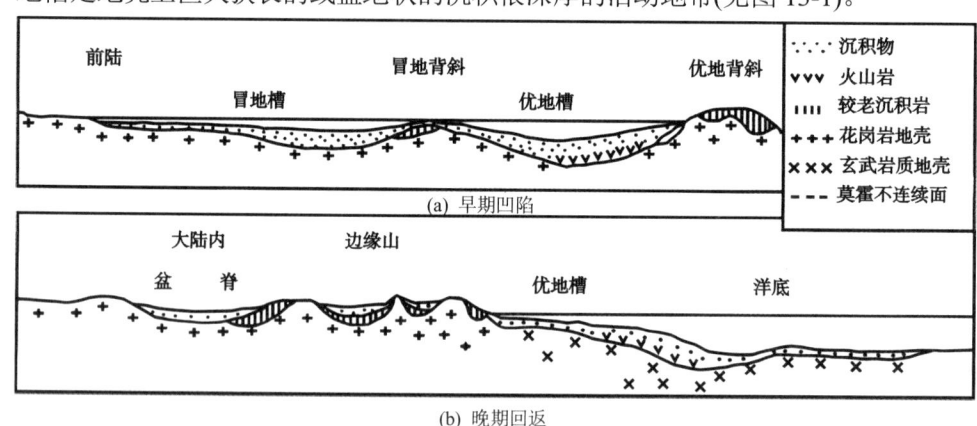

图13-1

地槽特征表现如下：早期强烈凹陷，形成海槽；晚期强烈回返，形成山脉，伴随强烈的岩浆活动和区域变质作用。

13.1.2 地台

地台是地壳上稳定的、自形成后不再遭受褶皱变形的地区(见图13-2)。

地台具有双层结构。下构造层称基底，由前寒武纪的巨厚沉积岩系与火山岩组成，基底岩石建造序列属地槽型。上构造层称盖层，由震旦纪或寒武纪以来的沉积岩系组成，盖层与基底以角度不整合接触。

地台特征表现如下：早期地槽结晶基底缓慢下降，接受沉积；晚期缓慢上升，成为陆地。岩浆活动和区域变质作用较弱。

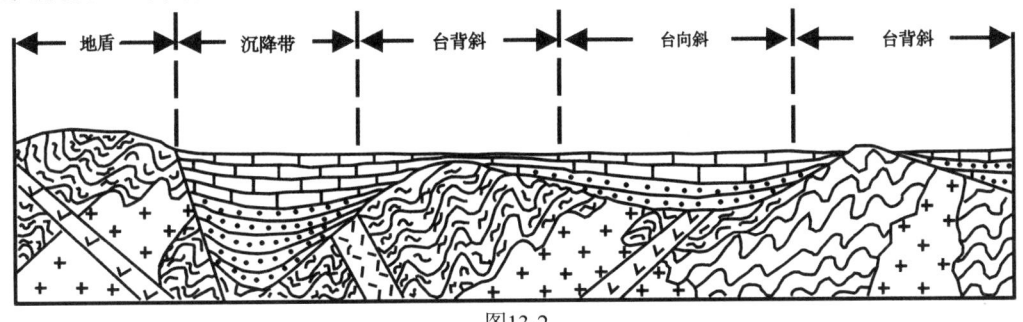

图13-2

由于地台是在地槽的基础上演变而来的，人们把地槽说和地台说统称为槽台说。槽台说认为地壳运动的主要形式是升降运动，山脉的位置始终没有大的变动，水平运动则是派生或次要的。这种认识具有片面性。比如，在南极洲发现了大煤田，煤炭储量约为5 000亿吨。南极洲气候寒冷，植被难以生存，存在的大煤田槽台说如何解释？

首先解释这个问题的人是德国气象学家阿尔弗雷德·魏格纳，他用大陆漂移的观点回答了这个问题。

13.2 大陆漂移说

魏格纳出生于德国柏林。他毕业于柏林洪堡大学，获得气象学博士学位。1912年1月，他在德国法兰克福举行的一次地质研讨会上首次提出了大陆漂移的观点。1915年，他正式出版了《大陆与大洋的起源》一书，系统阐述了大陆漂移学说。

魏格纳的大陆漂移说发表以后，立即在世界地质学界引起了一场轩然大波。有人为之鼓掌，但更多的人认为大陆漂移是童话、一个引起人们想象的迷人的狂想。面对众多地质学权威的批驳，魏格纳没有丝毫气馁。他凭着顽强的毅力和聪明才智，进行了广泛的考察，获得了大量的第一手资料，有力地论证了大陆漂移的观点。1930年11月，魏格纳在格陵兰考察冰原时不幸遇难，年仅50岁。

13.2.1　基本观点

大陆漂移说的基本观点如下。

(1) 魏格纳在《大陆和大洋的起源》中认为，大陆由较轻的刚性硅铝层组成，它漂浮在较重的黏性硅镁层之上。

(2) 石炭纪时，全球只有一个统一大陆(泛大陆)和一个围绕大陆的统一海洋(泛大洋)。到侏罗纪时，泛大陆开始分裂和漂移，最后转变成现今的海陆分布势态(见图13-3)。

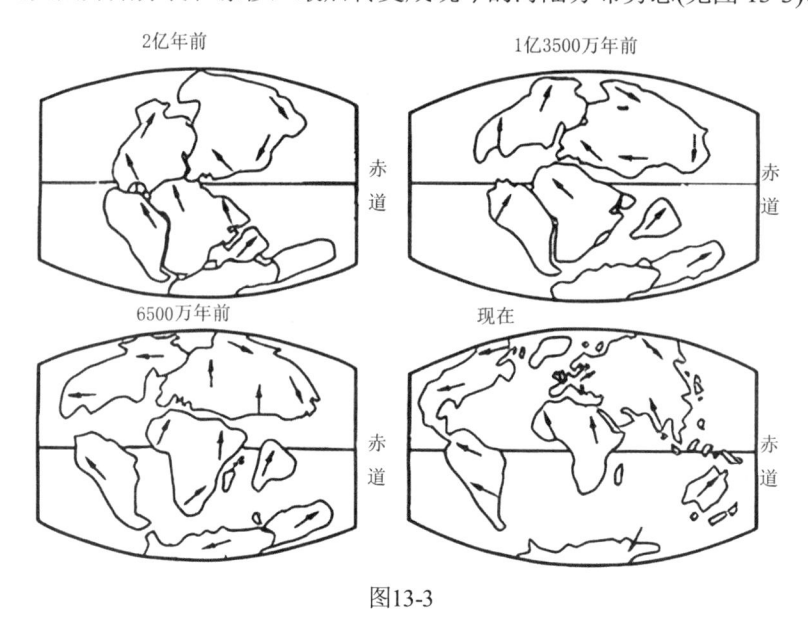

图13-3

(3) 大陆漂移的主要趋向：一是离极运动；二是向西漂移(见图13-3)。在漂移的过程中，大陆的前缘因受到挤压而形成褶皱山系。大陆漂移设想的精髓是地球活动论。固定论认为，大陆是永存的、恒定不变的，从未移动过，至多是在有限范围内的原地沉降与隆起而已。然而，事实是我们人类今天仍然生活在各个不同的漂移大陆上，尽管那时设想的大陆漂移图景及机制有待进一步佐证完善，但从根本上纠正了大陆固定和海洋永存的谬论，开创了人类对地球演化认识的新纪元。

13.2.2　证据

1. 地形

大西洋两岸的地形，好像一张撕成两半的报纸，把它们重新拼合后，被撕开的一行行文字又能重新接起来一样。1965年，英国地质学家爱德华·布拉德等人用900m等深线作为拼合线，拼合后的误差小于1%(见图13-4)；1980年，有些学者对全球联合大陆进行了相当精确的拼合。

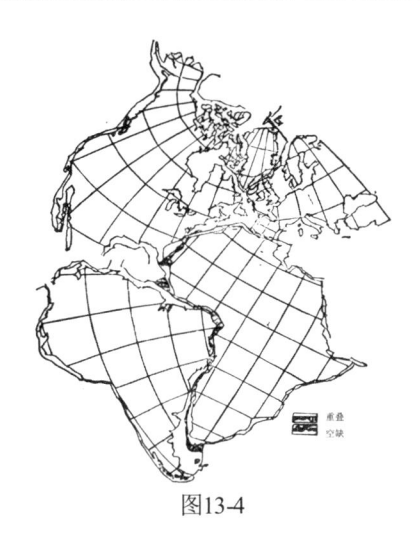

图13-4

2. 古生物

南半球的几个大陆上石炭纪时期的爬行动物中，有64%的种是共同的；到了三叠纪时，也就是推测南半球的几个大陆已经分裂了一段时间以后，几个大陆上的爬行动物中共同的种已经下降到34%(见图 13-5)。另一个事实是，一种生活在二叠纪时期的叫作舌羊齿的植物群复原(见图 13-6)，对于南半球的几个大陆来说是共同的；而在世界其他地方，却没有这个植物群。这证明二叠纪时，这几个大陆是相连的。

图13-5 　　　　　　　　　图13-6

3. 古气候

石炭纪时期至二叠纪时期，南半球的几个大陆(南美洲、非洲南部，澳大利亚、印度、马达加斯加等)，虽然现在互不相连，但都发育过广泛的冰碛物(见图 13-7)。

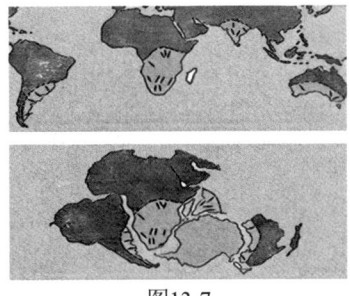

图13-7

魏格纳认为，南半球各大陆上的冰碛物原来都是相连的，石炭纪时期至二叠纪时期，曾经有过类似现代南极洲冰盖那样的东西。除南美洲和非洲南部目前仍处在中、高纬度外，其他大陆目前均处于热带或温带。

4. 地质

经地质考察，在巴西北部的圣路易斯海岸附近，不仅出露有 20 亿年前的片麻岩体，而且出露有 4 亿~6 亿年的年轻褶皱带及其分界线，这同西非加纳一带二者的岩石构造及其分界线是对应一致的。此外，在非洲南部从东到西分布着二叠纪的褶皱山——开普山脉，它的向西延伸部分可以在南美洲的布宜诺斯艾利斯南部找到，那里的褶皱山及其岩石构造与开普山脉也是对应一致的。这表明大西洋两岸具有共同的历史记录，大西洋两岸的地层层序在 1 亿年前是一致的。

5. 地球物理

21 世纪初已经知道，陆壳是由硅铝层和硅镁层组成的；洋壳仅由硅镁层组成。魏格纳认为，陆壳(比重小)就像冰浮在水面上一样，浮在洋壳(比重大)上，进行长距离的漂移。

13.2.3　动力

魏格纳认为，陆壳的运动有两个方向，向西漂移是由于月球的引潮力引起的。东汉王充的《论衡》所述"涛之起也，随月盛衰"，意思是潮汐的涨落是随着月亮的圆缺而变化的。现在认为月球的引潮力是形成潮汐的主因。地球自西向东自转，魏格纳认为硅铝层就像潮水一样向西漂移。向赤道漂移是由于地转速度变化产生的离极力引起的。地质学家认为，地球的自转，遵守角动量守恒定律：$C=\omega m r^2$。式中，C 为常量；ω 为地球自转的角速度；m 为质量；r 为转动半径。研究表明，地球自形成以来，自转速度 ω 总体不断变慢。利用蛤类年轮研究地球过去自转速度是一种有效的方法。一种名为 Torreites sanchezi 的已灭绝蛤类化石，这种蛤类生活在约 7000 万年前的白垩纪晚期。科学家通过显微镜观察和激光取样分析，研究发现其壳体上有浅色和深色纹层交替的生长线，这些纹层记录了昼夜变化。同时，还测量了壳体不同纹层中的稳定同位素及微量元素含量，综合分析这些数据来确定当时的日长和年长。研究发现 7000 万年前的一天长约 23.5 小时，地球每年自转 372 次。科学家又研究了 4 亿多年前泥盆纪时期的蛤类化石。与研究白垩纪晚期蛤类化石的方法类似，发现当时地球的自转速度比现在更快，一年有 420 天，现在是 365 天。珊瑚化石的年轮记录研究表明，在约 4.5 亿年前的志留纪时期，地球的一天只有 22 小时左右，一年有 400 天。珊瑚化石的年轮显示，随着时间推移，日长逐渐增加，每 10 万年日长增加约 2 秒。这些数据与现代天文观测结果相吻合，表明地球自转速度在长期减慢。在地球自转速度变慢的情况下，根据角动量守恒定律，只有转动惯量 mr^2 不断变大，才能保证角动量守恒。mr^2 变大的过程，就是物质由极地向赤道漂移的过程。

13.2.4 存在的问题

1. 关于大陆漂移的界面问题

魏格纳认为，大陆漂移的界面位于地壳的硅铝层和硅镁层之间。但是，英国地球物理学家杰弗里斯根据地球纬度变化资料，计算出硅铝层底部的黏度远远大于漂移所需要的黏度，硅铝层在硅镁层之上漂浮运动是不可能的。

2. 关于漂移的驱动力问题

魏格纳认为，大陆向赤道的漂移是由地球自转的离极力驱动的，向西的漂移是由潮汐力驱动的。但是杰弗里斯的计算表明，离极力要使地壳移动一弧度需 30 亿年；而潮汐力对于驱动大陆漂移来说，更是小得不可能。因此，大陆漂移说便沉寂了下去。

13.3 海底扩张说

海底扩张说的产生，在另一个层次上发展和佐证了大陆漂移说。20 世纪 60 年代初，美国普林斯顿大学的赫斯和美国海岸与大地测量局的迪茨几乎同时提出了海底扩张说。1961 年，迪茨在《自然》杂志上发表了名为《从海底扩张看大陆和洋盆的演化》的文章，提出了海底扩张的观点。赫斯在第二次世界大战中是美国海军上校，任职于"约翰逊角号"军舰，在南太平洋巡航期间对该海域做了深海测量，因而萌发了海底扩张说的灵感。赫斯的《海洋盆地的历史》写成于 1960 年，在 1962 年正式发表。

13.3.1 基本观点

海底扩张说的基本观点如下。

(1) 全球规模的洋脊系是洋壳生长的地方。地幔物质由洋轴部裂缝涌出，冷凝成为最新洋壳(见图 13-8)。后形成的洋壳将先形成的洋壳从洋脊轴部依次向两侧推开，海底洋壳的年龄随着与洋脊轴距离的增加而增大。因此，洋脊又称为增生(生长)带或发散带。海底洋壳每隔 2 亿～3 亿年完全更新一次，因而洋壳比陆壳年轻。

(2) 海底并不是无限扩张的。当洋壳到达海沟时俯冲下沉熔融，重返软流圈(见图 13-9)。因此，海沟俯冲带又称消减带。由于生长和消亡并存，洋脊扩张中心的拉伸或增生作用与海沟俯冲带的消减作用互相调节。有人认为，扩张速率与消减速率相等，二者互相补偿，地球的总体积或海盆的总容积基本不变。

图13-8

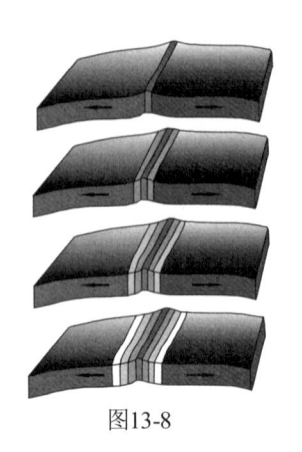

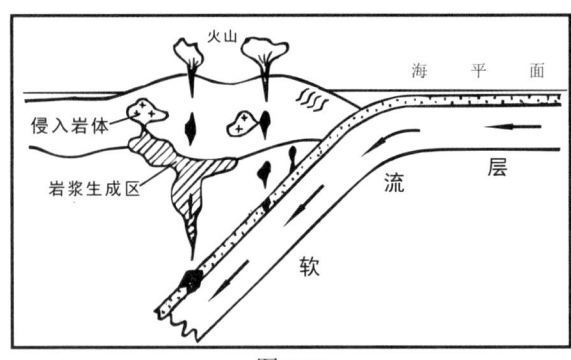

图13-9

(3) 海底扩张起因于地幔对流。洋脊是对流体上升带或发散带，海沟是对流体下降带或汇聚带。大陆硅铝层驮于地幔对流体之上，犹如坐在传送带上一样，被移动着。当大陆移动到对流体的下降带时，因质量轻不下沉，停留在下降带上，而另一侧大洋壳在大陆边缘转入地下，使大陆边缘受到压缩，形成褶皱山脉。若大陆之下发生新的对流上升带，大陆就会产生新的断陷裂谷，并逐步发展成为新的大洋(见图 13-10)。

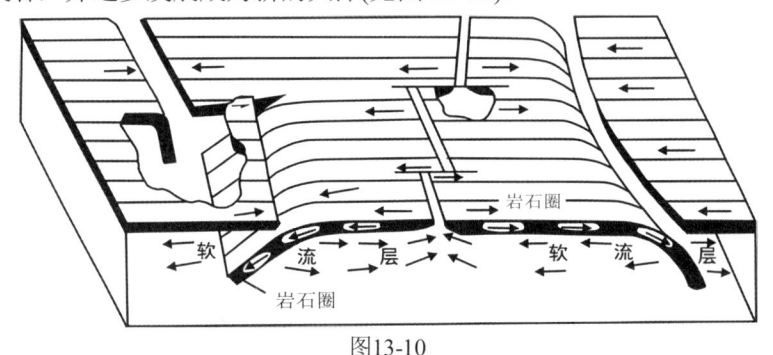

图13-10

13.3.2 证据

1. 海底地形

海底地形是不平坦的，高低之差大于陆地，大致可分为大陆边缘、大洋盆地和洋脊(隆)系三个区域。大陆边缘包括大陆架、大陆坡、大陆隆和海沟、岛弧、边缘海。其中，海沟、岛弧系是海底地形反差最大、地球上构造活动最强的区域。大洋盆地由深海平原、深海丘陵和海山、火山岛屿组成。海山和火山岛屿有时排列成行，构成火山岛(或海山)链和长条形海岭。洋脊(隆)系是全球性的贯穿大洋盆地的巨大海底山脉，常常位于大洋中央，并为一系列海底断裂带错开。大西洋中脊显著平行于大西洋两岸大陆边缘。洋脊轴部通常有一个中央裂谷，它们沿整个洋脊延伸，构成全球性的、巨大的裂陷体系。海底地形的总趋势是洋脊(隆)轴部最高，向两侧逐渐变低，海沟及大陆坡底部最低。

洋脊轴部具有张性裂缝，热流值最高，现代火山和浅源地震活跃，缺少沉积物，岩石年龄最新；而海沟地带构造复杂，热流值最低，具负均衡重力异常，地震特别强烈，有一个向大陆方向倾斜的震源面——贝尼奥夫带，岩石年龄是海底最老的。这就说明，洋脊可能是岩浆上升和新洋壳的诞生地；而海沟地带则可能是海底扩张的终点或洋壳销毁的地方。由洋脊向两侧地形逐渐变低是由于新洋壳不断向两侧扩张变冷、岩石圈密度变大下沉的结果。

2. 海底年龄

深海沉积物和其下的火山岩的年龄有一个共同的特点，即以洋脊为轴两边对称，洋脊轴部岩石年龄新，越向外越老，最老不老于中生代或不老于侏罗纪。换句话说，整个洋底或三分之二面积的地壳岩石是在不到2亿年的时间里形成的。这是由于老的岩石和沉积物随着海底扩张被带走，在深海沟处下沉到地幔中去消失了或被焊接到大陆边缘上去了。根据加拿大地质学家威尔逊(1963)的研究，三大洋岛屿的年龄，是随着远离洋脊而变老的。例如，南大西洋沃尔维斯和里奥格兰德两个侧海岭，以洋脊为轴成镜像对称分布，岩石年龄由洋脊向外依次变老。夏威夷地区的火山活动主要集中于岛链的东端，向西火山时代相继变老。

3. 转换断层

整个海底，褶皱并不显著，断裂带十分发育，常常把洋脊、岛弧、海沟和海底地磁条带错开。过去都把它视为一般的平推断层，1965年威尔逊将其命名为转换断层。转换断层是一种水平错动在两端突然终止并改变为另外一种方向和构造类型的断层。其与平移断层存在着明显的差异：一是平移断层两侧运动方向是相反的，而转换断层两侧可以相同，也可以相反；二是平移断层两侧被错断的地层的距离随着断层的持续而不断增大，而被转换断层错断了的洋中脊之间的距离一般不会随着断层的持续而增大；三是整个平移断层线上都有地震的发生，而转换断层线上地震一般只局限于洋中脊之间。

4. 海底磁异常

早在1906年，法国地球物理学家伯纳德·布容就发现有些岩石的剩余磁化方向恰好与现代的磁场方向相反。1928年，日本著名的地球物理学家松山基范发现日本第三纪以后的熔岩约有一半的磁化方向与现代地球磁场方向相反。这种反向磁化是前寒武纪晚期以来相当普遍的现象，称为地球磁场倒转，即每隔一定时期(最长300万年，最短约1万年，一般约数十万年)，地球南、北两磁极会发生极性互换：正性变负性，负性变正性。在一次极性反转前后，磁场由强变弱、由弱变强的变化，持续时间有的可达2万年，在此极性过渡期间，磁场强度低于正常值，甚至暂时消失。20世纪50年代，美国地球物理学家罗恩·梅森等人首先在美国西海岸外的太平洋海底发现地磁异常及其错动。到了20世纪60年代，海底磁异常的轮廓就基本上清楚了。三大洋底磁异常具有明显的共同特征，即正负磁异常条带相间排列，与洋脊平行，并以洋脊为轴两边对称。一般认为，海底条带状正、负磁异常是由在相反方向上磁化的海底条带造成的。高温地幔物质从洋脊轴部涌出形成新海底，当它冷却到居里点温度以下时，会按照地球磁场的方向磁化。在海底扩张过程中，若地球磁场发生周期性转向，则平行于洋脊的先后相继的大洋地壳条带也将交替地发生正向或反向磁化，形成条带状磁异常系列。

海底扩张说认为扩张速率与消减速率相等，二者互相补偿，地球的总体积或海盆的总容积基本不变的观点不符合事实。事实上，海陆的面积是随着地质年代的增长而不断变化的。对这一问题的深入研究，诞生了板块构造说。

13.4 板块构造说

在大陆漂移、地幔对流、海底扩张等学说及古地磁学、地震学研究资料的基础上，1968年法国人萨维尔·勒比雄在《地球物理学研究》杂志上发表了一篇论文，系统地提出了全球板块构造学说。

板块构造说集大陆漂移、海底扩张、转换断层为一体，在理论表述上具有最大的简洁性和严密的逻辑性，使地球科学各个领域取得了前所未有的统一，标志着活动论对固定论的全面胜利。如今，板块构造理论的许多设想已经得到证实，并在油气和固体矿产勘探方面取得了突破性的进展。

13.4.1 基本观点

1. 板块的划分——六大块

岩石圈并非整体一块，它被许多活动带分割成大大小小的块体，这些块体就是所说的板块。岩石圈可以划分成太平洋板块、亚欧板块、印度洋板块、非洲板块、美洲板块和南极洲板块共六个大板块(见图13-11)。

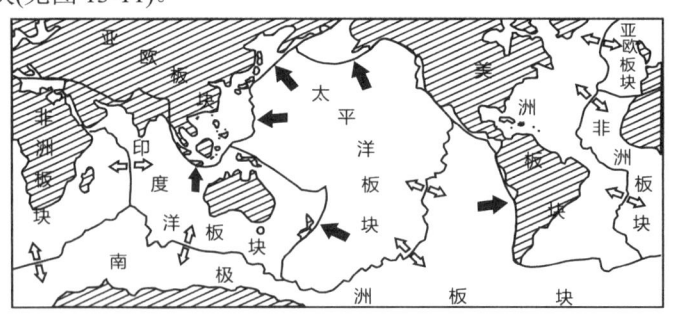

图13-11

2. 板块的边界——三类型

(1) 拉张型边界，又称离散型边界，主要以大洋中脊为代表。它是岩石圈板块的生长场所，也是海底扩张的中心地带。其主要特征是，岩石圈张裂，岩浆涌出，形成新的洋壳，并伴随着高热流值和浅源地震。大陆裂谷也是拉张型边界。

(2) 挤压型边界，又称汇聚型边界或者贝尼奥夫带。其主要以海沟、岛弧为代表，是板块相向移动、挤压、俯冲、消减的地带。

(3) 剪切型边界，又称平错型边界或者转换断层边界。在这种边界上，既没有板块的新生，也没有板块的消亡，只是表现为板块的平移和错断。这种边界以转换断层为特征。

3. 板块的演化——六阶段

加拿大地质学家威尔逊于1969年把一个大洋发展的完整过程分为六个阶段。

(1) 胚胎期：地幔的活化，引起大陆壳(岩石圈)的破裂，形成大陆裂谷，东非裂谷就是最著名的实例。

(2) 幼年期：地幔物质上涌、溢出，岩石圈进一步破裂并开始出现洋中脊和狭窄的洋壳盆地，以红海、亚丁湾为代表。

(3) 成年期：洋中脊的进一步延伸和扩张作用的加强，洋盆扩大，两侧大陆相向分离，出现了成熟的大洋盆地，洋盆两侧并未发生俯冲作用，与相邻大陆间不存在海沟和火山弧，称为被动大陆边缘。大西洋是其典型代表。

(4) 衰退期：随着海底扩张的进行，洋盆一侧或者两侧开始出现了海沟，俯冲消减作用开始进行，主动大陆边缘开始出现，洋盆面积开始缩小，两侧大陆相互靠近，太平洋即处于这个阶段。

(5) 残余期：随着俯冲消减作用的进行，两侧大陆相互靠近，其间仅残留一个狭窄的海盆，地中海即处于这个阶段。

(6) 消亡期：最后两侧大陆直接碰撞拼合，海域完全消失，转化为高峻山系。横亘亚欧大陆的阿尔卑斯—喜马拉雅山脉就是最好的代表，它是亚欧板块与印度洋板块碰撞接触的地带，是一条很长的地缝合线(见图13-12)。

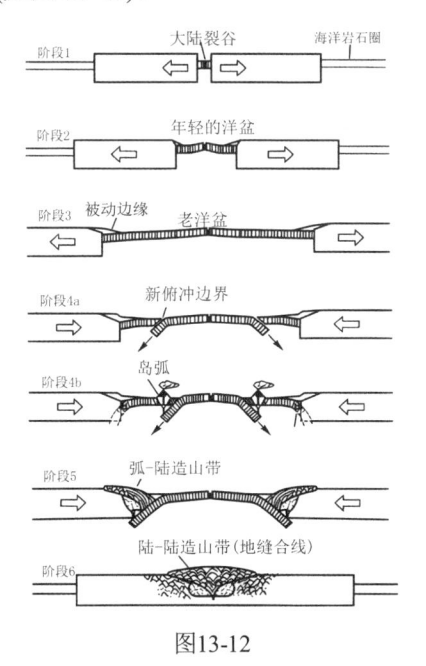

图13-12

4. 板块的动力

板块相对于下伏的软流圈来说，是相对刚性的，漂浮在软流圈之上。板块的驱动力来自地幔，是由地幔对流驱动的。由于地幔对流受热不均匀，在受热强烈、温度比较高的地方，地幔物质上涌，上涌的物质受到岩石圈的阻挡，在岩石圈的底下向两侧运移，到温度较低的地方下沉，形成一个完整的地幔对流旋回。在对流上升的地方，导致板块分离和新的洋壳的形成；而在对流下沉的地方，导致板块的俯冲和板块的消亡。

13.4.2 对地质作用的解释

板块内部是稳定的，而板块边缘则是相对比较活跃的活动带，有强烈的构造运动、沉积作用、岩浆活动、火山活动、地震活动，并且还是极有利的成矿地带。环太平洋地震、火山带，是太平洋板块与周围板块的俯冲带；阿尔卑斯—喜马拉雅地震、火山带，是一条巨大的地缝合线，是亚欧板块与非洲板块、印度洋板块的碰撞汇聚带；大洋中脊地震、火山带，是扩张型(离散型)板块的边缘带；大陆裂谷地震、火山带，也是扩张型(离散型)板块边缘带等。

板块构造理论的诞生极大地促进了地学研究的发展，然而板块理论对于陆壳运动和岩石成因的解释一直并不理想。在这种背景下，相继出现了很多新的假说与模式，形成了地学理论的多元化，但至今尚未形成能全面解释地球复杂地质现象的系统而完善的理论体系。

大地构造学目前存在的根本问题是动力机制。地幔对流模式认为，软流圈是岩浆上升的源区和板块消亡的汇区。岩浆沿大洋裂谷到达地表冷凝成为新洋壳，依次形成的更新的洋壳推动较老的洋壳向海沟运移，然后沿海沟大断裂俯冲到岩石圈中熔融消亡，完成地幔物质的对流运动过程。这里的洋脊区域出露的应是年轻的岩石，不应出现老地层；这里的海沟区域汇集的板块的年龄应该比其两侧的年龄老；板块就像一条传送带，整体水平运动，在大洋盆地的板块上，洋壳的物质来自上地幔，不应出现陆壳性质的下沉断块。

但是，在这三个方面都发现了相反的事实。1993 年，美国石油地质学家赫伯特·梅耶霍夫发现板块构造有许多严重缺陷。他在《大西洋中脊的古老花岗岩》记载，在大西洋中脊附近的鲍尔德山，发现全部由 15.5 亿年～16.9 亿年的花岗岩构成。在大西洋中脊已查明了数百个这类花岗岩产地。大西洋圣保罗群岛发现放射性年龄 800Ma 的角闪糜棱岩和高达 2000Ma 的橄榄岩的事实(据王鸿祯等)；发现太平洋东北部磁异常条带越靠近海沟年代越新的事实；在三大洋及边缘海中都发现有陆壳性质的下沉断块的事实。根据钻探资料，日本列岛靠太平洋一侧 120km 的海域里，曾有一块大致长 200km、宽 80km 的陆块，在 2200 万年前下降，目前已沉到 2600m 深处；中国南海广大地区，钻探资料表明也是陆块沉降所致。据西沙群岛永兴岛西永 1 井钻孔资料，上第三系之下为一套强烈变质的花岗片麻岩和混合岩，同位素年龄为 6.27 亿年。永兴岛隆起轴部基岩深埋在海平面下 1.0～1.5km，其上为厚达一千余米的上第三系珊瑚礁灰岩，地壳厚度 31～33km，属大陆型地壳。这些事实是和地幔对流模式相矛盾的。另外，在太平洋西岸菲律宾岛的两侧，各发育了一条沟—弧系，地幔对流模式又如何解释？

因此，寻求建立一个既能适应地壳的水平运动，又能适应地壳的垂直运动的新动力模式是十分必要的。

2011年白思胜撰写的《楔块运动与中国地槽的海陆变迁》一书中，提出了"正硬楔运动造洋；正软楔运动造陆，倒楔运动伴随岩浆活动和地震"的楔块运动新模式。

硬是相对于围岩软而言的。当硬楔运动(楔入)时，楔块本身不易变形，稳定陷落；围岩则发生褶皱、断裂和变质作用。楔块顶部有沉积物不断堆积，形成沉积岩盖层，其表面积不断增大；楔块底部发生熔融作用，形成岩浆，不断消减，其底面积也不断增大。正硬楔运动的结果是形成海盆，进而导致海盆加宽变深。这就是正硬楔运动造洋，如大西洋的形成。

软是相对于围岩硬而言的。当正软楔运动(楔入)时，楔块本身发生褶皱、断裂和变质，围岩则相对稳定。正软楔因褶皱而不断增厚，最终导致海退成为陆地。这就是正软楔运动造陆，如喜马拉雅山的形成。

倒楔位于两个正硬楔之间，在正硬楔造洋过程中，正硬楔底部的岩浆挤压到倒楔底部，迫使倒楔抬升，伴随岩浆的侵入和隐爆，能形成"隐爆地震"。

2015年陈志耕教授在《地质学报》上发表了"东秦岭216.8Ma前7.0级隐爆成因大地震的震源遗迹"论文，发现了"隐爆地震"遗迹；著名地球物理学家、中国科学院院士、中国科学院地质与地球物理研究所研究员滕吉文就《地质学报》陈志耕教授这项成果评价说："毫无疑问，这就是震源遗迹。这种震源遗迹也只能由你们地质学家发现"。"隐爆地震"已成为研究地震的新类型。

13.5 思考与练习

1. 霍尔、修斯、魏格纳在地学中有何创新成果？
2. 赫斯、勒比雄、威尔逊在现代地学中有何创新成果？
3. 解释地槽、地台的概念。
4. 简述大陆漂移说的基本观点。
5. 大陆漂移说运动的动力是什么？
6. 海底扩张说的基本观点是什么？
7. 板块的边界是如何划分的？
8. 板块构造是如何演化的？

第14章

系统科学

学习标准：

1. 识记：维纳、普里高津、贝塔朗菲、香农在系统科学中的创新成果；系统、要素、环境、信息的概念；系统方法所遵循的原则；耗散结构形成的条件。

2. 理解系统方法、信息方法、反馈方法、功能模拟方法、黑箱方法。

3. 应用：综述研究耗散结构的意义。

随着科学由搜集材料的阶段发展到整理材料的阶段，关于既成事物的科学也逐渐转变为"关于这些事物的发生和发展以及关于把这些自然过程结合为一个伟大整体的联系的科学"。从20世纪40年代产生的系统论、信息论、控制论，到60年代出现的耗散结构等，都从不同侧面体现了上述科学发展的必然趋势。从传统科学的视野看，这些学科分属不同的科学领域，但从现代科学的角度看，它们却以各自的方式拥有一个共同的研究对象——"系统"。这种本质联系使它们共同构成了系统科学这一新的学科体系。

系统科学是以系统存在和发展的规律为研究对象的学科体系。如果把系统论、信息论和控制论看作主要研究系统存在的规律，那么20世纪60年代以后出现的系统理论则侧重于研究系统发展和演化的规律。而正是这种研究，引导我们开始注意传统科学关于"自然界在本质上是简单的"这一信念的内在局限性，从而使"探索复杂性"成为现当代科学的突出主题。

14.1 系统论

14.1.1 产生与发展

系统的思想无论在中国还是在外国都早已有之，但形成一门科学，则是近几十年的事。20世纪20年代，奥地利学者贝塔朗菲在研究理论生物学时，发现传统的机械论方法无法解释生命体的复杂性和整体性。生命体的基本特征是其具有组织，各个部分相互作用，构成一个密不可分的整体，即生命有机体。

他用机体论批判并取代当时广为流传的机械论，形成有机体系统概念，建立机体论生物学。从20世纪30年代末起，贝塔朗菲转向于建立一般系统论，1945年在《德国哲学周刊》上发表的重要文章《关于一般系统论》，是他建立一般系统论的宣言书。1968年，贝塔朗菲出版了《一般系统论——基础、发展、应用》一书，标志着这门学科已到了成熟的地步并有了新的发展。

广义的系统论除了一般系统论，还有系统方法和系统工程。系统工程是以系统(特别是大系统)为对象的一门应用学科，它产生于20世纪40年代以来对各种复杂系统(如生产、科研、军事等方面的系统)的研究及运筹学方法的有效运用。20世纪60年代以后，无论是一般系统论，还是系统工程、系统方法，都得到了迅速的发展，出现了许多新的理论分支，并且与控制论、信息论、自组织理论等紧密相连，组成现代科学的一个重要领域——系统科学。

14.1.2 基本概念

1. 系统

系统是指由两个以上相互联系的要素组成的具有一定结构和功能的有机整体，如苯酚的分子结构(见图14-1)。这里强调以下几点内容。

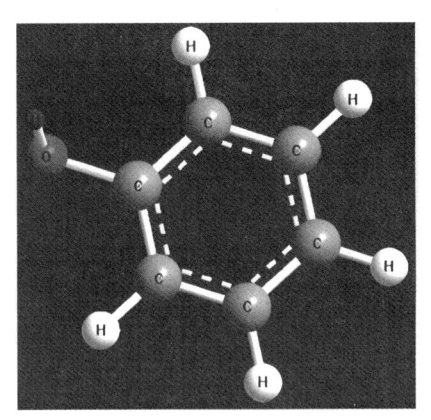

图14-1

(1) 整体有两个以上的组成部分，即有两个以上的要素。

(2) 各要素之间、要素与整体之间以及整体与环境之间存在着一定的有机联系，从而在系统内部和外部形成一定的结构和秩序。

(3) 系统整体具有不同于各要素的新功能。

2. 要素

要素是组成系统的各个单元、各个部分。

3. 环境

环境是系统之外的所有其他事物。

4. 结构

结构是指系统内部各要素之间在时空方面的联系和相互作用的方式或秩序。

5. 功能

功能是指系统在它的外部环境作用下做出反应的能力。

系统的结构和功能是相互依存的。一方面，结构是功能的基础。如果没有要素并按一定的方式组织起来，那么系统不可能具有特定的功能。正如乌合之众不可能具有像训练有素的军队一样的战斗力。另一方面，功能是结构的表现。系统的功能既取决于组成系统的要素，也取决于系统的结构。因此，系统的功能既反映要素的特点，也反映结构的状况。系统的结构是否合理，总是通过特定的功能来得以体现的。结构蕴藏于内，功能表现于外；结构是相对稳定的，功能则易于变化。结构与功能也是相互制约的，结构决定功能，功能对结构又具有能动的反作用。由于外部环境各种因素的影响，往往使系统的功能不断发生变化，这种变化作用于系统，就会造成系统结构的改变。劳动在从古猿到人的转变过程中的作用就充分地说明了这一点。

14.1.3 系统原则和方法

1. 系统原则

(1) 整体性原则。该原则要求我们把研究的对象系统如实地作为一个整体来对待，通过努力使系统结构合理、系统内外协同作用增强，从而提高整体效益。

(2) 关联制约原则。该原则要求我们在研究系统时，不仅要研究构成系统的要素的性质，还要研究要素之间联系的方式、相互关联和制约的性质。

(3) 目的性原则。必须明白建立一个系统要达到什么目的，否则无法判定所采取的方法和手段是否正确。

(4) 优化原则。人工系统中的优化，是指在一定环境条件下，通过采取各种有效手段使系统达到最佳状态而费力最小。对于一些大而复杂的系统或多目标的系统，一般是把系统分解为一组相关联的子系统。先对子系统进行局部优化，再协调各子系统的关系，使之从整体上达到所要求的整体目标。

2. 系统方法

系统方法就是把对象放在系统的形式中加以考察的一种方法。具体地说，就是从系统的观点出发，始终注意要素之间、要素与整体、整体与外部环境的相互联系、相互作用的关系，综合地、精确地考察对象，以达到最佳地处理问题的一种方法。

目前，人们运用系统方法研究问题，一般采用 A. D. 霍尔提出的三维结构方法。这三维分别是逻辑维、时间维和知识维(见图 14-2)。

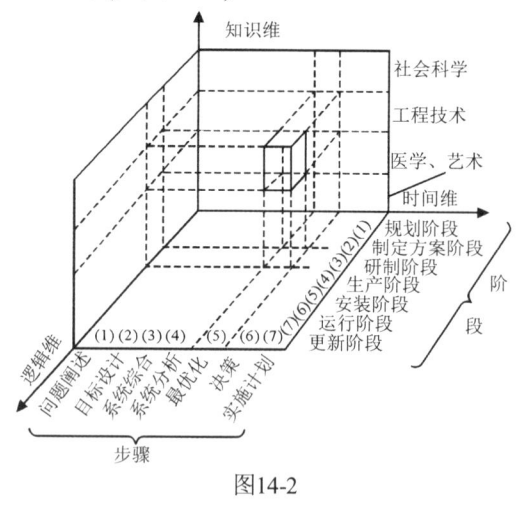

图14-2

(1) 逻辑维。从解决问题的逻辑过程看，系统方法包含如下七个逻辑步骤。

① 问题阐述。主要是表明问题，搜集资料和数据，说明问题的沿革过程和现实状况，以指出问题形成的历史与根据。

② 目标设计。确定解决问题的目标，建立评价是否实现目标所应依据的标准。

③ 系统综合。目的是从整体出发，对可能实现目标的各种候选方针、任务以及措施进行综合考察。

④ 系统分析。以实现目标、解决问题并满足需要为前提，针对拟采用的方针、任务和措施建立模型，深入、具体地分析并理解任务、措施之间及其与整个系统的相互关系，由此明确拟选方案的行为和特点。

⑤ 最优化。选择最佳方案或对各种候选方案进行排序。要考虑选择怎样的参数和指标，尽可能使拟议中的方案是能满足目标函数要求的最佳方案。

⑥ 决策。旨在选出一种或多种值得采用或供进一步研究参考的方案或系统。

⑦ 实施计划。根据前述给定的条件和问题以及选择的方案，制订出具体实施的计划和步骤。如果实施顺利，整个系统方法的逻辑维过程即告一段落；如果实施过程中遇到问题较多，就需要检查前述某个或某些步骤，以根据情况修改原有计划或方案。

上述七个步骤，体现了运用系统方法解决问题的逻辑思维过程。值得注意的是，其先后顺序并不十分严格，而且七个步骤往往会出现反复。

(2) 时间维。对于一项具体工程来说，从系统的规划使用直到更新的全部工作实施的时间顺序，系统方法可以分为七个阶段。

① 规划(调研和程序设计)阶段。
② 制定方案(提出具体计划)阶段。
③ 研制(系统开发)阶段。
④ 生产(系统运筹)阶段。
⑤ 安装(系统实施)阶段。
⑥ 运行(系统输出)阶段。
⑦ 更新(系统反馈并改造)阶段。

而在以上的每个阶段中，都可以运用系统方法逻辑维所提供的思维步骤。换言之，可以把系统方法的逻辑过程和工作阶段综合起来，形成一个规划设计管理或控制系统的二维操作体系。

(3) 知识维。在运用系统方法解决问题的过程中，不论是逻辑思维步骤的展开，还是工作时间阶段的运作，都需要必备的知识作为保证。不仅需要带有共性的知识，而且需要各种专业学科的知识。霍尔把这些专业学科的知识分为工程、医药、建筑、商业、法律、管理、社会科学和艺术等不同门类。我国著名科学家钱学森也根据事物的自身特点，把系统方法的研究对象分为工程系统、企业系统、军事系统、信息系统、科研系统等，而与这些系统分别对应的专业知识分别是工程设计、生产力经济学、军事科学、信息情报学和科学学。这些基础与专业知识就构成了系统方法的知识维度。知识维与逻辑维和时间维交互作用，便形成了系统方法的三维结构。

从以上三维结构系统方法的分析可以看出，系统方法突破了自然科学和社会科学之间的界限，为复杂系统的分析、设计、研制、管理和控制最优化提供了可靠工具。

14.2 信息论

14.2.1 产生与发展

20世纪初以来，特别是20世纪40年代，通信技术迅速发展，迫切需要解决一系列信息理论问题。例如，如何从接收的信号中滤除各种噪声，怎样解决火炮自动控制系统跟踪目标问题等。这就促使科技工作者在各自岗位上对信息问题进行认真的研究，以便揭示通信过程的规律和重要概念的本质。1948年，美国应用数学家香农在《贝尔系统技术杂志》上发表重要论文《通信的数学理论》，标志着信息论的诞生。1949年，香农又发表另一重要论文《在噪声中的通信》。在这些论文里，香农提出了通信系统模型、度量信息的数学公式，以及编码定理和其他一些技术性问题的解决方案。

信息科学是一门综合性的学科。它以信息论和控制论为理论基础，与电子学、计算机科学、自动化技术等相结合，着重探讨信息的获取、存储、变换、处理、传递和控制的规律，设计和制造各种智能信息处理机器和设备，实现操作的自动化。目前，信息科学已包含信息论、控制论、仿生学、人工智能、计算机和系统工程等方面的内容，并正在飞速发展。

14.2.2 基本概念

1. 信息

狭义的信息是指具有新的内容、新知识的消息(如书信、情报、指令等)；广义的信息是指系统内部建立联系的特殊形式，是系统确定程度(即特殊程度、组织程度或者有序程度)的标记。

信息论是从通信科学中产生的。通信科学中的信息，就是指消息，它是通信的内容。通信者通过通信获取信息，可以消除某种知识上的不确定性。在日常用语中，被当作信息的语词还有情报、指令、信号等。随着信息概念的广泛应用，人们逐步认识到：消息、情报、指令、信号等语词是对信息含义的近似表达，而不是准确表达。例如，消息仅是信息的外壳，一则消息可能包含很多信息，也可能包含很少信息；信息不是一般的消息，而是具有新知识的消息。

2. 信息量

在自然界和人类社会中，我们把现象归纳为以下三类。

第一类是在一定条件下必然要发生的现象，称为必然事件。例如，在标准大气压下、水加热到100℃时必然会沸腾等。

第二类是在一定条件下，必然不会发生的现象，称为不可能事件。如人能长生不死等，这是不可能事件。

第三类是在相同条件下可能发生，也可能不发生的现象，称为随机事件。例如，投掷一枚匀称的硬币，可能是"正面"朝上，也可能是"反面"朝上。人们在认识和改造客观世界的过程中，经常遇到这类随机事件。

概率就是用来表示事件发生的可能性大小的一个量，记作 P。

事件 A 发生的概率为有利于 A 事件发生的基本事件数(m)与总的基本事件数(n)之比，即 $P(A)=m/n$。

例如：袋中有 5 个白球，3 个黑球，我们要求摸到白球这一事件 A 的概率。

在这个例子中，5 个白球是有利于 A 事件发生的基本事件，而总的基本事件数则是 8，它包括 5 个白球和 3 个黑球。所以摸到白球这一事件 A 发生的概率为 5/8。

根据概率的意义，我们通常把不可能发生事件的概率定义为 0，把必然发生事件的概率定义为 1，而一般随机事件的概率是介于 0 与 1 之间的一个数($0<P<1$)。

信源发出的消息常常带有随机性，是不确定的，而概率正好是表示随机事件发生的可能性大小的一个量，所以可以用概率来定量地描述信息量。

信息量的多少取决于消息所讲事件发生的可能性大小。

如果所讲事件是比较少见的，发生的可能性小的，则这条消息消除的不确定性要多些，其信息量也就多些。用信息论的观点来描述：概率小的事件，信息量多。

在实际运用中，信息量常用概率的负对数来表示：$I = -\log_a P_1/P_2$。其中，P_1/P_2 表示概率。为了方便，对数的底数 a 常取为 2。以 2 为底的对数，信息量的单位称为比特。

例如：一个口袋中有 1 个红球，7 个白球，求摸到红球的信息量。

$I_1 = -\log_2 1/8 = -(\log_2 2^0 - \log_2 2^3) = 3$

一个口袋中有 4 个红球，4 个白球，求摸到红球的信息量。

$I_2 = -\log_2 4/8 = -(\log_2 2^2 - \log_2 2^3) = 1$

14.2.3　信息系统和方法

1. 信息系统

香农在 1948 年提出通信系统模型(见图 14-3)。其中，信源也称信息源，是产生消息的地方；编码(发信机)是把要传递的消息变换成为适合于信道上传输的信号；信道则是连接发信机与收信机的媒介；译码(收信机)是执行与编码相反的功能，把通过信道后的信号再变换成能被收信者所理解的消息；信宿即收信者，是指接收信息的系统。噪声源不是通信系统的组成部分，而是通信系统中所遇到的干扰信号。

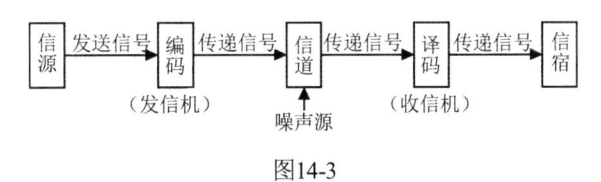

图14-3

实际的通信系统要复杂得多,但都有上述五个基本部分。香农所提出的通信模型不仅适用于通信系统,还可以推广到其他非通信领域,推广到各种各样的信息系统,如遥测系统、遥感系统、计算机系统、控制系统、管理系统等。由此可见,香农的通信系统模型可作为一般的信息系统模型。

2. 信息方法

信息方法就是运用信息的观点,把系统看作借助于信息的获取、传送、加工、处理而实现其有目的性的运动的一种研究方法(见图14-4)。

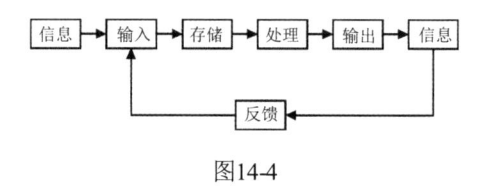

图14-4

这种方法的特点是用信息概念作为分析和处理问题的基础,完全撇开对象的具体运动形态,把系统的运动过程抽象为信息的转换过程,把系统有目的的运动抽象为"信息—输入—存储—处理—输出—信息"的变换过程,如导弹打飞机(见图 14-5)。

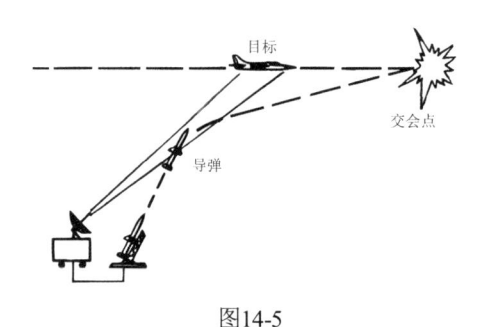

图14-5

信息方法为不同学科提供了一个统一的理论框架,使得不同领域的研究者能够用相同的概念和工具来描述和分析问题。信息方法推动了信息技术的快速发展,使得信息的获取、存储、传输和处理更加高效和便捷。

14.3 控制论

14.3.1 产生与发展

控制论诞生于 20 世纪 40 年代。当时,自动控制、无线电通信的发展,以及电子计算机的出现,直接为控制论的产生提供了技术前提。数学、生物学、神经生理学、心理学、语言学等学科的进步,又为控制论的产生提供了科学前提。在这种情况下,刚好有一批科学家参

加了第二次世界大战期间为增强盟军军事力量而进行的自动火炮的研制工作，导致了控制论思想的形成。维纳等人把通信和控制的各种复杂系统同某些有控制机制的有机体进行类比，研究机器和生物这两种有极大差别的事物在信息传输、变换、处理和控制方面的共同规律，从而提出了关于在动物和机器中进行控制和通信的理论——控制论。

1948年，维纳的《控制论》一书出版，标志着控制论的诞生。

控制论的发展，大致分为如下三个时期。

第一个时期，在20世纪40年代末和50年代，是经典控制论时期。当时，人们在工业生产、武器装备方面，开始采用各种自动调节器、伺服系统与有关的电子设备，着重研究单机自动化或局部自动化。

第二个时期，从20世纪60年代，是现代控制论时期。随着导弹系统、人造卫星、航天系统等科学技术的迅速发展，控制论的研究从单变量控制转到多变量控制，从自动调节转到最优控制。

第三个时期，从20世纪70年代到现在，是大系统理论时期。这一时期不仅发展了工程控制论，还产生了生物控制论、经济控制论、人工智能等。人工智能已成为控制论、信息论、计算机科学和仿生学发展的前沿。

14.3.2 基本概念

1. 控制

控制指的是一种带有目的性的因果联系，即产生原因系统(施控系统)对产生结果系统(受控系统)有目的的影响干预。控制作为一种作用和过程，一般包含三个基本要素：施控装置、受控装置和传递控制作用的特定方式或途径(见图14-6)。

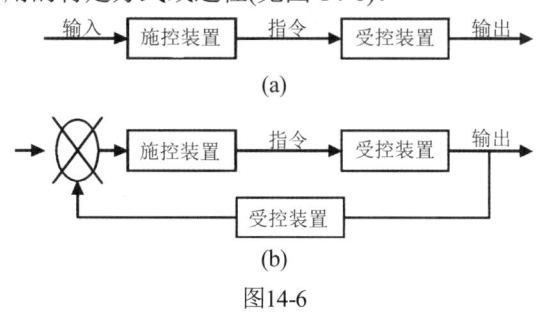

图14-6

2. 反馈

反馈就是系统输出的全部或一部分信息，通过一定的通道返送回输入端，从而对系统的再输入和再输出施加影响的过程。反馈有正反馈、负反馈两种。

(1) 在一定条件下，经过反馈，使输出值趋近于目标值的为负反馈。例如，汽车驾驶员使用的是负反馈。驾驶员的眼睛可以获得行驶情况的信息，通过调整方向盘，使汽车尽量减少与正确方向的偏差，保证汽车的正常行驶。

(2) 在一定条件下，经过反馈，而使输出值偏离目标值的则为正反馈。例如，长跑运动员的训练过程可以看成是正反馈。因为这是一个不断加大运动量，使其偏离原来的稳定状态，并在新的基础上建立新的稳定态的过程。

3. 控制系统

开环控制系统没有信息反馈作用，是系统的输出仅由输入确定的控制系统，如图 14-6(a)所示；而闭环控制系统包含信息反馈作用，如图 14-6(b)所示。

14.3.3 控制方法

控制论的基本方法有反馈方法、功能模拟方法、黑箱方法等。

1. 反馈方法

反馈方法是运用反馈概念来分析和处理问题的方法。用维纳的话说，就是"根据过去的操作情况去调整未来的行为"。反馈方法的应用非常广泛，并且往往可以获得较好的效果。例如，蝙蝠捉蚊子等(见图 14-7)。蝙蝠是利用"超声波"在夜间导航的。它的喉头发出一种超过人的耳朵所能听到的高频声波，这种声波沿着直线传播，一碰到物体就迅速返回来，它们用耳朵接收了这种返回来的超声波，使它们能做出准确的判断，引导它们飞行。

图14-7

2. 功能模拟方法

功能模拟方法就是以功能和行为的相似为基础，用模型模仿原型的功能和行为的方法。例如，把自动火炮同猎手进行对比可以发现：相对应的机体具有相似的功能(人眼与雷达都有搜索、跟踪目标的功能)；它们都按预定的目的动作；最终都以一定的操作或行为来打击目标物。在这里，猎手是原型，而自动火炮是模型，模型是研究的目的。

功能模拟方法不仅使电脑代替人脑的部分思维功能成为可能，而且为人工智能的研究提供了有效的方法。此外，还开辟了向生物界寻求科学技术设计思想的新途径。

3. 黑箱方法

黑箱方法是指当不知道或根本无法知道一个系统的内部结构时，根据对系统输入和输出变化的观察来探索系统的构造和机理的一种方法。中医看病是应用黑箱方法的典型。中医看

病时，主要是通过"望、闻、问、切"等外部观测做出诊断，开出处方。如果遇到疑难病症，可以先投给试探性的药物，观察病人的反应，再对处方做调整，以便做到对症下药。

14.4 耗散结构

作为系统科学的基础理论，贝塔朗菲的一般系统论明确了系统研究的重要意义，研究了系统的最一般性质，如整体性、动态性及相互作用等。但从总体上看，一般系统论的研究主要停留在静态的角度和逻辑的方法上，它建立了一个逻辑上和观念上的系统概念模型，并从这个概念模型合理推导出一些基本原理。这种模型和这些原理主要揭示了已经形成的系统在特定存在状态下的规律，但关于系统形成及其发展的问题还尚待研究，还需要运用实验和数学的方法探讨一般系统运动发展的内在机制。为适应系统科学发展的这一需要，系统科学的新进展主要体现为产生了试图用实验和数学的方法来研究一般系统发展的规律的新学科群。

克劳修斯就把热力学第二定律用于解释宇宙演化，他提出了宇宙的热寂说，即宇宙会进入一个死亡、寂寞的世界。

达尔文用进化论来看地球上的生物物种从少到多，从简单到复杂，呈现出从无序到有序的进化趋势，好像这些生物可以违反物理学和化学定律，自发地朝着减少熵的方向发展。

这两者中到底哪个是正确的？1969年，比利时科学家伊利亚·普里高津提出的耗散结构理论，回答了系统演化的方向和演化的机制问题。耗散结构理论通过对非平衡系统自组织过程的刻画，从一个侧面科学地说明了系统从无序向有序转化的具体机制，解决了长期以来存在的热力学和进化论之间的矛盾。普里高津因为提出这一理论而获1977年诺贝尔化学奖。

14.4.1 耗散结构机制

按照耗散结构理论的解释，一个系统内的熵是由两部分组成的。其一是系统自身因不可逆过程引起的熵（d_is），它永远是正的；其二是系统与环境交换开放系统的负熵流，即物质和能量引起的熵（d_es），它可正可负（见图14-8）。所以系统的熵变化 $ds=d_is+d_es$，它可正可负的。对于孤立系统来说，因为它不与环境交换物质与能量，所以 $d_es=0$。这样 $ds=d_is+d_es≥0$，即孤立系统只能从有序走向无序，表现出退化的趋势。

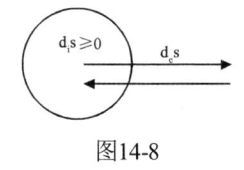

图14-8

对于开放系统，只要从环境中流入的负熵足以抵消系统自身的熵增加，就可以使系统的总熵减少，从而使系统从无序向有序进化，形成并维持一个低熵的非平衡态的有序结构。比如，人体就是耗散结构。

由于这种有序结构的出现和维持需要从外部不断供应物质和能量，所以它是一种耗费或耗散物质和能量的结构，因此被称为耗散结构。

14.4.2 实验证据

1. 贝纳德流体实验

法国物理学家亨利·贝纳德以对流现象的研究而闻名，特别是他发现的贝纳德对流现象。具体实验如下：取一层流体，如樟脑油，上下置一层金属平板，从下加热。开始，靠分子碰撞传递能量，流体呈无规则运动。当加热到某一程度，上下温度梯度达到某一阈值，系统状况发生突变，无序状态消失，大量流体微团从一个个正六边形中心涌上，又从各边流下，且一个个正六边形挤排在一起，这种现象后来被称为贝纳德对流或贝纳德蜂窝结构，是耗散结构理论中的经典例子(见图 14-9)。

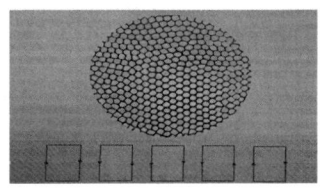

图14-9

2. 激光实验

激光的发生需要采用三种能态的物质。

在用光泵将其基态上的电子打到高能态上后，这些电子会自动跳回到中能态上。当中能态上的电子数超过基态上的电子数后，中能态上的电子会跳回基态，同时放出一个光子，该光子又激发另一电子跳迁，如此产生雪崩式的电子跳迁和光子发射(见图 14-10)。

图14-10

由于电子顺序激发产生的激光光子相干(干涉)性好，方向性好，能量集中，就产生了激光现象。

3. B-Z 反应

B-Z 反应是由别洛索夫和扎鲍廷斯基发现的化学振荡反应。在铈离子作催化剂的柠檬酸和溴酸的氧化反应中，不断取走生成物和添加反应物，使之保持一定比例，当反应浓度达到

一定阈值时,加入显示剂可以看到生成物由红变蓝,再由蓝变红,呈 1min 周期,生成浓度再产生振荡(见图 14-11)。

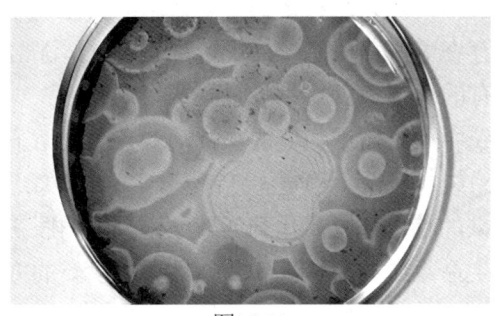

图14-11

14.4.3 耗散结构形成的条件

1. 系统必须开放

只有开放系统,才能从外界输入负熵流来抵消系统本身的熵增,才能使系统从无序(平衡结构)走向有序或使系统保持有序状态。

ds=d_es+d_is 式中,d_es 称熵流,可为正,也可为负,也可为零。

孤立系统 ds = d_is>0,熵增;封闭系统 d_es≈0,ds>0,熵增;开放系统 d_es<0,且 |d_es|>d_is,则 ds<0,熵减。耗散结构理论并不违背热力学第二定律,而是指出在开放系统中,系统可以通过与外界的物质和能量交换,使系统的总熵减少,从而形成有序结构。

2. 系统应当远离平衡态

"非平衡是有序之源",只有远离平衡态,原有定态的稳定性才失去保证,才有可能形成新的有序结构。如果这种改变不是发生在临界点附近,那么系统的结构会平息涨落,系统依然是稳定的。

如果涨落被放大到临界点附近,结构无法调整这些机制,稳定将转化为失稳,宏观的时空结构会发生变化。耗散结构理论提供了一个统一的理论框架,用于解释远离平衡态的开放系统如何通过与外界的物质和能量交换形成有序结构。这一理论不仅适用于物理和化学系统,还适用于生物、经济和社会系统。

3. 系统内部应当存在非线性相互作用

工厂的车间,其工种的安排、倒班顺序是由班长、组长安排的,这就是组织的特点,具有线性相互作用;工人通过互通信息之后,由他们之间的默契形成的自愿组织,就是自组织,具有非线性相互作用。耗散结构理论揭示了自组织现象的机制,即系统在远离平衡态时,通过内部的非线性相互作用和外部的物质能量交换,可以自发地形成有序结构。

自组织系统不仅无须外指令即可自行组织,而且可以自行创新、自行演化,即能自主地从无序走向有序。

4. 涨落导致有序

从系统存在状态看，涨落是对系统稳定的平均状态的偏差。

任何一个系统都必然存在着涨落。系统处于近平衡态时，涨落只能使系统状态发生暂时的偏离，最后仍将回到原有的稳定态。

在远离平衡态时，系统中一个微观随机的小扰动就会通过相干作用得到放大，成为整体的宏观"巨涨落"，推动系统从一个不稳定态跃迁到一个新的稳定的有序状态。

涨落是驱动系统由原来的稳定分支演化到耗散结构分支的原初推动力。

耗散结构理论为理解生命系统的有序性和复杂性提供了新的方法。生命系统通过新陈代谢不断与外界交换物质和能量，维持自身的有序状态。这一理论有助于解释生物进化、生态系统稳定性和生物体内的自组织现象。

14.5　思考与练习

1. 贝塔朗菲、香农在系统科学中有什么创新成果？
2. 维纳、普里高津在系统论中有什么创新成果。
3. 解释系统、要素、环境、信息的概念。
4. 解释并举例说明反馈方法、功能模拟方法、黑箱方法。
5. 简述系统方法所遵循的原则。
6. 举例说明系统方法、信息方法。
7. 耗散结构的形成有何条件？
8. 耗散结构理论有何意义？

第 15 章

材料和能源

学习标准：

1. 识记：古德伊尔、卡罗瑟斯、贝克兰、高锟、肖克利、昂里斯的创新成果。

2. 理解：常规材料的分类；光导纤维、形状记忆合金、贮氢合金、半导体材料、超导材料、纳米材料的内涵和用途；常规能源和新能源的类型；地热能的种类和用途；燃料电池的工作原理。

3. 应用：综述新能源、新材料发展的意义。

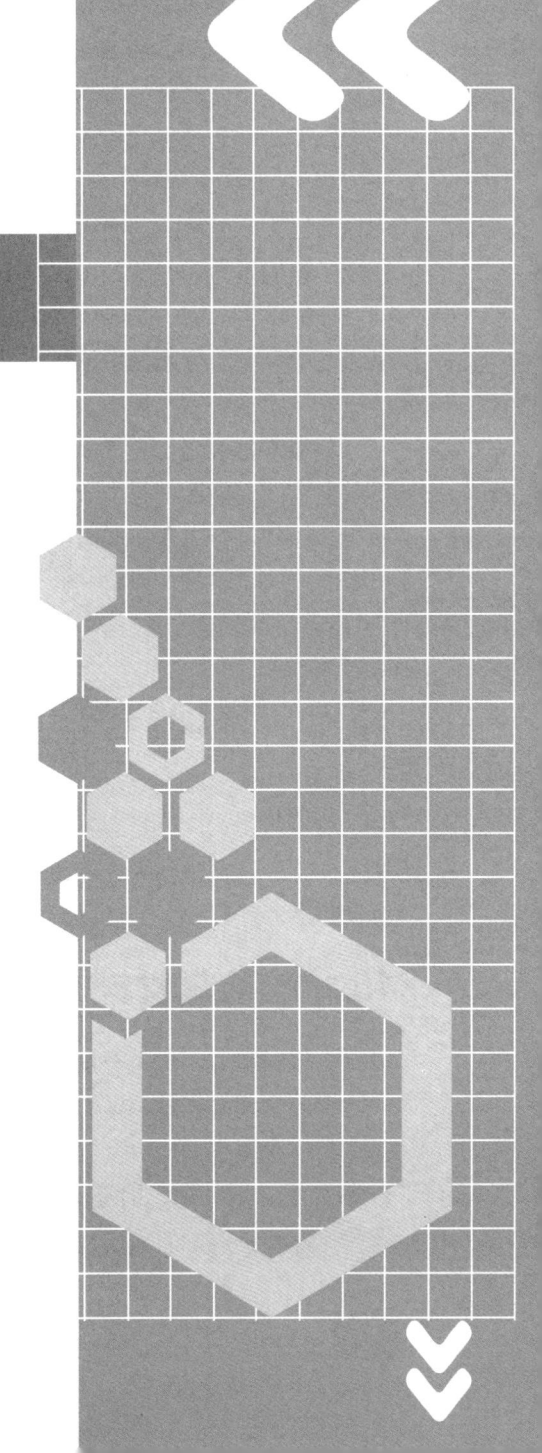

纵观人类的历史可以发现，几乎每一种重要的新材料的发现和推广应用，都会把人类改造自然的能力提高到一个新的水平，使社会生产和人们的生活发生巨大的变化，使社会发展的进程大大加快。大约 100 万年前，原始人类开始以天然石块作为工具；5 000 多年前，人类发明了黏土烧制的陶器；大约在公元前 2500 年，又发明了青铜器；公元前 13 世纪，人们开始使用铁器；近代产业革命以后，人们大量生产和应用钢铁以及其他金属与合金。人类社会也逐渐从原始社会发展到农业社会，再到现今的工业社会。

人的生存和生活时刻离不开能量的供给，社会经济发展的水平与能源的结构和供应息息相关。古往今来，人们一直在寻找适用的能源形式，其开发使用能源的历程，大体经历了柴薪、煤炭、石油和新能源四个阶段。从远古到近代产业革命之前，人类一直以柴薪为主要能源，直接利用自然界的自然力，如阳光、风、水流等为生活服务。18 世纪产业革命开创的工业大发展，逐步扩大了煤炭的利用，在之后一个多世纪的时间里，煤炭成为世界工业主体能源。到 20 世纪 50 年代，全球石油的消费量超过煤炭，石油成为世界主体能源，至今仍占据主体地位。新能源的发展历程可以追溯到 20 世纪初。1951 年，美国首次利用核能发电成功，开启了核能发电的时代。1954 年，美国贝尔实验室的科学家发明了世界上第一块实用的单晶硅太阳能电池，标志着现代太阳能光伏发电技术的诞生。1979 年，美国建成了世界上最大的风力发电风车，标志着风能发电技术的重大突破。21 世纪以来，核能、太阳能、风能等新能源随着技术的进步发展很快，未来将在能源结构中占据重要地位。

材料和能源是工业的基础，是当代新技术赖以发展的支柱。材料是整个新技术群落的物质承担者，而能源则是当代高技术系统得以运转的能量提供者。人类使用不同材料和能源的种类和性质，标志着不同时期生产力的发展水平。而对材料和能源的开发和利用，制约着高技术的发展。可见，材料和能源是人类文明进步的重要标志和推动力量。

15.1 常规材料

所谓材料，一般指人类能用来制作有用物件的物质。常规材料多种多样，但没有统一的分类方法，一般倾向于根据其物理化学属性，分为金属、无机非金属、有机高分子以及复合材料四大类。

15.1.1 金属材料

金属材料分为黑色金属和有色金属两大类。

黑色金属是指铁、锰、铬及其合金。钢铁是黑色金属的主体。

有色金属有 80 余种，分为重金属(如锌、铜、镍、锡、铅等密度在 4.5 g/cm³ 以上的)、轻金属(如镁、钠、钙、铝等密度在 4.5 g/cm³ 以下的)、贵有色金属和稀有金属。

在国民经济各部门中，每种重有色金属根据其特性都有特殊的应用范围和用途。轻金属密度小、化学活性大，与氧、硫、碳和卤素的化合物都相当稳定。贵有色金属包括金(Au)、银(Ag)、铂(Pt)族元素，它们在地壳中含量少，开采和提取比较困难；其共同特点是密度大、熔点高，化学性质稳定，能抵抗酸、碱腐蚀(银和钯除外)，价格都很昂贵。稀有金属通常是指那些在自然界中含量较少、分布稀散或难以从原料中提取的金属，如钨、钼、锆、钛等。主要的金属材料有铜、铁、铝等。

1. 铜

人类利用铜的历史至少可以追溯到距今 7 000 年前。铜在地壳中的含量并不高，含量排第 22 位。除有少量游离铜外，含铜的矿石较多，且大多具有鲜艳的颜色。含铜的矿石主要有黄铜矿($CuFeS_2$)、孔雀石[$CuCO_3 \cdot Cu(OH)_2$]、蓝铜矿[$2Cu(OH)_2 \cdot CuCO_3$]等。这些矿石若与碳一起熔烧，就可生成铜，其反应式为 $Cu(OH)_2 \cdot CuCO_3 + 2C = 2Cu + 2CO + CO_2 + H_2O$。

铜容易加工，但是制作的工具或武器太软，不实用。后来人们发现，将铜矿石和锡矿石共同冶炼，就可以得到性能好得多的青铜。有人推测，人类最早的青铜可能是通过冶炼铜锡共生的黄锡矿($SnS_2 \cdot CuS \cdot FeS$)和铜锡石[$4SnO_2 \cdot Cu_2Sn(OH)_6$]得到的。

青铜器时代只是这一时期的统称，实际上人们在冶炼铜锡合金的同时，还能得到铜砷合金以及铜锌合金(黄铜)等。如图 15-1 所示，青铜制品的性能优越，它的熔点较低，为 700～900℃，其硬度是红铜的好几倍。炽热的青铜冷却时体积会稍微变大，所以它的填充性好、气孔少，特别适合铸造。青铜器时代随着历史的前进渐渐没落了，但是人类对于铜的感情却依然深厚，即便是到了现代，铜由于其美丽的色泽、高贵的品质依然受到人们的喜爱。铜的优良的传导性、延展性和抗腐蚀性，使其被广泛应用于电子工业和航天工业上。

图15-1

现代工业利用焙烧的方法得到粗铜，含铜 99.5%～99.7%，再用电解的方法得到含铜 99.95%～99.98%的精铜。

2. 铁

铁是自然界含量比较多的金属元素，仅次于铝。铁矿在地球上的分布比铜矿多，但是铁器的出现普遍比铜器晚，主要原因在于铁的熔点(1 539℃)比铜的熔点高，要得到铁，就要掌握获得更高温度的技术。

在公元前一千年前后，铁器在埃及、美索不达米亚、希腊、小亚细亚以及中国得到广泛使用，基本上取代了原先青铜器、石器所占的地位。铁器大量出现，得益于各种能产生更高温度的地炉、竖炉，以及铁矿石、木柴等原料在炉子里加热、混合。这样，铁矿石中的铁就可以被还原出来：

$$Fe_2O_3 + 3CO = 2Fe + 3CO_2$$

1949 年我国的钢产量仅居世界第 26 位，但到 1996 年我国钢产量已跃居世界首位。

平常讲的钢铁主要是铁和碳的合金。根据合金中含碳量的不同，通常将钢铁分为生铁(含碳量大于 2.0%)、钢(含碳量介于生铁和熟铁之间)和熟铁(含碳量小于 0.1%)。铁合金中含碳量多少，直接跟它的性能有关。一般而言，含碳量变多，铁合金的强度和硬度都会升高，而塑性和韧性则有所降低。

如果在钢中掺入铬、锰等金属就可以得到性质特殊的特种钢。1914 年，英国冶金专家亨利•布雷尔利在钢中掺入了 18%的铬和 8%的镍，制得了坚韧、不易生锈的"不锈钢"。

3. 铝

纯净的铝较软、密度小，也具有较强的韧性和延展性。铝的化学性质十分活泼，其表面易形成氧化物保护膜，不过酸、碱、盐等可直接腐蚀铝制品。铝的用途也十分广泛，如治疗胃酸过多的药物中就含有 $Al(OH)_3$，而明矾$[KAl(SO_4)_2 \cdot 12H_2O]$除了可以净水还是印染工业中很好的固色剂。人们也在铝中加入别的元素制成铝合金使用。

铝合金强度高，同时也保留了铝原来的抗腐蚀、重量轻、导电、导热、没有毒性等优良性能。1906 年，德国人威尔姆在铝中加入铜、镁和锰等形成了第一种铝合金——硬铝，它被用来制造飞机。现代家庭中装修门窗所用的又轻又硬的铝合金是铝与镁或锰的合金。

15.1.2 无机非金属材料

传统的无机非金属材料以硅酸盐为主要成分，如陶瓷、玻璃、水泥等，广泛用于建筑、化工等与人民生活紧密相关的领域。

1. 陶瓷

陶瓷是陶器和瓷器的总称。两者的差别在于，陶器表面没有釉质或只有低温釉(铅釉料)，原料是一般的黏土高岭石($Al_2H_4Si_2O_9$)，烧制温度较低(低于 1 000℃)；而瓷器表面有高温釉，用高岭土在高温下(达 1 200℃)烧制而成。常见的低温釉有氧化硼(B_2O_3)、氧化锌(ZnO)、氧化铅(PbO)、氧化镁(MgO)、氧化钙(CaO)等；高温釉有氧化铝(Al_2O_3)、氧化锆(ZrO_2)、二氧化硅(SiO_2)等。

早在新石器时期，我们的祖先就已能够制作陶器。随着制陶水平的发展，釉料和烧制工艺逐渐改进，到了距今约 1 900 年的东西汉之交，真正的瓷器青瓷诞生了，刻画、模印、贴花、镂空、施彩等技法在瓷器中得以应用，艺术价值极高。当另一种低温下就能熔化的铅釉料被人们发现和使用后，中国瓷器历史上又一伟大成就唐三彩也逐渐发展起来(见图 15-2)。唐三彩以白黏土制作胎，表面所用的低温釉中用铜、铁、锰等金属的氧化物给陶器着色。烧制时，不同颜色的金属氧化物熔化前在铅液体中浸润、扩散、漂浮，因而呈现出绿、蓝、黄、白褐、赭等多种颜色交汇成的丝丝缕缕、飘忽不定的美丽图案。自唐代起，中国的瓷器就出口到世界各地，影响深远。之后宋、元、明各朝代期间，中国瓷器仍然在不断发展。

图15-2

2. 玻璃

早在距今 5 000 多年前，埃及人首先制造出了不透明或半透明的玻璃器皿。公元 6 世纪，塞浦路斯等地玻璃制造业已很繁荣。在古代玻璃制造业发展的过程中，人们发明了利用金属管粘上熔化的玻璃再用嘴吹制的方法。这种方法，即使到了现代，仍然在玻璃器皿制造中广泛采用，不过已经实现了机械化生产。

普通玻璃的主要原料是纯碱(Na_2CO_3)、石灰石($CaCO_3$)和石英(SiO_2)。生产时，把原料粉碎，按适当的比例混合后，放入玻璃窑中加热就可以制造得到透明的普通玻璃。如果添加某些金属氧化物，可以制造出具有各种美丽颜色的玻璃，如氧化钴(Co_2O_3)可使玻璃呈蓝色，氧化铜(Cu_2O)或金的氧化物可使玻璃呈红色。一般普通玻璃呈现淡绿色，这是因为原料中含有二价的亚铁离子。

1675 年，英国人乔治·拉文斯克罗夫特发明了水晶玻璃，即在普通玻璃里面加入氧化铅和氧化钾，这种玻璃折射率高、色散率大，也就是现在用来制造光学仪器的铅玻璃。

3. 水泥

水泥这个词的意思是黏合剂，将砖头、石、砂、钢筋等牢牢粘在一起，它在建筑中不可缺少。硅酸盐水泥是在1824年由英国泥水匠约瑟夫·阿斯普丁发明的，但早在1 700年前的古代，罗马人用石灰(CaO)、石膏(CaSO$_4$)和火山灰混合焙烧而发明了更优质的黏合剂，这与今天所使用的水泥在性质上极其相似。水泥有独特的性能——水硬性，跟水掺和搅拌后很容易凝固变硬。制造水泥时以碳酸钙(CaCO$_3$)和黏土(高岭石，Al$_2$H$_4$Si$_2$O$_9$)为主要原料，经过研磨、混合后在水泥回转窑中煅烧，再加上适量石膏(CaSO$_4$)，以调节水泥的凝结时间，并研细成粉末就得到普通的水泥了。

真正把水泥应用推上顶峰的是1867年，法国园林工人莫尼埃用水泥制出了钢筋混凝土。水泥中只需加入砂、石就能成为混凝土，再加入钢筋就成为钢筋混凝土了，直到现在，这项技术仍然在建筑业中广泛使用。后来人们还发明了各种新式水泥，如不怕海水侵蚀的矾土水泥、过硫酸水泥、膨胀水泥以及凝固水泥等。凝固水泥在桥梁、大坝等水下工程中的使用十分广泛。

15.1.3 有机高分子材料

有机化合物是由碳氢组成的化合物及其衍生物，当其分子量达到几万到几百万时就称为高分子化合物。高分子合成材料可分为合成橡胶、塑料和纤维。

1. 橡胶

橡胶指的是有显著高弹性的一类高分子化合物。橡胶可以分为天然橡胶和合成橡胶。天然橡胶可以从近500种不同植物中获得，但主要是从热带植物橡胶树中取得。橡胶树是一种高40m左右的高大植物，印第安人最早从其树干上划破的口子中取得了状如牛奶的"橡树眼泪"——胶乳，这些胶乳凝固后就成了天然橡胶。欧洲开始使用天然橡胶是在哥伦布发现美洲大陆之后。

1770年，英国科学家普里斯特利发明了用橡胶制成的橡皮擦。19世纪开始，欧洲人已经学会用橡胶来制造胶鞋等，可是这时候的天然橡胶虽然比较有弹性，却容易冻裂，受热容易变黏。

直到1839年，美国人古德伊尔在天然橡胶中掺入了硫，才制得了不黏、不脆而且有弹性的橡胶——硫化橡胶(见图15-3)。未经硫化的橡胶是线型或只有少数短支链的高分子，这样的橡胶容易被溶剂溶解。加入硫之后，大分子链之间通过硫桥进行适度交联，成为网状或体型结构。此时，橡胶的抗张强度、硬度、耐磨性、抗撕性都有了很大改善，加入炭黑等填充料后，橡胶的耐磨性能明显增强。天然橡胶是由成百上千个异戊二烯分子聚合成的长链有机高分子，合成橡胶是在对天然橡胶进行分析研究的基础上发展起来的。

图15-3

目前，顺丁橡胶(聚丁二烯)、异戊橡胶、氯丁橡胶(聚氯丁二烯)等是公认的有发展前途的合成橡胶品种。丁腈橡胶可在较高温度范围内长时间使用，耐油、耐腐蚀性能也很好。

特种橡胶是在普通合成橡胶的基础上发展起来的，具有更优异的性能，包括硅橡胶、氟橡胶、聚氨酯橡胶、聚硫橡胶等。其中，硅橡胶在人体内具有很好的生物相容性和稳定性，可以用于制作人工器官，如人造心脏、人造血管等，还被用于美容整形。氟橡胶既能在-50℃以下不变形，又可耐250℃以上的高温，常用于制造火箭、导弹、飞机的某些零件。这类特种橡胶已达200多种，各自在新技术中发挥作用。

2. 塑料

塑料是一种具有密度小、强度高、化学性能稳定、电绝缘性好、耐摩擦等优点的材料。

酚醛塑料是1907年美国化学家贝克兰用苯酚和甲醛缩合而成的最早的塑料。之后，欧美一些国家不断研制出各种塑料。

1960年后，各种塑料中产量跃居首位的是聚烯烃。其中，主要是聚乙烯、聚丙烯、聚氯乙烯、聚甲醛等(见图15-4)。聚乙烯又根据生产方法不同分高压、中压、常压聚乙烯。近年来，又开发出许多高性能工程塑料以及具有光、电、磁的特性和人的某些生理特性的功能塑料，如导磁塑料、导电塑料、静电照相用的光敏塑料以及医学上用的人工器官等。

图15-4

聚乙烯塑料是最常见的塑料之一，它的化学性质十分稳定，除了氧化性酸，能耐大多数酸碱的腐蚀，在60℃以下不溶于任何溶剂，又因为它吸水性极低，因而聚乙烯塑料常用于各种纸张或者织物表面作为保护层。同时，聚乙烯热塑性很好，所以用来制成薄膜，大量用于食品袋等包装材料，还可以制成各种管材、板材、容器、玩具等。

聚氯乙烯塑料的突出优点是耐化学腐蚀、不易燃烧、成本低廉、加工容易，广泛用于制造农用和民用薄膜、导线和电缆、化工防腐设备、隔音绝热泡沫塑料及包装材料、日常生活用品等。但这种塑料耐热性差，且有一定毒性，不能用于食品包装。人们熟悉的一次性饭盒多是用聚苯乙烯塑料经发泡后生产的。这种发泡塑料有良好的隔热、隔音、防震等性能，所以也被广泛用作精密仪器的包装和隔热材料。在苯乙烯塑料中加入颜料，就可以得到色彩鲜艳的制品，用来制造各种玩具和器皿。

1938年首次被合成的聚四氟乙烯，是一种性能特别优越的塑料，被冠以"塑料王"的美誉。它特别耐化学腐蚀，除了熔融的碱金属，不和任何化学药品反应，即使在王水中煮沸也不会发生变化。-269.3℃不会被冻变脆，300℃的高温也不会熔化裂解。聚四氟乙烯还被制成各种医疗器具，如胃镜导管、人体器官替代品(如人造动脉血管、人工器官)等。

几乎所有的合成塑料都具有很高的化学稳定性，它们耐酸耐碱，不蛀不霉，被埋入地下上百年也不会腐烂。塑料耐久的优点也是它们致命的缺点，现在废弃的塑料已经成为污染环境的罪魁祸首之一，人们正致力于合成对环境友好的塑料——可降解塑料。

3. 纤维

人类利用纤维的历史就是纤维的发展史。古时候，人们利用的纤维主要包括棉、麻、羊毛以及蚕丝，它们都属于天然纤维。棉和麻是植物性纤维，从化学组成上看，都属于碳水化合物，它们的主要成分是纤维素，相对分子质量约为200万。羊毛和蚕丝属于动物纤维，它们的主要成分是蛋白质。

木材、芦苇、甘蔗渣、棉秆、麦秆等物质中都含有纤维素，可是它们结合的方式不像麻和棉花中的纤维素，因而不能用来纺丝。欧洲人模拟了能像蚕那样喷射液体的装置，将纤维素经过浓硫酸和浓硝酸处理后溶解在酒精和乙醚中得到了溶液，再把液体通过上面的装置中直径1 mm的小孔挤出来，就得到了细长的硝化纤维，这就是人造纤维。合成纤维是由小分子化合物通过聚合得到的。第一种合成纤维尼龙66是美国科学家卡罗瑟斯领导的小组研制成功的，1938年投入生产。它的主要成分是"聚己二酰己二胺(尼龙66)"，尼龙的最大优点是强度大、弹性好、耐摩擦，也用于制造渔网、绳子等。

1950年问世的人造羊毛聚丙烯腈，耐光、不怕霉蛀，常用来制作毛毯、毛线。"的确良"衬衫曾风靡一时，其主要成分是聚酯纤维(涤纶)。涤纶自发明至今以它绝对的优势得到了快速的发展，其数量已占世界纺织纤维的1/3，约占我国纺织纤维加工量的一半，成为合成纤维中的佼佼者，是当今理想的纺织材料。它的优越性主要是强度大、弹性好，加工性能也好，其制成的面料挺括而不易变形，洗后不用熨烫，可纯纺也可和各种天然纤维混纺或交织，广泛用于服装、家用纺织品和产业用纺织品(见图15-5)。

1968年，美国人合成了聚芳酰胺纤维——芳纶，它的强度达到铝合金的45倍，可用来制作降落伞、机轮帘布、航天飞机热防护材料、耐压软管以及军事上的避弹衣、头盔等，一根手指粗的芳纶绳能拉几十吨的火车头。现在合成纤维的种类不胜枚举，腈纶、维尼纶、丙纶、氯纶等都是产量高、用途广的合成纤维。人造纤维技术最大的不足在于它产生很多污水，污染环境。

图15-5

15.1.4 复合材料

复合材料是由金属、有机高分子、无机非金属等具有不同结构和功能的材料，通过特殊工艺复合为一体的新型材料，通常由承受载荷的基体和增强剂组成。这种复合材料利用优势互补和优势叠加而制得，既能克服原有材料的缺陷，又能突出其综合性能。

1. 玻璃钢

玻璃钢是第一代复合材料的代表，它是一种以塑料树脂为基体、玻璃纤维为增强剂的玻璃纤维增强塑料。玻璃钢具有密度低、强度高、耐腐蚀的性能，并具有良好的隔热、隔音、抗冲击能力。玻璃钢现广泛用于民用产品，如许多城市雕塑、工艺美术造型、快餐桌椅、摩托车部件、玻璃钢花盆、安全帽、高级游乐设备、家用电器外壳等。

2. 碳纤维增强树脂复合材料

碳纤维增强树脂复合材料与玻璃钢的不同在于所用的增强剂是经高温分解和碳化后获取的碳纤维。其与玻璃钢性能相比更加优越，抗腐蚀性好、摩擦系数小，主要用于航空、航天事业，制造火箭和导弹头、人造卫星支撑架以及飞机的机翼等。碳-碳复合材料，由多孔碳素基体和埋在其中的碳纤维骨架组成，其耐温能力几乎居所有复合材料的首位，因此是一种高温结构和热防护的理想材料，特别是火箭和航天飞机上受热最高部位的最理想材料。

3. 聚合物基、金属基和陶瓷基复合材料

第三代复合材料采用了不同特性的基体材料，以提高其综合性能。聚合物基复合材料有更好的热稳定性、抗湿性和耐环境性，易于加工，不过使用温度上限仅为350℃（见图15-6）。金属基复合材料所用的基体种类很多，目前发展最快的是碳化硅颗粒增强铝合金基复合材料，密度低，又比铝合金、钛合金耐磨性强。金属基复合材料性能优越，存在的问题是制造工艺复杂和成本较高。陶瓷基复合材料也称多相复合陶瓷，如20世纪80年代产生的功能梯度复相陶瓷，其功能和性质可随空间或时间连续变化。

图15-6

复合材料是由两种或两种以上不同性质的材料，通过物理或化学的方法，在宏观上组成具有新性能的材料，可以通过选择设计而满足各种需要的材料性能，所以复合材料在新能源技术、信息技术、航天技术，以及海洋工程等方面有着广泛的应用，已成为高技术领域重要的新材料之一。

15.2 新材料

新材料通常指最近发展出的或正在发展中的某些性能优于传统材料、具有远大应用前景的一类材料。新材料的开发应用技术已渗入到物理、化学、控制、信息、航天等领域，推动了生产力的发展。当前研制的新材料很多，这里只介绍几种极具商业前景的功能材料。

15.2.1 高性能金属与合金

高性能金属与合金是指通过新工艺、新技术改变已有金属或合金的结构，从而赋予它新的特别优良的性能的材料，主要有以下几种。

1. 形状记忆合金

1963年，美国一个海军研究所发现某些合金存在形状记忆效应，如 Cu-Zn 系、Al-Cu 系、Ti-Ni 系等。他们发现不论把形状记忆合金变成什么样子，只要加热到转变温度，就能使它恢复原来的形状(见图 15-7)。此外，形状记忆合金还具有超弹性、耐磨性及耐蚀性等特性。利用这些特性，可开发多种应用，如用作空调器的风向转换器、断路器、管接头、记忆铆钉、控温装置、接骨夹板、人造心脏、人造肌肉、人工关节、牙齿矫形唇弓丝、同步通信卫星的天线等。

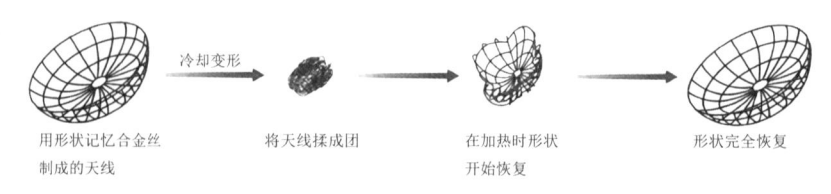

用形状记忆合金丝制成的天线　将天线揉成团　在加热时形状开始恢复　形状完全恢复

图15-7

2. 储氢合金

1968 年,美国布鲁赫本国立研究所发现了 Mg-Ni 具有储氢的性能。目前各国正在开发的储氢合金主要有镁系、钛系、稀土系等(见表 15-1)。

表15-1

储氢合金系列	金属氢化物	含氢量/%	分解温度/°C
镁系	MgH$_2$	7.6	284
	MgNiH$_4$	3.6	253
钛系	TiH$_2$	4.0	650
	TiFeH$_{1.8}$	1.8	18
	TiCoH$_{1.5}$	1.4	110
	TiMn$_{1.5}$H$_{2.14}$	1.6	20
	TiCrH$_{3.6}$	3.4	90
稀土系	LaNi$_5$H$_6$	1.3	15

氢是地球上一种取之不尽、极具开发前景的清洁新能源。但由于氢在常温下是气体,凝固点低至-253℃,储存十分困难,氢能源一直无法实用化。科学家发现某些储氢合金在常温下具有良好的可逆吸放氢性能,但氢与这些金属的结合力很弱,若改变温度压力,金属氢化物就会分解释放出氢。储氢合金能够储存比它自己体积大 1 000~1 300 倍的氢,是一种容量大、既轻便又安全的理想的储存和运输氢的手段。

3. 非晶态金属

非晶态金属又称金属玻璃,是将合金加热到熔融状态,再急速冷却下来得到的。由于其原子排列不像一般金属那样呈现周期性的规则排列(即呈晶态),因而性质与一般金属和玻璃截然不同。如 1960 年,美国人杜维茨发现 Au-Si 合金熔液以条件 10^6℃/s 冷却获得的金属玻璃,其强度达 4 000 N/mm^2。非晶态金属具有金属光泽和韧性,硬度超过超高硬度工具钢,耐腐蚀性比最好的不锈钢高出百倍,磁性能也较优良,此外还呈现出催化性、超导性、吸氢性等特殊性能,因此主要用作变压器铁芯、传感器、磁屏蔽材料、焊料等。其中,最有前途的应用是作为变压器铁芯。非晶态铁芯变压器比传统的硅钢片变压器铁损减少 70%以上,可节省能耗 50%以上。

15.2.2 新型无机非金属和半导体材料

1. 人造刚玉

人造刚玉是用氧化铝烧制而成的新型陶瓷材料。人们利用它的耐热性来制造坩埚、高温炉管,利用它硬度高的特点来制造刚玉球磨机和切割用的陶瓷刀具。若使用高纯度原料,可以使氧化铝陶瓷变得透明，用于制作高压钠灯的灯管。若在氧化铝陶瓷中掺入碳化钨、氧化钛，再辅以氧化镁等添加剂可以制造出比硬质合金还要硬的陶瓷。

2. 碳纤维

碳纤维是指主要成分为碳的纤维。第一根碳纤维是伟大的发明家爱迪生于 1879 年用竹子纤维烧结、碳化制成的白炽灯丝。此后的半个世纪中碳纤维销声匿迹，直到20世纪六七十年代以后，人造碳纤维才真正投入使用。碳纤维一般都是把含有碳元素的纤维经过高温碳化而成。碳纤维的优越性能在于密度低、强度大。以同体积相比，它只是铁质量的 1/4，比铝合金还要轻得多，而它的强度却是钢的 4 倍。此外，其弹性或热膨胀系数都很优越。碳纤维复合材料因其轻质高强的特性，被广泛应用于飞机、卫星、火箭和汽车制造以及体育用品等。

3. 光导纤维

光导纤维是用纯度极高的石英玻璃拉制成的非常细的可有效地远距离传导光信号的纤维。它具有双层结构，由高折射率的光导芯与低折射率的包层组成。入射到光导纤维一端的光在光导芯与包层的界面上经过多次全反射传播到光导纤维的另一端(见图15-8)。与铜芯传输电缆相比，光导纤维具有体积小、密度低、寿命长、原材料资源丰富等优点。

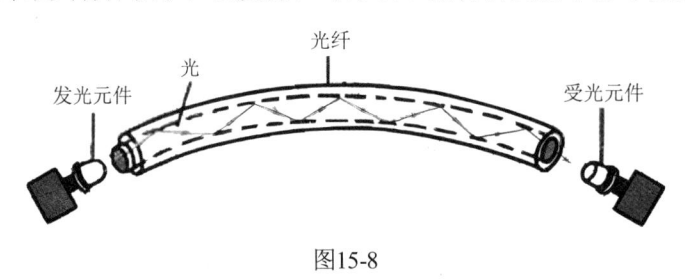

图15-8

1966 年，英籍华裔科学家高锟和他的合作者乔治·霍克汉姆在进行一系列理论和实验研究之后，提出用光纤进行长距离通信的建议。他们证明单模光纤每秒有可能传送 10 亿位数字信号，并论证了单模光纤的要求和特性。仅仅过了 4 年，就有人宣布达到了这个指标。高锟被誉为"光纤之父"。

光导纤维的通信容量极大，一根光纤可通过 1～2 亿路电话，可同时传递 5 000 路电视，传输损耗低，在很宽的频带内频率能保持稳定，不受电磁场的影响，可塑性好，温度稳定性好。光导纤维的这些特性有助于传输线路经济化。

4. 半导体材料

半导体材料就是沿着一个方向导电，另一个方向不导电的材料。1949—1950 年，美国贝尔电话实验室的肖克利根据能带理论的基本思想，创立了半导体的 PN 结理论。将它作为晶体二极管便可用以整流(把交流电变为直流电)，具有单向导电性(见图 15-9)。

在一块完整的硅片上，用不同的掺杂工艺使其一边形成 N 型半导体，另一边形成 P 型半导体，我们称两种半导体的交界面附近的区域为 PN 结。

在 P 型半导体和 N 型半导体结合后，由于 N 型区内自由电子为多子，空穴几乎为零(称为少子)；而 P 型区内空穴为多子，自由电子为少子，在它们的交界处就出现了电子和空穴的浓度差。由于自由电子和空穴浓度差的原因，有一些电子从 N 型区向 P 型区扩散，也有一些空穴要从 P 型区向 N 型区扩散。它们扩散的结果就使 P 区一边失去空穴，留下了带负电的杂质离子，N 区一边失去电子，留下了带正电的杂质离子。开路中半导体中的离子不能任意移动，因此不参与导电。这些不能移动的带电粒子在 P 和 N 区交界面附近，形成了一个空间电荷区，空间电荷区的薄厚和掺杂物浓度有关。

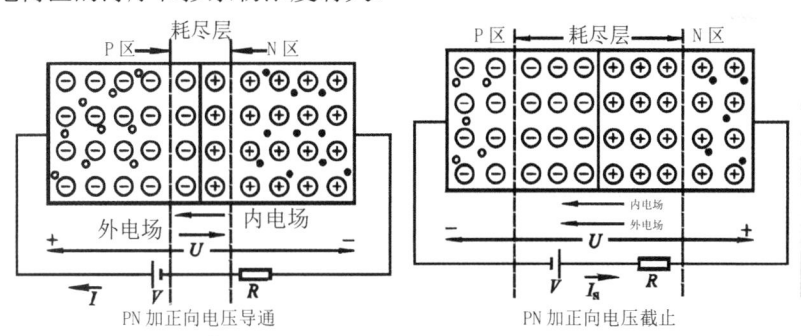

图15-9

在空间电荷区形成后，由于正负电荷之间的相互作用，在空间电荷区形成了内电场，其方向是从带正电的 N 区指向带负电的 P 区。显然，这个电场的方向与载流子扩散运动的方向相反，阻止扩散。

另一方面，这个电场将使 N 区的少数载流子空穴向 P 区漂移，使 P 区的少数载流子电子向 N 区漂移，漂移运动的方向正好与扩散运动的方向相反。从 N 区漂移到 P 区的空穴补充了原来交界面上 P 区所失去的空穴，从 P 区漂移到 N 区的电子补充了原来交界面上 N 区所失去的电子，这就使空间电荷减少，内电场减弱。因此，漂移运动的结果是使空间电荷区变窄，扩散运动加强。最后，多子的扩散和少子的漂移达到动态平衡。

从 PN 结的形成原理可以看出，要想让 PN 结导通形成电流，必须消除其空间电荷区的内部电场的阻力。很显然，给它加一个反方向的更大的电场，即 P 区接外加电源的正极，N 区接负极，就可以抵消其内部自建电场，使载流子可以继续运动，从而形成线性的正向电流。而外加反向电压则相当于内建电场的阻力更大，PN 结不能导通。

PN 加正向电压导通时，耗尽层变窄，扩散运动加剧；PN 加反向电压截止时，耗尽层变宽，阻止扩散运动。这样就实现了沿着一个方向导电、另一个方向不导电的功能。

锗、硅、砷化镓、锑化铟等都是半导体材料。正因为半导体这种特性，人们用半导体制成热敏电阻、光敏电阻、晶体管等各种电子元器件，把晶体管以及电阻、电容等元器件同时制作在很小的一块半导体晶片上，并且把它们按照电子线路的要求连接起来，使之成为具有一定功能的电路，这就是集成电路。在面积比拇指的指甲还小的一块半导体晶片上，可以集成上百万个电子元器件，集成电路就是芯片。

芯片最新研究成果如下。

(1) 神经形态半导体芯片：韩国科学技术研究院开发了一款超小型计算芯片，基于下一代神经形态半导体技术，具备自我学习和纠错能力。该芯片能够在运行过程中根据实际输入数据进行调整，优化处理能力，并在处理复杂算法时实现自我修正。

(2) 世界首款类脑互补视觉芯片"天眸芯"：中国清华大学类脑计算研究中心实现了每秒 10 000 帧的高速、10bit 的高精度、130dB 的高动态范围的视觉信息采集，突破了传统视觉感知范式的性能瓶颈。

(3) 完全可编程拓扑光子芯片：中国北京大学王剑威研究员、胡小永教授、龚旗煌教授课题组与中国科学院微电子研究所杨妍研究员等，在仅 11mm×7mm 的面积内集成了 2 712 个元件，首次成功实现了完全可编程的光学人造原子晶格，并在单一芯片平台上实现了多种拓扑现象的实验验证。

(4) 新型"光学硅"芯片：中国科学院上海微系统与信息技术研究所欧欣团队采用基于"万能离子刀"的异质集成技术，制备了高质量硅基钽酸锂单晶薄膜异质晶圆，开发了超低损耗钽酸锂光子器件微纳加工方法。

(5) 中国人工智能光芯片"太极"：中国清华大学电子工程系副教授方璐课题组、自动化系戴琼海院士课题组首创分布式广度光计算架构，研制大规模干涉-衍射异构集成芯片太极，实现 160 TOPS/W 的通用智能计算。

(6) 首款 2Tb/s，三维集成硅光芯粒：国家信息光电子创新中心和鹏城实验室的光电融合联合团队完成了 2Tb/s 硅光互连芯粒的研制和功能验证，实现了单片最高达 8×256Gb/s 的单向互连带宽。

(7) RISC-V(一种开源的指令集架构)开启高性能产品化：中国科学院计算技术研究所与北京开源芯片研究院发布第三代"香山"开源高性能 RISC-V 处理器核，性能水平进入全球第一梯队。

芯片技术在神经形态计算、类脑视觉、可编程光子、人工智能光计算、高性能 RISC-V 处理器以及碳化硅材料等方面取得了显著进展。这些成果不仅提升了芯片的性能和效率，还为未来的智能化应用提供了强大的技术支持。

15.2.3 超导材料

1911 年荷兰莱顿大学的昂内斯首次发现，当水银在冷却到 4.2 K(约-268.95℃)时，电阻几乎完全消失，这便是所谓的超导现象。1933 年，荷兰人迈斯纳和奥森菲尔德发现超导体表面的电流屏蔽了磁场，磁力线不能进入超导体内部。

超导材料除具有在临界低温下电阻突然消失的效应外，还具有完全抗磁(排斥磁场)效应。利用这两个特性，可开发其极有价值的应用。例如：超导变压器的体积缩小和损耗减低都达到普通的 5～6 倍；超导导线电阻近于零，电能损耗也相应接近于零，这对于节能意义重大(如我国约有 15%的电能损耗于输电网中)；用来制造超导磁悬浮列车，速度快、无噪声、无污染、无振动，是未来理想的铁路运输工具；可做成超导量子干涉器，用于电磁测量具有极高的灵

敏度，可用于金属材料的探伤、探矿；用于医学，可检测微弱的生物磁效应，可诊断脑病和心脏病；用作电子开关，耗能只有一般半导体的千分之一，但速度快 10 倍。此外，在红外探测、微波器件、磁共振装置、高能加速器、电机、磁屏蔽装置等方面也都有重要的应用前景。

2023 年，韩国科学家团队声称发现了世界首个室温常压超导体——改性铅磷灰石晶体结构 LK-99，其超导性与量子阱的形成密切相关，且在 127℃以下表现出超导特性。2025 年，中国北京大学物理学院量子材料科学中心的王健团队及其合作者，以铜氧化物高温超导体为基础，成功制备了一种新型的超导二极管，并发现了其在零磁场下最高可达 72K(约-201.15℃)的工作温度。最新的研究显示，铜氧化物和镍氧化物等材料在高温超导领域具有很大的潜力，而 LK-99 等新型材料的研究也引起了广泛关注。

15.2.4 纳米材料

纳米(nm)是长度的度量单位，1nm=10^{-9}m，相当于 4 倍原子大小。纳米材料是由尺寸为 0.1～100 nm 的超微颗粒构成的。由于纳米材料会表现出特异的光、电、磁、热、力学、机械等性能，纳米技术迅速渗透到材料的各个领域，成为当前世界科学研究的热点。

1. 纳米材料的性能

纳米材料具有以下特殊性能。

1) 特殊的光学性能

金属在超微颗粒状态下都呈现为黑色。尺寸越小，颜色越黑，银白色的铂(白金)变成铂黑，金属铬变成铬黑。这说明金属的超微颗粒对光的反射率极低。利用这个性质做成的材料可以高效率地将太阳能转换为热能、电能。

2) 特殊的热学性

固体物质超细微化后其熔点将显著降低，当颗粒小于 10 nm 量级时尤为显著。例如，金的常规熔点为 1 064℃，在 2nm 尺寸时的熔点仅为 327℃左右；银的常规熔点为 670℃，而超微银颗粒的熔点可低于 100℃。因此，由超细银粉制成的导电材料可以进行低温烧结，此时的元件基片不必采用耐高温的陶瓷材料，甚至可用塑料。

3) 特殊的磁学性能

研究发现，海豚、蝴蝶、蜜蜂以及生活在水中的趋磁细菌等生物体中存在超微的磁性颗粒，使这类生物在地磁场导航下能辨别方向，具有回归的本领。磁性超导微颗粒实质上是一个生物磁罗盘，生活在水中的趋磁细菌依靠它游向营养丰富的水底。小尺寸的超微颗粒磁性与大块磁性材料明显不同，随着超微颗粒尺寸减小，它会呈现出超顺磁性。利用这种特性可制成用途广泛的磁带、磁盘、磁卡以及磁性钥匙。

4) 特殊的力学性能

陶瓷材料通常很脆，然而由纳米超微颗粒制成的纳米陶瓷材料却有良好的韧性。因为纳米材料使两种物质界面的原子排列发生变化，原子的迁移更容易，从而表现出良好的韧性与一定的延展性。研究表明，人的牙齿之所以有很高的强度，是因为它由磷酸钙等纳米材料构成的。呈纳米晶粒的金属要比传统的粗晶粒的金属硬3～5倍。

5) 特殊的电学性质

金属材料中的原子间距会随粒径的减小而变小。因此，当金属晶粒处于纳米范畴时，其密度随之增加。这样，金属中自由电子移动的路程将会变小，使电导率降低，原来的金属良导体就转变为绝缘体，这种现象称为尺寸诱导的金属—绝缘体转变。

2. 纳米材料的研究进展

纳米材料最新研究进展如下。

(1) 超高强度且轻质的纳米结构材料：国际科研团队借助机器学习和3D打印技术，设计并制造出一种新型纳米结构材料。这种材料的强度可与碳钢相媲美，但重量轻如聚苯乙烯泡沫塑料。这一创新成果有望为汽车、航空等多个行业带来变革。

(2) 纳米酶在生物医学领域的应用：多个研究团队开发了一种由聚乙二醇修饰的介孔二氧化硅/纳米氧化铈新型复合纳米酶，可抑制失巢凋亡抗性，有效阻止肿瘤和转移。

(3) 咖啡壳废弃物变身纳米"超级英雄"：从生咖啡壳或堆肥咖啡壳中提取腐殖质，并与壳聚糖合成具有抗氧化性的纳米颗粒。研究表明，堆肥会改变腐殖质结构，且腐殖质与壳聚糖的比例对纳米颗粒的尺寸、电位、抗氧化性及稳定性均产生影响。

(4) 精细调控纳米片堆叠实现 $Ti_3C_2T_x$ 薄膜的热电性能优化：中国复旦大学梁子骐团队通过精细调控 $Ti_3C_2T_x$ 薄膜的纳米片堆叠，实现了热电性能的显著优化。研究发现，去离子水作为分散溶剂优于其他极性有机溶剂，能够实现 MXene 纳米片的紧密堆叠和高取向性排列，从而优化热电性能。

(5) 砷化镓纳米脊激光二极管：比利时微电子研究中心在300毫米CMOS中试线上制造出砷化镓纳米脊激光二极管，展示了 III-V/Si 纳米脊工程概念在硅光子平台上单片集成激光二极管的潜力。

(6) 纳米双抗精准降解癌细胞内靶蛋白：中国华东理工大学马兴元教授团队提出了一种创新的肿瘤治疗策略——基于肿瘤微环境响应的双特异性纳米抗体-PROTACs平台，通过特异性降解肿瘤细胞内的关键蛋白，显著提高了治疗效果，并降低了系统性毒副作用。

纳米材料的研究在多个领域取得了显著进展，包括高强度轻质材料、生物医学应用、废弃物利用、热电性能优化、连续化制备、光子集成、肿瘤治疗和催化剂设计等。这些成果不仅展示了纳米材料的广泛应用前景，也为未来的科技发展提供了新的思路和方法。

15.3 常规能源

能源就是能提供能量的自然资源，能源技术就是各种能源的开发、生产、传输、储存、转换以及综合利用的技术。目前，已被人类大规模开发利用并在生产和生活中起着重要作用的初级能源主要有煤炭、石油、天然气、水能、核裂变能和植物燃料几大类。它们又被称为常规能源或传统能源，占世界能源消费总量的99%以上。

15.3.1 煤

1. 煤的形成

煤是古代植物遗体堆积在湖泊、海湾、浅海等地方，经过复杂的生物化学和物理化学作用转化而成的一种具有可燃性能的沉积岩。煤的化学成分主要为 C、H、O、N、S 等元素。在显微镜下可以发现，煤中有植物细胞组成的孢子、花粉等，在煤层中还可以发现植物化石，所有这些都可以证明煤由植物遗体堆积而成。由植物变为煤的过程可以分为三个阶段(见图15-10)。

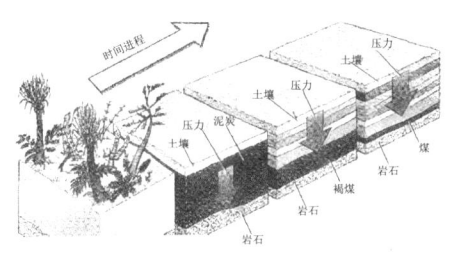

图15-10

1) 菌解阶段——泥炭化阶段

当植物堆积在水下被泥沙覆盖起来的时候，便逐渐与氧气隔绝，由厌氧细菌参与作用，促使有机质分解生成泥炭。通过这种作用，植物遗体中氢、氧成分逐渐减少，而碳的成分逐渐增加。泥炭质地疏松、褐色、无光泽、比重小，可看出有机质的残体，用火柴烧可以引燃，烟浓灰多。

2) 煤化作用阶段——褐煤阶段

当泥炭被沉积物覆盖形成顶板后，便成了完全封闭的环境，细菌作用逐渐停止，泥炭开始压缩、脱水而胶结，碳的含量进一步增加，过渡成为褐煤，这称为煤化作用。褐煤颜色为褐色或近于黑色，光泽暗淡，基本上不见有机物残体，质地较泥炭致密，用火柴可以引燃，有烟。

3) 变质阶段

褐煤是在低温和低压下形成的。如果褐煤埋藏在地下较深位置时，就会受到高温高压的作用，使褐煤的化学成分发生变化，主要是水分和挥发成分减少，含碳量相对增加；在物理性质上也发生改变，主要是密度、比重、光泽和硬度增加，而成为烟煤。这称为煤的变质阶段。烟煤颜色为黑色，有光泽，致密状，用蜡烛可以引燃，火焰明亮，有烟。烟煤进一步变质，成为无烟煤。无烟煤颜色为黑色，质地坚硬，有光泽，用蜡烛不能引燃，燃烧无烟。

在整个地质年代中，全球范围内有三个大的成煤期：古生代的石炭纪和二叠纪，成煤植物主要是孢子植物，主要煤种为烟煤和无烟煤；中生代的侏罗纪和白垩纪，成煤植物主要是裸子植物，主要煤种为褐煤和烟煤；新生代的第三纪，成煤植物主要是被子植物，主要煤种为褐煤,其次为泥炭,也有部分年轻烟煤。

2. 煤的利用

直接燃烧煤,能量利用率低,煤中宝贵的化工原料被白白烧掉,燃烧时又生成了有害气体和烟尘,严重污染环境,所以不是合理的使用方法。合理利用煤的途径有很多,比较成熟的有煤的干馏、气化和液化技术。

1) 煤的干馏

将煤隔绝空气加热使其分解的过程,叫作煤的干馏。将煤粉放在隔绝空气的炼焦炉中加热,煤分解得到焦炭、煤焦油、焦炉气、粗氨水和粗苯等。这些产物可用于生产化肥、塑料、合成橡胶、合成纤维、炸药、染料、医药等。

2) 煤的气化

煤的气化是把煤中的有机物转化为可燃性气体的过程。气化过程在气化炉中进行。这是一个吸热反应,所需热量一般由同时进行的碳的燃烧反应来提供。例如,$C+H_2O = CO\uparrow + H_2\uparrow$。

碳燃烧时既可以使用空气,也可以使用氧气,但得到的煤气的成分、热值及用途都不同,分别叫作低热值气(CO、H_2为主)和中热值气(CO、H_2、少量CH_4)。中热值气在适当催化剂的作用下,又可以转变成高热值气(CH_4为主)。

3) 煤的液化

煤的液化是把煤转化成液体燃料的过程。把煤与适当的溶剂混合后,在高温高压下(有时还使用催化剂),使煤与氢气作用生成液体燃料,这是把煤直接液化的一种方法。煤还可以进行间接液化,就是先把煤气化成一氧化碳和氢气,然后再经过催化合成,得到液体燃料。例如,煤气化后得到的一氧化碳和氢气,可以用来合成甲醇。甲醇可以直接用作液体燃料。将甲醇掺到汽油中可以代替一部分汽油,作为内燃机的燃料。甲醇还可以进一步加工成高级汽油。

15.3.2 石油

1. 石油的形成

大多数地质学家认为,石油是古代生物遗骸,堆积在湖里、海里,或者陆地上,经高温、高压的作用,由复杂的生物及化学作用转化而成的。石油在地层中一点一滴地生成,并浮游于地层中。油点缓慢地沿着地层或断层向上移动,直到受不透油的封闭地层阻挡而停留下来。当此封闭地层内的油点越聚越多,便形成了油田。

由碳和氢化合形成的烃类构成石油的主要组成部分,占95%~99%。直接利用石油的途径很少,只能用作燃料来烧锅炉。但这样使用石油,是很大的浪费。将石油加工成不同的产品,则能物尽其用,可以充分发挥其效能。

石油有露天开采和钻井开采两种方法。海底下的油矿需要使用石油平台来开采。一般来说,刚刚开采的油田的油压足够高,可以自己喷射到地面,随着石油被开采,其油压不断降低,后来就需要使用泵来抽油。通过向油井内压水或天然气可以提高开采的油量。从油田里开采出来的没有经过加工处理的石油叫原油。原油成分复杂，还含有水和氯化钙、氯化镁等盐类，若原油含水多，在炼制时要浪费燃料，含盐多会腐蚀设备。所以，原油必须先经过脱水、脱盐等处理过程，才能进行炼制。

2. 石油的利用

1) 石油的分馏

经过脱水、脱盐的石油没有固定的沸点，它是不同沸点的、大大小小的烃的混合物。烃的沸点随碳数增加而增高，把石油加热后，就能按沸点高低不同把各类烃依次分离出来（见图 15-11）。

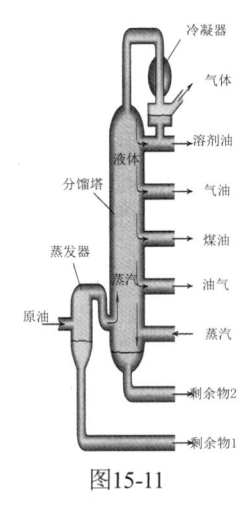

图15-11

在通常情况下，石油被加热到 350℃ 左右送入常压塔，其中沸点较低的烃，即被汽化上升，经过一层一层的塔盘直达塔顶。由于塔体的温度由下而上是逐渐降低的，因此，当石油蒸汽自下而上经过塔盘时，不同的烃就按各自沸点的高低分别在不同温度的塔盘里凝结成液体。这样得到的是轻质的石油产品，如汽油、煤油、轻柴油等。

留在常压塔底的是重油，它们都是一些沸点很高的烃类。通过减压加热炉和减压分馏塔，重油也得到分馏，我们可以得到重柴油和各种润滑油。分馏出来的各种成分叫作馏分，每一种馏分仍然是多种烃的混合物。

从我国的石油组分来说，直馏产品一般可获得 25%～40% 的轻质油品和 20%～30% 的润滑油，剩下的渣油虽然可供锅炉、电站等当燃料，但显然没有合理充分地利用宝贵的石油资源。为了从石油中获取更多的轻质油，也为了提高油品质量、增加产品的品种，人们通过裂化和重整来达到这一目的。

2) 裂化

裂化就是在一定条件下，把分子量大、沸点高的烃断裂为分子量小、沸点低的烃的过程。裂化有热裂化和催化裂化。重油、石蜡等较大的烃分子，在 500℃ 左右和一定的压强下，被裂化而转变为分子量较小的烃，如 $C_{16}H_{34} \longrightarrow C_8H_{18}+C_8H_{16}$。

这样就生成了分子量比较小、沸点比较低的、类似汽油的饱和烃和不饱和烃的液态混合物。有些裂化产物还会继续分解，生成饱和的和不饱和的气态烃(见图 15-12)。

例如，$C_8H_{18} \longrightarrow C_4H_{10}+C_4H_8$；$C_4H_{10} \longrightarrow CH_4+C_3H_6$；$C_4H_{10} \longrightarrow C_2H_4+C_2H_6$。

$$C_{16}H_{34} \xrightarrow[\text{加热、加压}]{\text{催化剂}} C_8H_{18} + C_8H_{16}$$
$$\text{十六烷} \qquad\qquad\qquad \text{辛烷} \quad \text{辛烯}$$

$$C_8H_{18} \xrightarrow[\text{加热、加压}]{\text{催化剂}} C_4H_{10} + C_4H_8$$
$$\text{辛烷} \qquad\qquad\qquad \text{丁烷} \quad \text{丁烯}$$

$$C_4H_{10} \xrightarrow[\text{加热、加压}]{\text{催化剂}} CH_4 + C_3H_6$$
$$\text{丁烷} \qquad\qquad\qquad \text{甲烷} \quad \text{丙烯}$$

$$C_4H_{10} \xrightarrow[\text{加热、加压}]{\text{催化剂}} C_2H_4 + C_2H_6$$
$$\text{丁烷} \qquad\qquad\qquad \text{乙烯} \quad \text{乙烷}$$

图15-12

在生产实践中，由于热裂化所产生的汽油质量还不够高，并且在热裂化过程中如果温度过高，还常会发生结焦现象，影响生产的进行。为了克服这些缺点，常使用催化剂。在催化剂的作用下进行的裂化，叫作催化裂化。经过催化裂化可以得到质量比较高的汽油，因此热裂化已有被催化裂化所取代的趋势。催化裂化就是把原料油(常用的是重质馏分油)在催化剂的作用下，进行裂解反应。跟热裂化比较，催化裂化的温度和压力要低些，但对原料的要求高些。如果原料中含重金属(如镍、铁、铜、钒等)就会影响催化剂的催化效率，使其选择性显著降低，因而会降低汽油产率，增加气体和焦炭的产率，所以对于催化裂化原料油的重金属含量要有一定限制。

裂解是石油化工生产过程中，以比裂化更高的温度(700℃～800℃，有时甚至超过 1 000℃)，使石油分馏产物(包括石油气)中的长链烃断裂成乙烯、丙烯等短链烃的加工过程。可见，裂解比裂化更完全。石油裂解的化学过程比较复杂，生成的裂解气是成分复杂的混合气体，除主要产品乙烯外，还有丙烯、异丁烯及甲烷、乙烷、丁烷、炔烃、硫化氢和碳的氧化物等。裂解气经净化和分离，就可以得到所需纯度的乙烯、丙烯等基本有机化工原料。目前，石油裂解已成为生产乙烯的主要方法。

3) 重整

直馏汽油含直链烷烃多，性能不能满足开飞机、汽车的要求，人们就采用"重整"的办法来解决。汽油在催化剂的作用下，发生脱氢环化和芳构化等作用，生成芳香烃等化合物的过程称为重整。例如，汽油中的己烷经重整后转化为苯。重整汽油可用作汽油的调和组分，增强汽油的抗震性，而且从重整油的芳香烃中还可获取苯、甲苯及二甲苯等重要化工原料。城市中许多家庭中烧水、煮饭用的罐装"煤气"，实际上是液化石油气。它是石油化工生产的一种副产品，主要成分是丙烷、丁烷、丙烯、丁烯等，此外，还有少量硫化氢。液化石油气是通过降温和加压压缩到耐压钢瓶中的，钢瓶中的压强约是大气压强的 7～8 倍。所以，瓶中储存的液化石油气的量很大，可以使用较长时间。

15.3.3　天然气

1. 天然气的形成

天然气是储存于地下多孔岩石或石油中的可燃气体,它的成因与石油相似。天然气一般与石油共存,因为有利于石油存在的地层,一般也有利于天然气的存在。由于天然气密度比石油大,因此天然气会位于石油的上部。我国四川等省也有单独成矿的天然气矿藏。

如果按其形成,天然气可分为油田气、煤层气、生物气和水合物气四种。油田气是石油烃类天然气,煤层气是成煤过程中有机质产生的甲烷气,生物气是有机质在 70℃ 以下被厌氧微生物分解产生的甲烷气,水合物气是在低温高压下,甲烷等气体分子渗入水分子晶隙中缔合的气体。伴随地壳的沉降,地温上升,石油下沉到地壳深处会变成气态,最终可转变成天然气。

2. 天然气的利用

天然气可当作燃料,也是石油化学制品的原料。根据专家估计,可从天然气和石油中制成数十万种不同的化学品。因此,把天然气当作燃料使用之前,可先将部分的化合物取出,作为工业生产的原料,如此才可充分发挥天然气的用途。

作为燃料,天然气具有不少优点:一是运输方便。天然气用管道输送较为容易,经液化后还可用油轮运输。把矿区出产的天然气冷冻至-162℃,使其凝结成为一种无色无臭的液体,即为液化天然气,其体积缩减为气态时的 1/600 左右,便于储存及运输。二是比较安全高效。天然气的主要成分是甲烷,它不含一氧化碳、无色无味无毒、热值高、燃烧稳定。天然气比空气轻,一旦泄漏,立即会向上扩散,不易积聚形成爆炸性气体,安全性较高。压缩天然气是天然气加压并以气态储存在容器中,它与管道天然气的成分相同,可作为车辆燃料利用。三是造成的空气污染较小。天然气燃烧均匀、清洁、有害成分少,几乎不含硫、粉尘和其他有害物质,相对于煤和石油来讲对环境的污染较小。

天然气是目前世界上首推的无公害能源,它燃烧时产生的二氧化碳少,对保护环境有很大好处,其热值相当于煤气的 2.3 倍。所以,目前发达国家大部分正在逐步淘汰人工煤气,改用天然气。

15.3.4　电力

水能和核裂变能的主要利用方式是发电,煤、石油、天然气也常用于发电。

发电机是将其他形式的能源转换成电能的机械设备,由水轮机、汽轮机、柴油机或其他动力机械驱动。发电机通常由定子、转子、端盖、机座及轴承等部件构成。由轴承及端盖将发电机的定子、转子连接组装起来,使转子能在定子中旋转,做切割磁力线的运动,从而产生感应电势,通过接线端子引出,接在回路中,便产生了电流。

在所有发电方式中，火力发电是历史最久，也是最重要的一种。火力发电是利用煤、石油、天然气等固体、液体、气体燃料燃烧时产生的热能，通过发电动力装置(包括电厂锅炉、汽轮机和发电机及其辅助装置)，转换成电能的一种发电方式。

水力发电是利用江、河、水库中水的势能来做功，推动水轮机转动再带动发电机产生电能(见图 15-13)。水力发电依其开发功能及运转形式，可分为惯常水力发电与抽蓄水力发电两种。惯常水力发电即利用天然河流、湖泊等水源发电。抽蓄水力发电即利用电网负荷低谷时多余的电力，将低处下水库的水抽到高处上存蓄，待电网负荷高峰时放水发电，尾水收集于下水库。水力发电厂的构成主要有水源、拦水建筑物体、润滑系统、冷却系统、水轮机、水轮发电机变压器、高压断路器、配电装置等。从上游水库引来的水，被导入弯曲形通道，水流使水轮机叶片转动，从而带动水轮发电机，把机械能转换成电能。流出转轮的水经尾水管排向下游。

1—拦河大坝　2—阀门　3—水轮机叶片　4—水轮发电机落差

图15-13

由于常规能源中大多是不可再生能源，按目前世界能源消费量计算，石油、天然气将在短短几十年内开采完。在石油、天然气资源枯竭后，就是储量较丰富的煤炭，也仅能维持一二百年。而较为理想的可重复使用的水力资源，在工业国家通过传统工艺已开发了 3/4 以上，潜力有限。如果不能及时找到新的更为理想的能源来接替传统能源，那么对于人类社会而言将是灭顶之灾。所以，节流开源——提高常规能源的利用效率，开发新的能源，特别是可再生能源，由目前的主要依赖于非再生能源向依赖可再生能源过渡已是当务之急。

15.4　新能源

新能源主要是指目前尚未被人们大规模开发和广泛利用的能源。一般来说，新能源是在新技术基础上开发利用的可再生能源和清洁能源，是未来可持续发展的经济和社会的能源基础。它包括的范围很广，目前人们正在积极研究、开发的较有推广应用前景的主要是太阳能、地热能、核能、氢能和海洋能几大类。

15.4.1 太阳能

太阳每天都在源源不断地向地球辐射能量，每年送到地球上的能量相当于 1.9×10^{14} t 标准煤，比当前世界能源年消耗量高出四个数量级。地球迄今为止所有的能源形式绝大部分都来自太阳能，除直接的太阳辐射能外，煤炭、石油、天然气等矿物燃料其实都是远古以来转换储存下来的太阳能。水能、风能、海洋热能、生物质能等也都间接地来自太阳能。太阳能是一种无污染、经济、取之不尽的理想能源，但又存在密度低、不连续、不稳定等缺点，所以太阳能大规模利用的关键在于解决太阳能的聚集和储存以及提高太阳能向其他能量形式的转换效率等问题。目前，开发利用的太阳能技术主要集中在以下三个方面。

1. 聚光装置

聚光装置可经光—热转换获得热能。其工作原理是：用许多反射镜将阳光集中到一个集热装置上，通过热交换器，使管道系统内的水沸腾变成高温高压蒸汽，推动涡轮发电机转动而发电(见图 15-14)。世界上最大的聚光器有九层楼高，中心温度高达 4 000℃。

在太阳能应用中，光—热转换技术的产品最多。例如热水器(见图 15-15)、开水器、干燥器、温室与太阳房、太阳灶和高温炉、太阳蒸馏器、海水淡化装置、水泵及太阳能医疗器具等。

图15-14

图15-15

2. 光—电转换装置

光—电转换装置可经光—电转换获得电能。目前的地面太阳能发电站还处在实验阶段，高空的卫星太阳能电站还只是一种设想，只有太阳能电池已进入实用化(见图 15-16)。

图15-16

已研制成功的太阳能电池有 100 多种。目前，市场上效率最高的商用光伏技术(如单晶硅太阳能电池)的转换效率通常在 22%和 24%之间。钙钛矿太阳能电池作为一种新兴技术，其理论极限可达到33%左右，多结钙钛矿太阳能电池的理论极限甚至可达44%以上，显示出巨大的发展潜力。储能技术的进步是太阳能发电的重要支撑。锂离子电池和固态电池的开发，使得太阳能发电的稳定性和可靠性大幅提高。此外，聚光太阳能热发电(CSP)技术因其具备与常规火电机组相媲美的调节特性，可快速深度参与电网调峰调频，提升电力系统灵活性，成为极具发展前景的可再生能源发电技术。用太阳能电池作动力的太阳能汽车、太阳能飞机、太阳能电子产品以及太阳能建筑等都已问世。

3. 光—化学转换装置

光—化学转换装置包括光合作用、光电化学作用、光敏化学作用及光分解反应。

目前该技术领域尚处在实验研究阶段，已取得了一些新成果。

(1) 地外人工光合作用技术突破：中国空间站梦天实验舱内成功开展了地外人工光合作用技术试验，实现了高效二氧化碳转换和氧气再生。该技术利用半导体催化剂在阳光照射下，将水和二氧化碳转化为氧气和含碳化合物，具有常温常压下操作、能量利用效率高等优点，为载人深空探测提供了技术支撑。

(2) 光催化还原 CO_2 研究：研究者们通过设计不同的光催化剂结构，如金属有机框架、单原子催化剂等，可高效地将 CO_2 还原为甲醇、甲烷等太阳能燃料。

(3) 生物模拟光催化系统：开发了类似植物叶绿体的光催化系统，通过模拟自然光合作用，高效地实现了 CO_2 还原和氧气生成。

15.4.2 地热能

地热能是指在地球内部蕴藏着的巨大的热能，它主要来源于地球内部放射性元素衰变产生的热量。据估算在地球表面 3 000m 以内，可利用地热能约为 8.4×10^{20} J，接近全世界煤储量的含热量。按 10%的转换率计，相当于 50 年内 5 800 万 kW 的发电量。

地热能主要有水热型、地压型、干热岩型和岩浆型四大类。水热资源即蕴藏在地层浅表的热水或蒸汽，其温度从 90℃到 300℃不等；地压资源是封闭在地表以下 2～3km 的深部沉积岩中含有甲烷的高盐分、高压热水；干热岩资源是指位于地表层下几千米深处的温度为 15～65℃、没有水或蒸汽的热岩石；岩浆资源是指温度为 650～1 200℃的融状或半融状石岩浆，它埋藏最深。

地热能利用主要有以下四方面。

(1) 地热发电：可分为蒸汽型地热发电和热水型地热发电两大类。

(2) 地热供暖：将地热能直接用于采暖、供热和供热水是仅次于地热发电的地热利用方式。

(3) 地热务农：地热在农业中的应用范围十分广阔。

(4) 地热行医：地热在医疗领域的应用有诱人的前景，目前热矿水就被视为一种宝贵的资源，世界各国都很珍惜。

利用地热发电比燃煤对环境污染少，也比核电站安全可靠，但是地热能的利用存在蕴藏的地区不易找到、只有少数存在于接近地面处、高温地热田数量很少等问题。

2017 年，在中国青海共和盆地 3 705 米深处钻获 236℃的地温异常区，每 100m 平均增温 6℃。中国已探明地热储量约合 30 亿吨标准煤，展现出良好的利用前景。

15.4.3　核能

核能又称原子能或原子核能，它是原子核的结构发生变化时释放出来的能量。1993 年，世界上核电站装机容量已达 $3.4×10^8$kW，约占全世界发电量的 1/5。核能反应装置如图 15-17 所示。现在普遍认为，核能是一种安全、经济、清洁的能源，是目前技术成熟、可以大规模代替化石燃料的能源。许多发达国家的核电比例已达 50%，甚至更高。

核能在很多国家将取代石油和煤而上升到主导能源的地位。但核裂变反应的燃料铀(见图 15-18)和钍等天然放射性重元素在地球上的储量毕竟很少，也有耗尽的危险，所以人们又在积极探索利用核聚变能的方法。核聚变的原料主要是氢的同位素氘和氚。

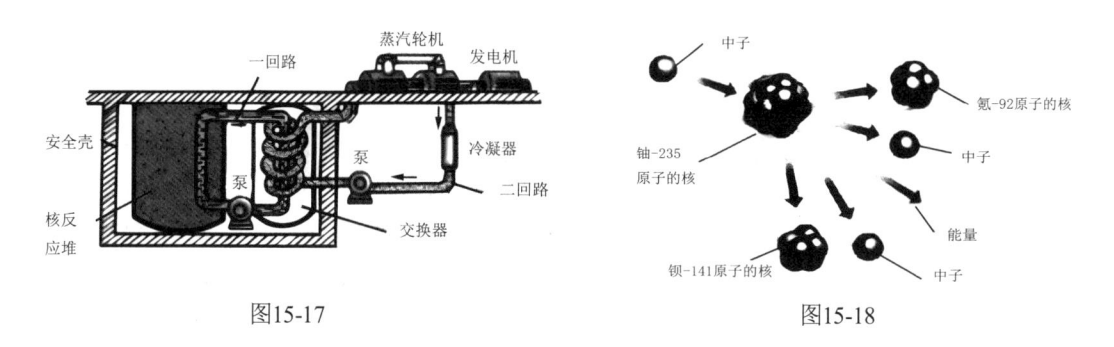

图15-17　　　　　　　　　　　图15-18

据计算，1 kg 核聚变燃料放出的能量约与 1 万 t 标准煤完全燃烧所放出的能量相等，而且产生的放射性废物很少(见图 15-19)。

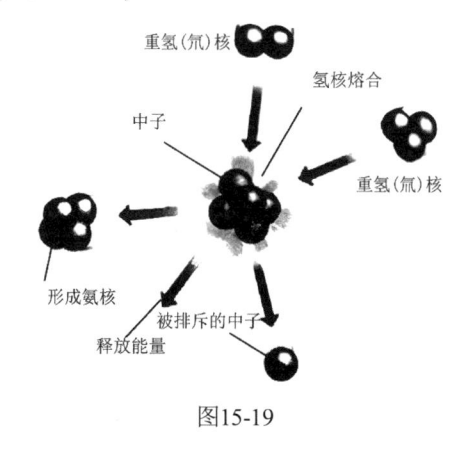

图15-19

海洋中的氘超过 $2×10^{13}$ t，足可供人类使用几十亿年，因此科学家早就预言，聚变能是人类取之不尽的能源，发展聚变能可彻底解决能源问题。但核聚变反应需几亿摄氏度的高温且同时保持一定的原料密度。

1952 年 11 月试验成功的氢弹是人类利用聚变能的开始，但氢弹只是一个不受控的瞬时释放聚变能量的军用装置。在地球上建成可控制的核聚变堆，现在已有了很大的进展。核聚变(人造太阳)技术主要有磁约束聚变和惯性约束聚变两种路线。磁约束聚变利用强磁场约束高温等离子体，托卡马克装置是其代表，如中国的全超导托卡马克核聚变实验装置(EAST)和国际热核聚变实验堆(ITER)。惯性约束聚变则通过高能激光或粒子束快速压缩燃料靶球，使其达到聚变条件。近年来，全球在可控核聚变研究方面取得了显著成果。中国的 EAST 装置在 2025 年 1 月成功将等离子体加热至一亿摄氏度，并维持了长达一千秒的稳定燃烧。此外，中国正在建设下一代"人造太阳"，即聚变工程实验堆，目标是建立世界首个聚变示范电站。国际热核聚变实验堆(ITER)计划在 2025 年实现 400 秒的脉冲持续时间，并在 2035 年前达到 3000 秒。高温超导材料的突破为磁约束聚变装置的性能提升提供了重要支持。但是，实现可控核聚变仍面临包括高温等离子体的约束、设备设计和资金问题等。此外，研发能够承受亿度高温等离子体粒子流冲击的"超级材料"，也是科学家们必须跨越的难关。然而，它毕竟为人们昭示了一个解决能源问题的广阔前景。

15.4.4 氢能和海洋能

氢能的使用始于 20 世纪 70 年代，现已被公认是 21 世纪最理想的新中介能源。这是因为氢能有三大优点：①效率高，氢燃烧所释放的热值约是同质量汽油的 27 倍；②无污染，燃烧后的产物是水，对环境没有污染；③来源广，地球表面 71%都为水所覆盖，而有水就可以分解制氢，氢燃烧后又生成水(见图 15-20)。因此，这种燃烧和再生的往复循环，使氢能成为一种取之不尽、用之不竭的未来理想能源。

氢能是二次能源，其推广应用的关键是氢气制取和储存运输技术的突破。太阳能发电与电解水制氢技术相结合，将为氢能的生产提供清洁、可持续的能源支持。利用可再生电力电解水得到绿氢，再与捕获的二氧化碳反应生产甲醇。甲醇可直接用作燃料，或与其他燃料混合使用，如甲醇汽油。此外，甲醇燃料电池作为一种清洁能源技术，绿色甲醇还可作为氢能载体，解决氢能储存和运输的安全性及成本性问题。储氢方式主要有高压氢气、低压液氢和固态金属氢化物等。今后，以水为原料，通过电解、热化学、光化学、生物化学等方法制氢将获得较大发展，利用太阳能、风能、核能、水能等一次能源系统与氢能系统组合分解水，获取氢能、电能、热能及其他热量和产品的氢能组合系统，是今后综合开发和利用氢能的一个重要方向。

图15-20

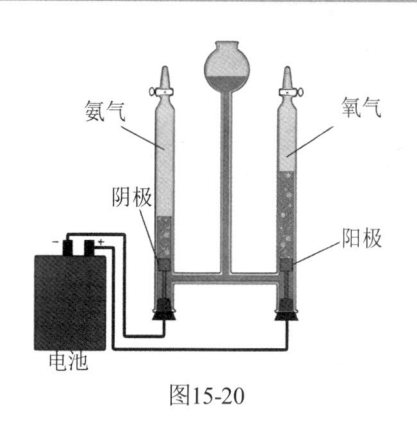

　　海洋能是指海洋中的可再生自然能源，主要包括温差能、波浪能、潮汐能、海流能和盐度差能等，其资源极其丰富，具有诱人的开发前景。海洋能的技术应用在20世纪60年代末才起步，目前利用海洋能的一些先进技术如下。

　　(1) 波浪能技术：波浪能发电技术主要分为振荡水柱式、点吸收式和浮子式等类型。振荡水柱式利用波浪的动能推动水柱上下运动，通过水柱的压缩和膨胀产生电能；点吸收式则通过固定在海面上的装置直接将波浪能转化为电能；浮子式则通过波浪的上下运动驱动浮子运动，进而带动发电机发电。全球范围内已建成多个波浪能发电示范项目，如苏格兰的斯凯岛波浪能发电站、葡萄牙的波尔图波浪能发电站等。

　　(2) 潮汐能技术：潮汐能主要用于发电，通过在海湾或河口处建造水坝，利用潮汐涨落产生的水位差驱动涡轮发电。潮汐能发电技术相对成熟，已有多个商业化运营项目。

　　(3) 海流能技术：海流能技术利用海洋中水流的动能进行发电，类似于水力发电。其装置通常安装在海流较强的区域，如海峡、海湾口等。

　　(4) 海洋温差能技术：海洋温差能利用海洋表层和深层海水之间的温差进行发电。其发电技术要求海水温差不小于20℃。针对低温差导致低发电效率的问题，提出了利用太阳辐射加热温海水以提高温差和利用波浪能驱动泵以降低系统能耗两种提高发电效率的方法。

　　(5) 海洋盐差能技术：盐差能利用海水和淡水之间的盐度差产生电能。其技术原理类似于电池，通过半透膜实现离子的交换，从而产生电流。盐差能技术目前仍处于研发和试验阶段，但显示出巨大的潜力。

　　(6) 海洋光伏与制氢技术：中国在海洋光伏和海洋制氢领域保持领先态势。国内首座集中式海上光伏项目已并网，首套抗浪型漂浮式光伏平台建成。此外，海水原位直接电解制氢技术研发取得显著进展，海上风电制氢、海上光伏制氢等试点示范项目不断拓宽海洋氢能发展路径。

　　(7) 海洋能与其他能源的融合发展：海洋能产业将朝着多元化和融合发展的方向迈进。例如，海洋能与海上风电、海洋牧场、海水淡化等领域的结合，形成综合开发利用模式，提高海域利用效率和经济效益。

15.5　思考与练习

1. 古德伊尔、卡罗瑟斯、贝克兰、高锟、肖克利、昂里斯有什么创新成果？
2. 解释光导纤维、形状记忆合金、储氢合金、半导体材料、超导材料、纳米材料的概念和用途。
3. 解释燃料电池的工作原理。
4. 简述常规材料的分类。
5. 简述常规能源和新能源的类型。
6. 结合中国改革开放以来新能源、新材料等的发展情况，论述科学技术是第一生产力。

第16章

海洋和空间技术

学习标准：

1. 识记：运载器、航天器、地面测控技术的概念；海洋植物资源、海洋动物资源、海洋矿物资源、海洋化学资源、海洋能源的主要种类。

2. 理解海洋环境探测技术、海洋资源开发技术、海洋生物技术；空间位置资源、空间环境资源、空间物质资源；空间技术的产生和发展、空间技术的理论基础。

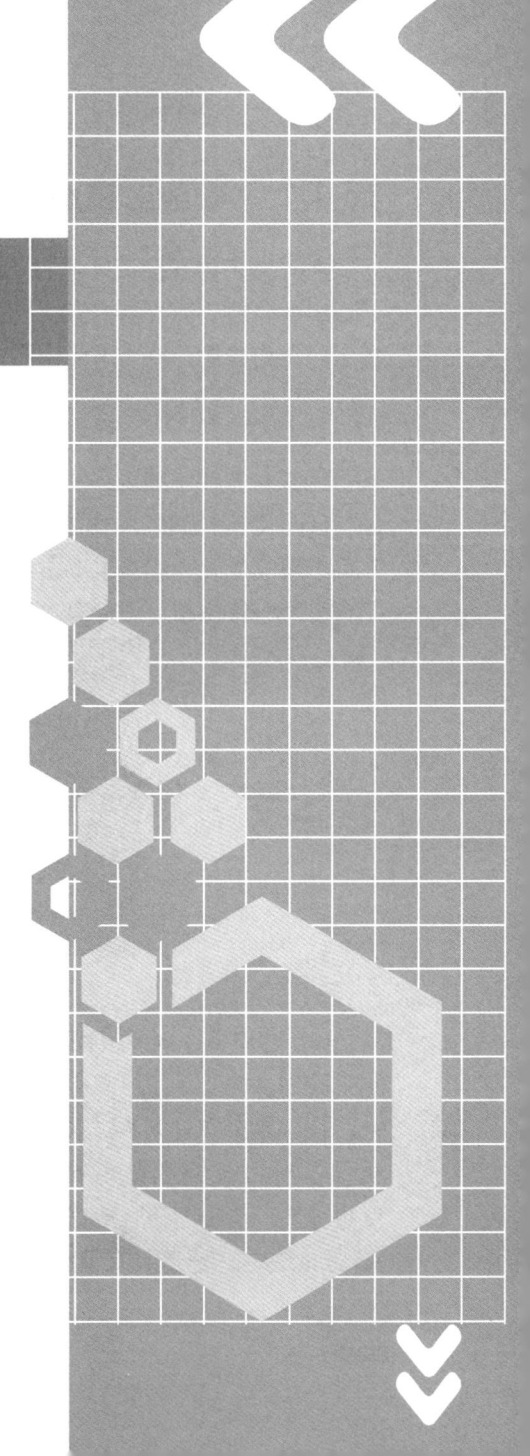

人类居住地只是一个小小的星体，一个小小的星体上的仅占29%的陆地。事实上，自古以来，人类就一直在努力寻求扩大生存空间，探索新的途径，以寻求新的和更多的资源来满足社会进步和生活改善的需要。可以说，当代海洋技术与空间技术的崛起，实际上就是人类扩大活动领域，将其触角从陆地潜入海洋、从地球奔向星际的结果。

16.1 海洋资源

在辽阔的海洋中，有着极其丰富的生物资源、矿物资源、化学资源和能源等。这些资源的存量远远超过陆地资源，有待人们进一步开发利用。

16.1.1 海洋生物资源

海洋技术的开发不只是为了探索海洋世界的奥秘，更重要的在于获取和开发海洋资源。海洋中的生物资源极其丰富，具有很高的经济价值。所以，海洋生物资源的开发技术是海洋技术的重要组成部分。

1. 海洋中的植物资源

藻类是海洋中的低等水生植物，大致可分为以下两大类。

(1) 水中浮游植物。水中浮游植物主要是单细胞水上植物，以硅藻(见图16-1)和绿藻为主。它们主要靠阳光和海水里的营养盐类生活。浮游植物是海洋里有机物的基本生产者，它们除了含有某些维生素，还含有人体所需要的多种营养物质。

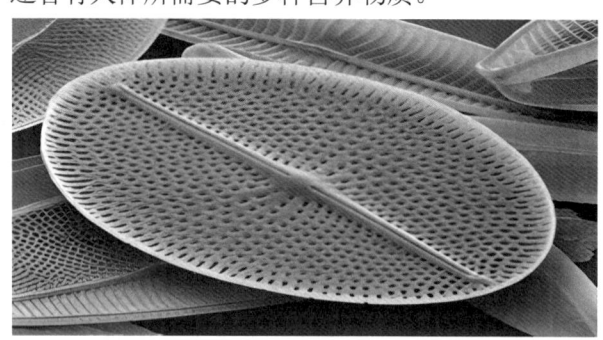

图16-1

(2) 近岸大型水生植物。近岸大型水生植物指根系固定于底泥或自由漂浮、个体较大的水生植物，主要包括巨藻和红森林。

巨藻是分布在太平洋东部沿岸、非洲南部沿岸等地的一种巨型藻体，一般都高百米左右，质量达180 kg。巨藻是多年生植物，生长期可达12年之久。巨藻不仅藻体巨大，而且生长速度也很快，恐怕够得上地球植物生长速度之最：幼苗的日生长速度可达60 cm，一季度可生长50 m左右。巨藻具有很高的工业、农业、食用及药用等价值。

巨藻是很重要的工业原料，不但可以从中提取碘、钾、褐藻胶、甘露醇、甲烷、乙醇、轻油、润滑油、石蜡、橡胶、塑料等多种工业产品，而且它还可作为一种新的生物能源，为解决未来的能源问题开辟一条崭新的途径。

不少藻类(如海菜、紫菜等)可以直接食用，而且营养价值很高。藻类植物所含的蛋白质、脂肪和碳水化合物要大大超过谷物和蔬菜。例如，褐藻和红藻平均含蛋白质 20%，绿藻的蛋白质高达 45%，而荞麦和小麦则分别只有 9% 和 14%。就某些维生素的含量而言，藻类植物还大大超过了许多蔬菜和水果。例如，海带中维生素 B 的含量是土豆的 200 倍、胡萝卜的 40 倍。有些藻类植物所含的维生素甚至比苹果的还要多；个别的维生素(如 B_{12})还是一般植物所没有的。可以预见，藻类植物的食用价值必将进一步被开发、利用，成为被人类所接受的一种全新的食物资源。

红树林有非常发达的根系，含丹宁，可入药。红茄果含丰富的淀粉，可食用(见图 16-2)。

图16-2

2. 海洋中的动物资源

(1) 鱼类。世界上鱼的种类有 1.5 万～4 万种。

海洋鱼类中鲨鱼最恐怖，它凶残、贪婪，被称为"海中霸王"(见图 16-3)。据统计，全世界海洋中共有 350 种左右鲨鱼。鲨鱼分布很广，热带、亚热带海洋及温带、寒带水域中都有其踪迹。

图16-3

海洋中的游泳冠军是箭鱼，它的体形呈流线型，尾部较细，摆动有力，体表还有一层光滑的黏液，可使阻力大为减少。箭鱼体长 3～4 m，约 300 kg，游动速度为 120 km/h。它们的活动范围很广，热带、亚热带、温带的海洋里都可以捕到。

大、小黄鱼分布和栖息于我国沿海浅近海域，在我国海洋渔业中占有重要的地位，是我国近海重要的经济鱼类，并深为广大人民所喜爱。带鱼也是我国沿海重要的鱼类之一，广泛分布于我国黄海、渤海、东海和南海，其中以东海产量最高。

鱼类是人类最喜爱的食物之一。许多鱼类不仅味道鲜美，营养也极丰富：含有蛋白质、脂肪、糖类、矿物质和维生素等多种人体不可或缺的营养物质。研究数据表明，鱼肉中蛋白质的含量超过了牛奶和鸡蛋，接近鸡肉、牛肉和猪肉等肉类中蛋白质的含量，而且鱼类中的蛋白质更易被人体所消化和吸收。从鱼体中提取的鱼脑油，其黏度和熔点都较低，可以用来做许多精密仪器和钟表的润滑油。黄鱼体内的鳔，可以制成工业和食用的鱼胶。另外，鲨鱼及其他大型鱼类的皮可以制革。鱼肝可以提取鱼肝油，鱼肝油含有大量的维生素 A 和 D，是防止和治疗眼病、呼吸器官疾病的药物，对儿童的生长有促进作用；同时，它对家畜的成长、提高家畜的排乳量和家禽的产卵量都起着十分重要的作用。一些鱼类，如鳕鱼、鲐鱼、鲨鱼腺体中的胰岛素含量要超过陆生动物，提取出的胰岛素是治疗糖尿病和神经痛的重要药物；经加工制取的有毒鱼类的毒素，临床上已用于治疗神经痛、痉挛、关节炎等疾病。

(2) 甲壳类。海洋中的甲壳类动物有 2 万多种，但人们最熟悉的是虾和蟹。它们的体外长有一层坚硬的几丁质外骨骼。虾、蟹的分布范围很广，而且体长大小相差极为悬殊。生长在大西洋亚速尔群岛附近深海底的巨蟹，其宽度可超过 6 m；而小的蟹有的只有几毫米宽。

龙虾是现存虾类中体态最大的一种。一般体长约 40 cm、重量为 2～3 kg，大一些的可达 10 kg，最大的达到 20 kg，真可谓虾中之王(见图 16-4)。对虾是我国沿海重要的虾类，主要产于黄海、渤海。对虾并非一雌一雄成对伴游才得其名，而是由于它们体型较大，市场常成对出售而流传下来的。生长在南极的磷虾，被人们誉为"21 世纪的流行食品"，这是因为它有着极为惊人的数量和很高的营养价值。据统计，南极磷虾的总量为 5×10^9～6×10^9 t。按联合国粮农组织计算，在不破坏生态平衡的前提下，年捕捞量可达到 5×10^7～7×10^7 t。有关专家由此计算得出，磷虾的繁殖速度极快，年增长率大于 5%，远远超过目前人类对它的捕捞量。

图16-4

蟹、虾不仅肉可食用，而且可以从它的甲壳中提取许多有用的成分。蟹、虾甲壳制成的染料，具有颜色鲜明、不易被水洗掉且成本很低等特点。蟹壳还可以入药。古代医书曾记载，蟹壳烧成灰内服，可以治疗妇科病。蟹壳灰用麻油调成糊状，是治疗冻疮的上等药膏。蟹、虾壳经盐酸处理后，从几丁质的甲壳中可提取几丁胺。几丁胺的用途相当广泛，有抑制胆固醇的作用。几丁胺还有一种妙用，就是可制成手术用的缝合线，这种线不会引起手术感染，能够被人体吸收而不用拆线。

(3) 海兽。海兽和陆地上的哺乳动物一样，是胎生的，体温恒定，用肺呼吸。它们的感觉十分灵敏，而且大多有回声定位的本领。就整个海兽而言，以鲸的种类为最多，数量最可观，经济价值最高，与人民生活关系也最为密切，可以说它构成了海兽的主体。全世界的鲸类共 90 余种，可分为须鲸和齿鲸两大类。一类口中没有牙齿，只有须的叫须鲸，如蓝鲸等。须鲸种类较少，仅 10 种左右，体躯巨大。另一类口中无须而保留着牙齿，叫齿鲸。它的种类很多，计 80 余种，包括凶猛无比的虎鲸和结队遨游的海豚。

海中巨兽蓝鲸为世界动物之冠(见图 16-5)。最大的蓝鲸是 1904 年在大西洋的福克兰群岛(又称马尔维纳斯群岛)附近捕获的。这条蓝鲸体长 35 m，达 195 t，相当于二三十头大象。别看蓝鲸身躯庞大，长有一张大口，但它最爱吃的却是一种体长只有 6～7 cm 的磷虾，一天要吃掉 4～5 t 磷虾。

图16-5

抹香鲸最大体长达 20 m，60 多 t，是齿鲸中的"巨人"。抹香鲸喜食海中一种体长 10～18 m 的大乌贼。由于大乌贼生活在深海中，抹香鲸要吃到这种美味就得潜至千米以下的深海中去寻觅。抹香鲸有很高的经济价值，除肉可食用、皮可制革外，在它巨大的头部中有一种特殊的鲸蜡油，是一种用途很广的高级润滑油，许多精密仪器(如手表、天文钟)，甚至宇宙火箭都离不开它。抹香鲸肠道中的异物龙涎香是一种名贵的香料，燃烧时香气四溢，似麝香，但更为幽香。在香水中只要加上一丁点儿，就能使香味变得更加美妙沁人，而且不易消失，被它熏过的物体可以长期保持芬芳气味，因此龙涎香的价格比黄金还要贵。

16.1.2 海洋矿物资源

海洋的矿物资源也很丰富，沉积于海底的矿物可达几万亿吨。海底的矿物资源主要是海底油气和深海重金属软泥。人们估计海底石油的储量在 $2.5×10^{11}$ t 以上，可采储量是陆地储量的 3 倍。目前，世界上有 50 多个国家从海洋中取得石油，年产量为 $7.6×10^8$ t。海洋天然气的储量也很大，正开采的海洋天然气的产量占天然气总产量的 20%。

重金属软泥是指在深海底部富含铁、锰、铅、锌、银、金、铂、铝、铜等的沉积物，这种软泥经过提炼可得到各种金属。

锰结核也是重要的海底矿物资源，它含有锰、铁、镍、钴、铜等 30 种左右的元素，经济价值相当高，其储量也很可观，有几千亿吨(见图 16-6)。

图16-6

16.1.3　海洋化学资源

海洋中的水量占地球上总水量的96%以上，海水中蕴藏着大量化学资源，人们所需要的许多原料可以从海水中提取。海水中溶解了多种无机盐，且浓度不低，每立方千米的海水中含有 3.5×10^7 t 无机盐。在这些无机盐中，食盐占70%。食盐除可食用外，还可作为重要的化工原料。海水中氯化镁的含量居第二位，约占14%。海水中铀的储量约为 45×10^8 t，相当于陆地总储量的4 500倍。海水中氘的储量更多，它和铀都是核反应的重要原料。

16.1.4　海洋能源

海洋中蕴藏着极大的能源。除石油、天然气、铀、氘等物质有巨大的能量外，海洋中的波浪、潮汐、海流、温差、浓度差也有巨大的能量。潮汐是由于月球、太阳对海水的吸引所造成的。涨潮时海水上涨，退潮时海水下降，这个潮差存在着势能，可用来发电。估计全世界潮汐发电可装机 10^8 kW，年发电量 10^{12} kW·h。波浪能来自太阳能。波浪的运动可用来发电，估计每平方千米海面波浪能的发电量可达 2×10^5 kW·h。海流存在于许多地区的海面或海洋深处，其流量大，速度快，有巨大的能量。海洋表层水与深层水的温差可超过20℃，这里也蕴藏可供利用的巨大能量。此外，在河口地区，咸、淡水之间盐的浓度差也形成一种重要的能源。人类对潮汐能、波浪能、温差能等的利用也取得了初步成果，现正在加紧研究和开发。

16.2　海洋技术

在漫长的岁月中，人类对海洋的开发只限于捕捞，技术发展十分缓慢。到了近代，人类开始对海洋进行系统的调查，并进行综合开发，大力发展海洋运输业、海洋捕捞业和海洋制盐业等。近几十年来，人类对海洋的开发已形成了一定的规模，并且具有现代科学技术活动的重要特征。现在，人们不仅重视海洋资源开发利用，也重视海洋环境的保护，力争使海洋长久地造福人类。现代的海洋技术包括海洋环境探测技术、海洋资源开发技术、海洋生物技术和海洋工程技术等。

16.2.1　海洋环境探测技术

遥感卫星(见图 16-7)可以从太空观测海洋上空气象的变化、海面的温度和颜色，监测赤潮、海洋污染，对保护海洋生物资源具有重要意义。因此，它在海洋环境探测中得到了有效的应用。现在，人们不仅应用微波遥感技术，还应用声呐技术和其他技术，从太空、大气层、陆地、海面，对海洋进行长期、持续的全方位探测，以求对海洋环境有更全面的了解和认识。

图16-7

除此之外，人们还制造能进入深海区域的深潜器和建立深潜器工作站，对海洋深处进行直接的探测。目前，海洋环境探测技术有以下新进展。

(1) 传感器技术：传感器技术不断发展，使海洋环境监测进入实时化和立体化时代，监测数据的准确性和时效性显著提升。例如，温盐深测量与采水系统能够实时将采集到的数据无线传输至科研船只或卫星，实现即时分析和决策。波浪传感器也通过算法优化和人工智能技术的应用，提升了波浪参数测量的精度。

(2) 水下机器人技术：水下机器人正朝着智能化、自主化、小型化和轻量化方向发展。通过集成先进的传感器技术、人工智能算法以及大数据处理能力，其自主导航、目标识别和数据处理能力大幅提升。例如，能够潜入数千米深的海洋底部，拍摄高清视频、收集环境数据、探测地质结构。

(3) 遥感监测技术：遥感监测技术的应用使海洋环境监测更加高效和全面。

(4) 通信技术：智慧海洋发布了水下声通机及水下设备专利，大幅提升散热效率，确保设备在高负载下的正常运作，有助于提升设备的可靠性和应用范围。

(5) 激光雷达技术：中国天津大学海洋学院声光探测团队在水下激光雷达探测领域取得新进展，利用光频梳的精密测量特性，提升了水下光学探测的精度与距离。

海洋环境探测技术的新成果为其在多个领域的广泛应用提供了有力支持，未来随着技术的不断创新和进步，其应用前景将更加广阔。

16.2.2　海洋资源开发技术

对近海石油的开采，一般采用固定平台、座底式钻井船和自升式钻井平台(见图 16-8)。石油开采平台具有摩天大楼般的钢结构，在建造中现已使用计算机辅助设计，并采用核工业和航天工业中的质量控制技术。在较深一点的海里开采石油,则采用柔性平台、张力腿式平台和浮式平台,它们可以适应波浪和海流的冲击。对海底矿物资源的开发,已在近海大陆架浅水区域的采矿方面取得一些进展。例如,斯里兰卡的锡、南非沿岸的金刚石等,都已具有一定的开采规模。对于深海底的锰结核的开发,需要较高的技术,已试验使用的采集方式有长缆料斗式、遥控机器人式和吸尘器式。从海水中提取铀已成为现实,例如,日本已建成从海水中提取铀的工厂。

图16-8

海洋资源开发技术有以下新进展。

(1) 水下机器人技术:水下机器人融合了传感器技术、人工智能和大数据处理能力,其自主导航、目标识别和数据处理能力大幅提升。例如,在深海探索中,水下机器人能够潜入数千米深的海洋底部,拍摄高清视频、收集环境数据。水下机器人可携带多种探测设备,如地震探测仪器、声呐、激光雷达等,用于海底地质结构测绘、矿产资源勘探、海洋生物资源调查等。配备机械臂和采集器的水下机器人可实现对海洋资源的无损采集,避免传统开采方式对海洋生态的破坏。

(2) 深海采矿技术: 采矿机器人能够开采海底锰结核、多金属硫化物等矿产资源,同时减少对海洋生态的影响。深海采矿提升系统的研究不断深入,通过优化设计,提高了采矿效率和安全性。

(3) 海洋油气开发技术:水下机器人可携带地震探测仪器进行海底地质结构测绘,辅助发现潜在的油气藏。此外,无人潜水器可用于深海钻探前的环境评估和安全检查。水下机器人能够定期检查海底管道和设备,确保其正常运行。

16.2.3 海洋生物技术

发展海水养殖也是开发海洋资源的一个重要方面。

目前,海水养殖的品种有对虾、龙虾、鲑鱼、鳟鱼、牡蛎、鲍鱼、海带、裙带菜以及贝类、藻类等。要更有效地发展海水养殖,必须充分利用海洋生物技术。建立海上人工养殖场(见图16-9),实现以捕捞为主向养殖为主转变,在不破坏海洋生态环境的情况下,向人类提供更多的食物，则是人们利用海洋生物技术所要达到的目标。为了实现这一目标，海洋生物学家通过对海洋生物生态等的研究，揭示了海洋生物生长发育的最佳环境条件，为人类长期合理地开发利用海洋生物资源，提供了科学的理论根据。生物学家对鱼、虾、贝、藻品种的改良，为人工养殖的发展创造了有利的条件。其他各种先进技术在这里的有效应用，将加速这一目标的实现。

图16-9

16.2.4 海洋工程技术

在人们向海洋索取物质资源的同时，向海洋索取生活空间的工作也取得了可喜的成果，并在继续努力。

1. 海上城市

海上城市是一种新型的城市形式，旨在充分利用海洋空间和资源，以应对陆地资源紧张、人口增长以及海平面上升等问题。其核心思想是通过先进的工程技术，在海洋上创造出可供人类长期居住和生活的环境。

20 世纪 60 年代初，日本的一位叫原口中次郎的科学家提出了一个大胆的设想，他计划在位于日本神户东南 3 km，水深 10～12 m 的海面上，用移山填海的办法建造一座当时世界上最大的海上城市。到了 80 年代初，这项本来被认为不可能实现的工程居然实现了。人类在征服海洋的历程中跨出了新的坚实的一步。这座在海上建造的城市叫作神户人工岛，它是一座大型的海上文化城，总面积为 4.36×10^6 m²，拥有可供 2 万多人居住的公寓和住宅。居住区内设有商店、学校、医院、邮局、博物馆、体育馆、公园等一批现代化的公共设施。

海上城市的发展面临诸多挑战，如工程技术、环境保护、资源供应等，但随着技术的进步和对海洋资源开发需求的增加，海上城市有望成为未来人类居住的一种新形式。

2. 海上工厂

海上工厂是指将生产设备安装在海面的固定设施或浮体设施上，就地开发利用海洋资源的工厂。德国在海上已建起了一座日产 1 000 t 氨的海上浮动工厂。特别有趣的是，新加坡将远洋货船改装成一个海上浮动奶牛场。这个奶牛场饲养了大约 6 000 头奶牛，奶牛吃的饲料主要是海藻，而牛粪则变成了能源。用牛粪发酵生成的沼气来发电，给海水淡化装置提供电力，人畜饮用水都来自海水淡化装置生产出来的淡水。

日本建有日处理垃圾达 10 000 吨的海上废弃物处理厂；建有日产 5 000 立方米淡水的浮式海上淡化厂；巴西利亚纸浆厂建在两艘长 230 米的船上，年产漂白纸浆 26 万吨。

3. 海上宾馆

海上宾馆是指建在海上或漂浮在水面上的住宿设施，通常结合了独特的设计和先进的工程技术，为游客提供与陆地酒店不同的体验。

澳大利亚在世界上最大的珊瑚礁大堡礁上建立了面积为 3×10^5 km^2 的海洋公园，这里共有 400 多种珊瑚礁，1 500 多种鱼类和数以万计的软体动物。它既像是巨大的海洋生物博物馆，又像是生机盎然的海中大花园。得天独厚的自然景观，使大堡礁成为闻名遐迩的旅游胜地，吸引着世界各地的游客。新加坡造船厂为旅游者专门设计了一座浮体式海上宾馆，它坐落在大堡礁中心区域的海面上。海上宾馆在造船厂建成之后，经过两个星期的海上行，来到这里定居。这座海上宾馆长 90m、宽 27m，共 7 层 175 间客房，还有可容纳 200 人的会议大厅。当人们坐在露天餐厅用餐的同时，可欣赏到奇丽壮观的海上美景。宾馆还备有一艘海底旅游潜艇，游客可以透过玻璃舷窗，观看梦幻般的海底世界。

HI SEA 漂浮酒店位于中国福建东山岛海域。该酒店距离海岸线 500 米，像一座漂浮的孤岛。它采用鱼排搭建技术，能够抵御 12 级台风。酒店屋顶采用耐腐蚀材料，室外甲板则使用类似实木质感的环保材料。内部设有会客厅、3 间客房和厨房，可满足不同活动需求。酒店还配备全景玻璃窗，让客人可以欣赏到极致的海景。

4. 海底光缆

继电报电缆和电话电缆之后，20 世纪 70 年代起海底通信又进入了光缆称雄的新阶段。一根头发粗细的光缆就可以传送上万门电话和几百路电视，于是人们又着手研究敷设海底光缆了。1988 年 12 月 14 日，第一条跨越大西洋的海底光缆 TAT-8 正式投入使用。1990 年 12 月，从日本到美国横越太平洋的海底光缆投入使用。值得一提的是，1995 年 10 月，人们又开始敷设世界上最长的一条海底光缆，它全长 28 000 km，始于英国伦敦，途经西班牙、意大利、埃及、阿联酋直到日本，后再延长到韩国、中国、印度、泰国、马来西亚等 12 个国家和地区。光缆可同时传送电话、电视节目和计算机信息。

海底光缆系统与电报电缆、同轴电缆系统相比，具有频带宽、损耗低、不受干扰、重量轻、体积小等优点。与卫星通信相比，它比卫星通信稳定、抗干扰性好、质量高、保密性强、通信容量更大。海底光缆网的形成使陆上光缆网的空间获得延伸，它成为当代信息高速公路中的重要干线，使全球通信系统发生了革命性的变化，从而使当今的时代真正跨入了信息时代。

5. 水下居住室

水下居住室是指在水下环境中供人类居住、生活和工作的设施，通常用于科学研究、旅游或特殊作业。1962—1977 年的 16 年间，世界上先后有 65 个水下居住屋问世，1962 年 9 月，美国的埃德华•林克率先在位于地中海的法国土伦港附近海域，进行"海中人" 1 号水下居住屋试验，参加试验的 4 名潜水员在水深 61 m 的海底生活了 1~4 天，成为世界上第一批在水下生活时间超过 24 小时的居民。自 20 世纪 80 年代开始，水下居住屋又进入了一个新的发展阶段，它朝着与潜艇、深潜器系统有机结合的方向发展，逐步成为一种具有高度机动性的水下活动基地。

马尔代夫康莱德伦格里岛酒店位于马尔代夫伦格里岛，酒店设有著名的海底餐厅 Ithaa，位于海面下 16 英尺，提供全角度海洋景观。客人可以在不湿身的情况下欣赏鲨鱼、海龟等海洋生物。此外，该餐厅还可作为私人海底卧室使用。

曼塔度假村位于坦桑尼亚奔巴岛，这是非洲第一家水下酒店，客人需要乘船抵达。酒店的水下部分提供独特的海洋景观，让客人近距离接触海洋生物。

6. 海洋工程技术新进展

1) 海洋资源开发技术

(1) FPSO 和 FLNG 技术：FPSO(浮式生产储油船)和 FLNG(浮式液化天然气装置)是海洋油气开发的重要装备。近年来，FPSO 和 FLNG 技术不断发展，其设计和建造更加高效、环保和安全。例如，FPSO 能够适应更深水域和更复杂的油气田开发需求；FLNG 实现了在海上直接将天然气液化，减少了天然气开发的周期和成本。

(2) 深海采矿技术：包括深海采矿系统的设计、开发和试验。如采矿机器人、输送系统等，以提高深海矿产资源的开采效率和经济性。

2) 船舶技术

(1) 智能船舶技术：智能船舶是未来船舶发展的重要方向，其技术涵盖了船舶的智能化设计、建造、航行和管理等方面。如船舶的自主航行、智能避碰、远程监控与诊断等技术逐渐成熟。

(2) 绿色船舶技术：绿色船舶技术主要包括船舶的节能减排技术、新能源应用技术、环保材料使用等。例如，采用新型的船舶推进系统、优化船舶的线型设计、使用高效的节能设备等，以降低船舶的能耗和排放。

3) 海洋观测与监测技术

(1) 海洋微波遥感技术：中国建立了微波多普勒海表流场测量新机理，突破了干涉成像雷达高度计海面高度、有效波高等要素信息提取、星载海洋波谱仪高精度海浪谱信息提取、海洋盐度计主被动联合盐度反演、静止轨道 SAR 成像模型和成像算法等关键技术。

(2) 物理海洋传感器技术：物理海洋传感器是海洋观测的重要工具，新型的物理海洋传感器具有更高的精度、稳定性和可靠性，能够实时、连续地监测海洋的物理参数，如温度、盐度、流速、海浪等。

4) 海洋工程装备技术

(1) 深海养殖工程技术：深远海养殖工程技术不断发展，研发了多种大型、智能化的养殖装备，如深海养殖网箱、养殖工船等。

(2) 海洋工程装备智能化技术：海洋工程装备的智能化技术得到了广泛应用，如装备的自动化控制、远程监控与诊断、智能维护等。

16.2.5 海水淡化技术

水是生命之源，是人类赖以生存和发展的基本物质基础。但是，在地球上，可供人们直接利用的淡水资源却非常有限。如何解决这个问题呢？海水淡化是一条行之有效的途径。目前，较为成熟的海水淡化技术有蒸馏法、电渗析法和冷冻法。

1. 蒸馏法

蒸馏法是以化工过程中的蒸馏技术为基础发展而来的一种分离方法(见图 16-10)。它应用于海水淡化的研究历史较长，工艺较完善，应用最广，所起的作用也最大，在海水淡化技术的发展中占主导地位。早在 1980 年 6 月，世界上的蒸馏装置数已达 956 个，占世界淡化装置总数的 44%；造水能力为 5.52×10^6 t/d，占总造水能力的 76% 左右。

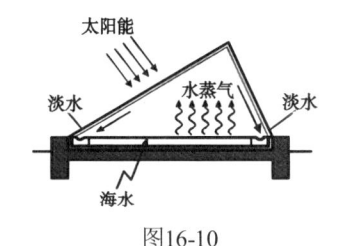

图16-10

低温多效蒸馏技术(LT-MED)：在一系列压力递减的蒸发室中进行，通过多次蒸发和冷凝过程，将海水淡化为淡水。天津北疆发电厂的海水淡化项目采用了低温多效蒸馏技术。该项目的主体蒸发器装置为六面体结构，产水规模日均 5 万吨，单套装置产水规模每天达到 1.25 万吨，产品水导电率小于 10us/cm。该技术利用余废热进行海水预热，显著提高了能源利用效率。

多级闪蒸技术(MSF)：将加热至一定温度的盐水依次在一系列压力逐渐降低的容器中闪蒸汽化，蒸汽冷凝后得到淡水。多级闪蒸技术在中东地区广泛应用，特别是在沙特阿拉伯和阿联酋等国家。这些地区利用丰富的能源资源，通过大型 MSF 装置生产淡水。例如，沙特阿拉伯的吉达海水淡化厂采用 MSF 技术，日产淡水能力达到数万吨。

2. 电渗析法

电渗析法是一种利用离子交换膜的选择透过性，在直流电场作用下，使溶液中的离子发生定向迁移，从而实现海水淡化的方法。该技术具有能耗低、操作简单、设备维护方便等优点，近年来在海水淡化领域得到了广泛应用。

自 1954 年 Ionics 公司的第一个商品化装置出现以后，该技术发展较快。美、英、日、俄、法、意、荷、印度、以色列等国都在进行电渗析法的研制工作。资料显示，1980 年 6 月，世界电渗析淡化厂已达 310 个，约占世界淡化厂总数的 14%，造水能力为 2.7×10^5 t/d，约占总造能力的 3.7%。

山东天维膜技术有限公司自主研发的荷电膜技术在海水淡化领域取得了显著成果。该公司通过改进膜材料和工艺，成功降低了海水淡化过程中的能耗。与传统的反渗透法相比，电渗析法在生产 1 立方米淡水时仅需耗电 2.5 千瓦时，而反渗透法需要耗电 4 千瓦时。

3. 冷冻法

冷冻法海水淡化是通过将海水冷却结晶，使冰晶排盐，从而得到淡水的过程。这种方法通常为斯堪的纳维亚半岛和俄罗斯一些地处寒带的地区所采用。美国盐水局在北卡罗来纳州的赖茨维尔比奇也建造了一座小型试验厂，日产淡水 20 万加仑。

4. 海水淡化技术新进展

(1) 新型锥形流道电极设计：由伊利诺大学厄巴纳-香槟分校的研究团队开发，通过在电极内部创建锥形流道，改善了流体运动的效率。与传统直信道相比，锥形信道将流体流动能力提高 2 到 3 倍，有望使淡化过程比反渗透更节能。除了海水淡化，该技术还可应用于燃料电池、碳捕捉设备等电化学设备。

(2) 太阳能驱动海水淡化技术：中国科学技术大学刘波教授团队开发了基于弹性聚合物共价有机框架(PP-PEG)的高效太阳能蒸汽蒸发器。PP-PEG 泡沫具有全光谱吸收和优异的光热转换性能，在 1 个太阳辐照下蒸发速率可达 4.89 kg/(m^2·h)，利用截锥型反射器后，蒸发速率提升至 18.88 kg/(m^2·h)。该技术制备简单、成本低、效率高，且机械稳定性和耐久性良好，有望广泛应用于海水淡化和水净化。

(3) 膜技术改进：反渗透膜的性能不断提升，如纳米复合材料的采用提高了膜片强度与耐老化能力，超声波技术的应用解决了膜污染问题，提高了产水量。

16.3 空间资源

外层空间有丰富的资源，包括位置资源、环境资源和物质资源等。对这些资源的开发利用已给人类带来很多好处，今后的进一步开发将使人类获得更多的利益。

16.3.1 空间位置资源

站得高看得远。航天器位于高空，可以全面地观察地球表面及附近的情况，轻松地完成在地面上难以完成的任务。例如，通信卫星的出现和广泛应用，已带来了世界通信体制的根本性变革。通信卫星作为一种产业，已取得巨大的经济效益和社会效益。

通信卫星中最重要的是同步通信卫星。同步通信卫星位于赤道上空 35 786 km 的高处，它绕地心转动一周的时间与地球自转一周的时间相同。从地面看去，这颗卫星好像挂在高空静止不动。从某地区的卫星地面站把微波信号发送到同步通信卫星上去，再由卫星上的转发器把信号放大并发送回另一地区的卫星地面站，这样就构成了两地之间的通信。只要在赤道上空的同步轨道上，等距离地分布三颗通信卫星，就可以实现全球通信和传播(见图16-11)。美国于1958年发射世界上第一颗实验通信卫星，1963年发射第一颗同步通信卫星。

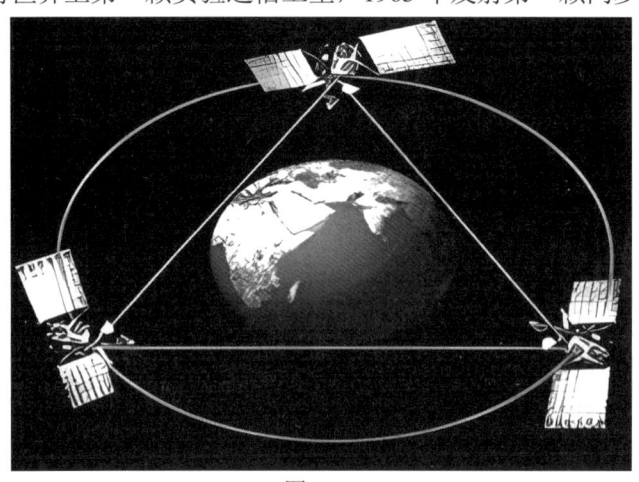

图16-11

此后，世界各国迅速建立起完整的国际通信系统。

民用遥感卫星已在气象、资源、测绘等领域发挥了重要的作用。气象卫星的出现，使气象的观测发生了重大的变革。它可以利用各种气象探测仪器，拍摄全球的云图，精确地测量全球各处的气温、降水量，监视台风、暴雨等灾害性天气的变化，从而可以提高气象预报的准确性，减少自然灾害给人们带来的损失。地球资源卫星上装有高分辨率的电视摄像机、多光谱扫描仪、微波辐射仪和其他遥感仪器，可用来完成多种任务，如勘测地球表面的森林、水力和海洋资源，调查地下矿藏和地下水源，观察农作物的长势和估计农作物的产量，监视农作物的病虫害和环境的污染情况，以及进行地理测量等。

在海湾战争中，美国曾动用了50颗卫星参加作战。美国的"大鸟"高分辨率侦察卫星，既可对地面目标进行拍照，再用回收舱以胶卷的形式送回地面，又可以电视的形式将图像直接传输到地面，分辨率高达1 m。中国也十分重视发展应用卫星技术，初步建立了气象卫星、资源卫星、卫星广播、通信、卫星定位等系统，已经在国民经济发展、国防力量增强、相关科学技术进步方面发挥了重要作用。

卫星大家族中还有太阳同步轨道卫星，是轨道平面绕地球自转轴旋转、方向与地球公转方向相同、旋转角速度等于地球公转的平均角速度(360°/a)的轨道，距地球的高度不超过 6 000 km。在这条轨道上运行的卫星以相同的方向经过同一纬度的当地时间是相同的。气象卫星、地球资源卫星一般采用这种轨道。极轨轨道卫星，是倾角为90°运行的卫星每圈都要经过地球两极上空，可以俯视整个地球表面。气象卫星、地球资源卫星、侦察卫星常采用此轨道。

16.3.2 空间环境资源

宇宙空间有着地球上所不具备的失重、高真空、强辐射、超低温等条件。具有这些特殊条件的环境虽然不适合于人类生活，但却可以带来一些难得的机会。例如，外层空间没有大气层，高真空，将天文观测站架设在这种空间里，可以获得清晰的天体图像，有利于揭示天体的真实面貌。已在预定轨道上运行多年的哈勃太空望远镜，具有极高的分辨能力和灵敏度，能观测到 14×10^9 l.y.远处的天体，用它观察物体所得图像的清晰度比地面上最好的望远镜高 10 倍。又如，利用外层空间高真空、高洁净等条件，可以制造人类需要的新材料和太空药，它既能保证产品的高质量，又能保证生产安全和方便。

16.3.3 空间物质资源

宇宙空间中的物质资源主要是太阳能资源、月球资源以及其他行星资源。太阳内部进行着剧烈的聚变反应，放出大量的能量。在外层空间设置太阳能电站，能充分地吸收太阳能，有效地利用太阳能。其主要优势在于：设置在地球同步轨道上的发电站，日照时间高达 99.98%，可以连续发电；没有大气的干扰，太阳能的利用率比地面上高 10 多倍；不用担心风雨的袭击和云雾的遮挡，一年四季可以天天发电。人们的设想是：用太阳能电池板把太阳能转换为电能，再将电能转换为微波能发送至地面接收站，地面接收站将微波能转换为电能供给用户使用。如果太阳能卫星发电站能够建成并投入使用，人类将获得清洁、安全和极为丰富的电力资源。月球离地球最近，它上面虽然没有生命，却蕴藏着大量的金属原料和其他原料。铁、镍、铝、锰、钴、钛、铀、钍等重要金属原料样样都有，氦-3 的储量相当丰富。据探测，如果仅将月球上的资源开发出来，人类可使用 1000 年以上。月球的开发，不仅可以成为人类新的生产基地，还可以成为宇宙航行的中继站。有的国家已计划在若干年之后在月球上建立太空基地。

16.4 空间技术

空间技术也称为航天技术和太空技术，是研究如何使空间飞行器飞离大气层，进入宇宙空间，并在那里探索、研究、开发和利用太空以及地球以外天体的综合性工程技术。这项技术的发展，使人类的活动进入了广阔无限的宇宙太空，大大促进了自然科学的发展。它的广泛应用，对各国的经济建设、社会生活产生了重大的影响，同时也能在一定程度上体现一个国家的综合国力和科学技术的发展水平。

16.4.1 空间技术的产生和发展

人类探空活动的历史，大致经历了气球、火箭、人造卫星等几个阶段。18 世纪 80 年代，就有科学家利用气球升空进行科学考察。到了 20 世纪 20 年代，各种气球(主要是氢气球和氦气球)已在科学考察、交通运输、军事侦察等方面发挥了不小的作用。然而，气球的结构决定了它只能上升到 50 km 左右，大气密度的降低使气球对更高的空间只能望"空"兴叹。要到更高的空间进行科学探索，必须依靠另外的运载工具，这种运载工具就是火箭。火箭是中国首先发明的。中国在元、明朝期间应用的火箭武器是现代火箭的始祖。1903 年，俄国科学家齐奥尔科夫斯基发表了题为《利用喷气工具研究宇宙空间》的论文，提出了利用火箭探索宇宙空间的思想，建立了著名的齐奥尔科夫斯基公式。1926 年 3 月，美国物理学家戈达德独立研究了火箭的推进原理，设计、制造并发射了世界上第一枚液体火箭。此后，许多国家的科学家在政府的支持下，开展了对火箭制造和发射的研究。1942 年 10 月，德国人冯·布劳恩制造并成功地发射了第一枚军用液体火箭 V-2，最大高度 80km，射程 320km(见图 16-12)。

后来，科学家们利用 V-2 和它的改进型作为新的工具来探测 50km 以上的空间，获得了许多关于高层空间的资料。到了 20 世纪 50 年代后期，火箭的运载能力已达到发射人造卫星的水平。为了实施地球物理年的计划，美国和苏联积极筹划发射科学卫星。1957 年 10 月 4 日，苏联成功地发射了世界上第一颗人造地球卫星，它标志着"空间时代"的真正开始。1958 年美国发射了人造地球卫星。1970 年中国也发射了人造地球卫星。从此以后，各种人造卫星陆续升天。

人类进入宇宙空间主要是由载人宇宙飞船和地球轨道空间站实现的。1961 年 4 月 12 日，苏联第一个发射了载人飞船，把宇航员加加林送入地球轨道，运行 108 分钟后安全返回地面，开辟了人类航天的新纪元，标志着人类空间技术进入了新的时代。1969 年 7 月 16 日，美国成功地利用"土星-V"运载火箭发射阿波罗飞船，把宇航员阿姆斯特朗和奥尔德林送上月球，并于 7 月 25 日返回地球。1973 年 5 月 14 日，美国又利用"土星-V"火箭将 82t 重的"天空实验室 1 号"送入太空，并以阿波罗飞船为交通工具，先后把 3 批共 9 名宇航员送进实验室，进行了 20 多项科学研究(见图 16-13)。

图16-12

图16-13

在此期间，苏联则以建立空间站为重点开展一系列的探空活动。1971—1986 年，先后发射了"礼炮"1~7 号空间站(图 16-14 所示为礼炮 6 号空间站)、"和平号"宇宙轨道站，并分期分批发射"联盟号""进步号""宇宙号"等飞船，与"礼炮号"空间站对接，为空间站输送各种仪器、燃料、生活用品，以及更换宇航员和研究人员。

图16-14

1982年，苏联有2名宇航员在"礼炮7号"上度过了211天，创造了宇航员空间飞行时间的纪录。除了美国和苏联，由联邦德国、英国、法国、比利时等10个西欧国家参加的欧洲空间局，也于1983年11月28日成功地发射了"太空实验室1号"空间站。中国的天宫空间站由"天和"核心舱、"问天"实验舱和"梦天"实验舱组成，已多次成功完成载人飞行、货运补给和飞船返回任务。神舟十九号航天员乘组在空间站内完成了多项任务，包括空间站内设备检查维护和地外人工光合作用技术试验。中国空间站不仅是中国航天技术的重要展示平台，也是国际合作和人类探索宇宙的重要基地。

16.4.2 现代空间技术

1. 空间技术的理论基础

空间技术的理论基础包括"三个宇宙速度"理论、火箭推进原理等。

(1) "三个宇宙速度"理论。要使飞行器成为人造地球卫星，必须使飞行器获得一定的速度。利用物理学的公式算得它的最小速度 v=7.9 km/s。这个速度就是所谓的"第一宇宙速度"。要使飞行器成为飞往月球或太阳系其他行星的空间探测器，也必须使飞行器获得一定的速度，利用物理学的公式算得它的最小速度 v=11.18km/s。这个速度就是所谓的"第二宇宙速度"。所谓"第三宇宙速度"，是指飞行器越出太阳系的引力作用范围所需要的最小速度，其数值是 16.7km/s。

(2) 火箭推进原理。火箭飞行的依据是动量守恒定律。火箭发射和飞行时，火箭内部的推进剂(燃料和氧化剂)在极短时间里发生爆炸性燃烧，产生大量高温、高压的气体从尾部喷出。喷出的气体具有很大的动量，根据动量守恒定律可知，火箭必获得数值相等、方向相反的动量，因而出现连续的反冲运动，快速前进。随着燃料的减少，火箭的速度越来越快，当燃料燃尽时，火箭就以最后获得的速度继续飞行。

著名的齐奥尔科夫斯基公式告诉人们，在忽略重力和空气阻力的情况下，火箭的最大速度 V、火箭的喷气速度 C、火箭起飞时的质量 M_1、推进剂耗完以后火箭的质量 M_2，具有如下关系：$V = C \ln M_1/M_2$。

由此可见，要提高火箭的速度，必须提高火箭发动机的喷气速度和火箭的质量比，也就是要采用高性能的推进剂、研制先进的发动机，以及尽量减轻火箭的结构重量。

2. 空间技术的重要内容

空间技术也称航天技术，它包括运载器、航天器和地面测控技术三个重要组成部分。

(1) 运载器。运载器主要是运载火箭。运载火箭有箭体结构、推进系统和控制系统等几部分。目前使用的多级火箭由 2～4 级组成，前一级火箭的燃料用完后自动脱落，同时后一级火箭点火继续工作。火箭所运载的航天器装在最后一级火箭里。20 世纪世界上最大的运载火箭是美国的"土星 5 号"火箭。它由三级组成，起飞时的重量近 3 000 t，起飞推力达 35 711 kN。目前，主要的运载火箭还有"大力神"号运载火箭、"德尔塔"号运载火箭、"东方"号运载火箭、"宇宙"号运载火箭、"阿里安"号运载火箭、N 号运载火箭、"长征"号运载火箭(见图 16-15)等。目前世界上最大的运载火箭是 SpaceX 的星舰。星舰高度约 122 米，推力约 760 万牛顿，可将约 100 吨的有效载荷送入低地球轨道。星舰由两级组成，包括星舰飞船和超重型助推器。两级均设计为可重复使用。星舰的开发代表了人类航天技术的重要进步，其目标是通过可重复使用的火箭系统大幅降低太空探索的成本，从而实现更频繁的太空任务和更宏伟的探索目标。

图16-15

目前，世界上的火箭发射场地(又称航天港)主要有如下 13 个：俄罗斯的拜科努尔发射场、普列谢茨克发射场、卡普斯京亚尔发射场；美国的肯尼迪航天中心、范登堡空军基地；法国在海外的圭亚那航天中心；中国的酒泉卫星发射中心、太原卫星发射中心、西昌卫星发射中心、文昌卫星发射中心；日本的鹿儿岛航天中心、种子岛航天中心；意大利在国外的圣马科航天发射场。

(2) 航天器。航天器的种类很多，主要是人造地球卫星，还有空间站、宇宙飞船、航天飞机、空间探测器等。

① 宇宙飞船。宇宙飞船是来往于地球和空间站之间的重要交通工具。例如，美国的阿波罗号飞船来往于地球和太空实验室之间；苏联的联盟号、进步号、宇宙号等飞船来往于地球和礼炮号空间站之间；中国的神舟号飞船来往于地球和天宫号空间站之间。

② 航天飞机。航天飞机将通常的火箭、宇宙飞船和飞机的技术结合起来，具有运载、航天、返回三种功能，能多次重复使用。图 16-16 所示为航天飞机。

图16-16

1972 年美国正式实施航天飞机计划，1981 年 4 月 12 日首架航天飞机"哥伦比亚"号首次载人发射实验取得圆满成功。美国相继研制了"挑战者"号、"发现"号和"亚特兰蒂斯"号、"奋进"号等航天飞机。除了美国，俄罗斯、日本、法国也进行航天飞机的研制。中国的航天飞机项目目前正处于快速发展阶段，其代表性成果是"昊龙"货运航天飞机。2024 年 11 月，在第十五届中国国际航空航天博览会上，"昊龙"货运航天飞机的缩比模型正式亮相。"昊龙"货运航天飞机的出现，标志着中国在航天运输领域迈出了重要的一步。它将与"天舟"货运飞船、"轻舟"货运飞船等共同构建起灵活高效、形式多样、成本低廉的空间站货物运输体系。未来，"昊龙"有望在空间站补给、载人登月等任务中发挥重要作用。

③ 空天飞机。这种飞机在某些方面更接近于普通飞机，同时能像航天飞机那样执行太空任务(见图 16-17)。2011 年 3 月 5 日，美国空军第二架"X-37B"轨道试验飞行器(OTV)在佛罗里达州卡纳维拉尔角的美国航天局发射场发射到低地球轨道，试验飞行器在空间运行 469 天，于 2012 年 6 月 16 日在范登堡空军基地着陆。中国的"神龙"空天飞机是一种能够在大气层内外飞行，并具备水平起飞和水平着陆能力的新型轨道飞行器。2023 年 12 月 14 日，"神龙"空天飞机第三次升空，于 2024 年 9 月成功降落在指定地点，此次任务飞行时间长达 268 天。未来，"神龙"有望在太空探索、军事侦察、快速全球运输等领域发挥重要作用。

④ 空间探测器。这是脱离了地球的束缚，飞往月球及其他行星，或在星际间航行的航天器。

首次发射空间探测器是 20 世纪 60 年代初，此次是飞往金星。20 世纪 60 年代和 70 年代中期，主要探测金星、火星和水星；对于遥远的大型行星木星、土星等的考察，是从 20 世纪 70 年代开始的。

⑤ 空间站。这是指可供多名航天员长期工作、居住和往返巡访的长期性载人航天器。其结构复杂，规模比一般航天器大得多，通常由对接舱、气闸舱、服务舱、专用设备舱和太阳电池阵等组成。

1986 年 2 月 20 日，"和平"号核心舱发射升空。到 1996 年 4 月，五个专业舱先后发射与核心舱对接，标志着"和平"号空间站最终建成，这是人类空间技术发展的一个里程碑。

2001年3月23日，"和平"号空间站在完成15年的空中作业使命后，平安坠落在南太平洋预定海域。"和平"号空间站运行的15年成果辉煌，在太空医学、微重力实验、特种药品制备、对地观测、新技术开发和天文观测方面取得了重要成果。中国的空间站由"天和"核心舱、"问天"实验舱和"梦天"实验舱组成。2016年9月15日发射"天宫二号"空间实验室；2021年6月17日，神舟十二号载人飞船与天和核心舱完成自主快速交会对接；2022年11月30日，神舟14与神舟15号飞船会合，6名中国航天员胜利会师；2024年10月30日，神舟十九号发射成功，航天员乘组在空间站内完成了多项任务，包括空间站内设备检查维护和地外人工光合作用技术试验。中国空间站不仅是中国航天技术的重要展示平台，也是国际合作和人类探索宇宙的重要基地。

3. 地面测控技术

地面测控系统在地面对航天器进行跟踪、遥测、遥控和保持通信联系。通过地面测控系统，人们可以获得航天器运行的各种信息，并可以对航天器进行控制，调节它的运行状态，以达到人们的预期目的(见图16-18)。

图16-17 　　　　　　　　　　　图16-18

4. 现代空间技术新进展

1) 推进技术

离子推进：离子推进利用电力加速离子产生推力，虽然功率不如传统化学火箭，但可以长时间工作，适合深空探测任务。最新的离子发动机技术有望大幅缩短前往火星及更远地方的旅行时间。

核热推进：核热推进技术通过核反应堆加热氢等推进剂产生推力，效率远高于化学火箭，可将前往火星的旅行时间缩短一半，使载人火星任务更安全。

太阳帆推进：太阳帆利用太阳光的压力推动航天器，如"突破摄星"计划利用激光驱动的太阳帆，有望将微型探测器加速到光速的20%，为星际旅行提供可能。

2) 太空资源开发

现在对于太空资源的开发主要是指月球资源的利用。月球上的水资源可用于分解为氢和氧，作为火箭燃料。欧洲航天局(ESA)提出的"月球村"计划，旨在利用3D打印技术从月壤中建造月球基地。

3) 人类太空探索

SpaceX 的星舰计划目标是在 2030 年实现将人类送往火星，并建立自给自足的殖民地。NASA 的"阿尔忒弥斯计划"目标是在 2025 年将人类送往月球并返回，建立可持续存在的太空基地，为火星任务积累经验。

16.5 思考与练习

1. 解释运载器、航天器、地面测控技术的概念。
2. 说说海洋有什么植物资源、动物资源、矿物资源、化学资源、能源。
3. 简述海洋环境探测技术、海洋资源开发技术、海洋生物技术。
4. 简述空间位置资源、空间环境资源、空间物质资源。
5. 何为第一宇宙速度、第二宇宙速度和第三宇宙速度？

参考文献

[1] 白思胜，刘雄飞. 自然科学概要[M]. 北京：清华大学出版社，2021.
[2] 白思胜. 科学技术发展概要[M]. 成都：西南交通大学出版社，2013.
[3] 白思胜，景天时. 自然科学概要十八讲[M]. 兰州：兰州大学出版社，2006.
[4] 张密生. 科学技术史[M]. 武汉：武汉大学出版社，2010.
[5] 王鸿生. 科学技术史[M]. 北京：中国人民大学出版社，2011.
[6] 徐辉. 科学技术社会[M]. 北京：北京师范大学出版社，1999.
[7] 叶勤. 人类与自然[M]. 北京：高等教育出版社，2009.
[8] 吴庆余. 基础生命科学[M]. 北京：高等教育出版社，2003.
[9] 刘本培，蔡运龙. 地球科学导论[M]. 北京：高等教育出版社，2000.
[10] 胡显章，曾国屏. 科学技术概论[M]. 北京：高等教育出版社，1998.
[11] 张民生. 自然科学基础[M]. 北京：高等教育出版社，1997.
[12] 金祖孟，陈自悟. 地球概论[M]. 北京：高等教育出版社，1997.
[13] 宗占国. 现代科学技术导论[M]. 北京：高等教育出版社，2000.
[14] 刘啸霆. 现代科学技术概论[M]. 北京：高等教育出版社，1999.
[15] 陈忠伟，胡省三，施若谷. 现代科学技术发展概述[M]. 上海：华东师范大学出版社，1997.
[16] 刘伟胜. 自然科学概论[M]. 石家庄：河北科学技术出版社，2001.
[17] 钱俊生，王克迪，冯鹏志. 当代科技简明教程[M]. 北京：当代世界出版社，2000.
[18] 王建. 现代自然地理学[M]. 北京：高等教育出版社，2001.
[19] 白思胜. 楔块运动与中国地槽的海陆变迁[M]. 兰州：兰州大学出版社，2011.
[20] 白思胜. 楔块运动与中国地震带预测[M]. 兰州：兰州大学出版社，2015.
[21] 白思胜. 楔块运动旋回与成矿预测[M]. 北京：地质出版社，2024.
[22] 李建珊. 世界科技文化史教程[M]. 北京：科学出版社，2009.
[23] 中国大百科全书总编委会. 中国大百科全书[M]. 2 版. 北京：中国大百科全书出版社，2009.